JN267856

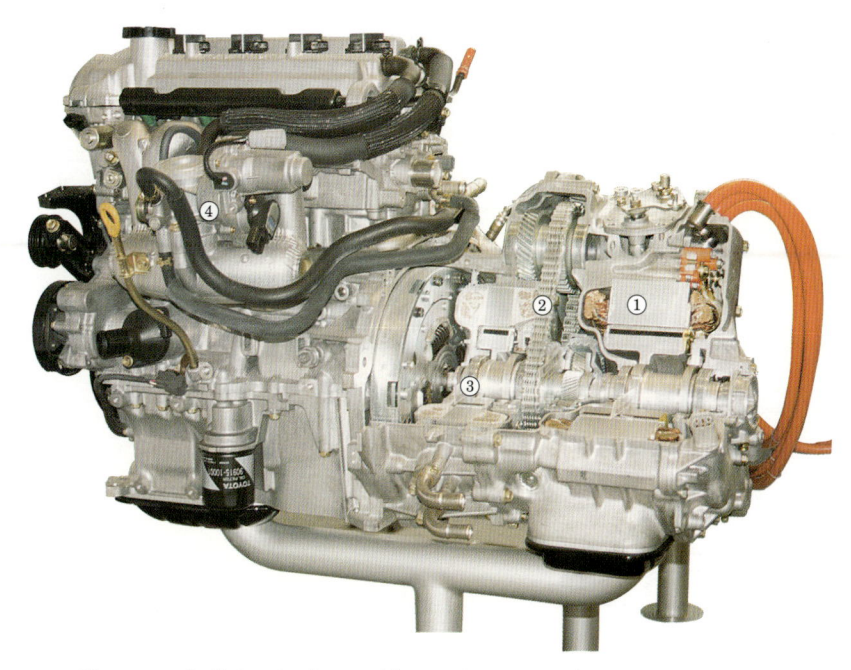

口絵 1　ハイブリッド車エンジンのカットモデル（本文 2 ページ参照）
①は電動機とそのコイル，②は動力分割機構の歯車，
③は発電機とそのコイル，④はエンジンを示す。

口絵 2　エンターテイメントロボット（本文 8 ページ参照）
多種のセンサが装備され，ボールを追いかけたり，障害物を避けたり，
転んで起きあがるなどの動作をするため，本物の動物のような触れ合い
が楽しめる。

口絵3　車のボデーライン（本文17ページ参照）
自動車製造工場のボデーラインで溶接ロボットが稼働している。

口絵4　ライントレーサ（本文233ページ参照）
工場内でライントレーサが加工材料を運搬している。

入門電子機械

安田 仁彦 監修

田中 恭孝
都筑 順一
市川 繁富
平井 重臣

編

コロナ社

監　修

名古屋大学名誉教授　工学博士　安　田　仁　彦

編　集

田　中　泰　孝　　都　筑　順　一
市　川　繁　富　　平　井　重　臣

執　筆

安　藤　　　亮　　北　村　知　明
栗　田　淳　一　　佐久間　正　彦
都　築　正　孝　　中　島　弘　信
平　井　重　臣

まえがき

　本書は，電子系および機械系の専門を目指す方々のみならず，それ以外の専門を志す方々にも電子機械に関する基礎科目として，電子機械に関する基礎的な知識と技術を習得し，実際に選択・活用する能力を身につけられることを目標として編集した。

　電子機械技術は，機械・電気・電子・情報に関する技術を総合的に構成する技術であるため，できるだけ具体例を挙げ，もの作りに取り組もうとする発想力とアイディアを引き出すよう配慮した。

　本書の編集にあたっては，つぎの点に留意した。

　（1）「電子機械の概要と役割」については，身近な電子機械および電子機械と生産ラインについて取り扱い，電子機械が社会生活や産業において果たしている役割を理解できるようにした。

　（2）「機械の機構と運動の伝達」については，多くの方式がある中で電子機械に必要な内容を厳選し，基本的な機械要素およびメカニズムについて理解できるようにした。

　（3）「センサとアクチュエータの基礎」については，多くの種類があるが，基本的なものを取り上げ，その原理，特徴および利用例を挙げ，理解できるようにした。

　（4）「シーケンス制御の基礎」については，電子機械に必要なシーケンス制御の原理や基礎的な仕組みについて実際の利用例を示し，理解できるようにした。

　（5）「コンピュータ制御の基礎」については，制御対象などに応じて各種のコンピュータ制御の理論と方法があるが，ここでは電子機械の制御に必要な原理と方法について説明した。

　（6）「簡単な電子機械設計」については，おもにマイコンの組み込み技術お

よび制御機構とソフトウェア技術を取り扱い，簡単なメカトロニクス製品の設計としてライントレーサを例に挙げた。

（7） プログラミングは，プログラマブルコントローラ（PC）の命令語による簡単なプログラムと，コンピュータ制御の基礎としてC言語によるプログラム例を示した。C言語については，これまでの高級言語にはなかった機械語に近い操作ができるため，さまざまなプログラムの作成に利用されており適切とみなした。

（8） 専門的な用語は学術用語集およびJISによった。

（9） 単位は国際単位系（SI）によることを原則とした。

本書をまとめるにあたり，先輩諸氏の各種図書を多数参考にさせていただいた。ここに厚く御礼申し上げる。

また，本書の内容につき，秋山保，大瀬戸善典，柿原幸一，椛嶌孝洋，小西弘志，篠原克彦，鈴木宏，清野和男，寺田敏巳，富田雅雄，福井文雄，松本和憲の各氏より貴重なご意見をいただいた。御礼申し上げる。

最後に，本書をよりよいものにするため，使用上不都合な箇所に気付かれた折には，率直なご意見をお寄せ下さるようお願いします。

2004年3月

著　者

目　　次

1　電子機械の概要と役割

1.1　身近な電子機械 ——— 2
1.1.1　生活を豊かにする電子機械 ………… 2
1.1.2　メカトロニクス技術の発達の歴史 ………… 9
1.1.3　メカトロニクスシステム ………… 11

1.2　電子機械と生産ライン ——— 14
1.2.1　産業の分野で使われるメカトロニクス製品 ………… 14
1.2.2　生産ラインとのかかわり ………… 17

練　習　問　題 ——— 19

2　機械の機構と運動の伝達

2.1　基本的な機械要素 ——— 22
2.1.1　機械の構成 ………… 22
2.1.2　機構と対偶 ………… 23
2.1.3　機械要素 ………… 24

2.2　基本的なメカニズム ——— 35
2.2.1　送りねじ機構 ………… 35

2.2.2 歯車伝動機構 ………… *37*

2.2.3 巻掛け伝動機構 ………… *42*

2.2.4 リンク機構 ………… *45*

2.2.5 カム機構 ………… *48*

練習問題 ━━━━━━━━━━━━━━━━━ *49*

3 センサとアクチュエータの基礎

3.1 センサの基礎 ━━━━━━━━━━━━ *52*

3.1.1 センサの役割 ………… *52*

3.1.2 センサの選択 ………… *53*

3.1.3 論理回路の基礎 ………… *55*

3.1.4 センサと信号変換 ………… *59*

3.1.5 センサの種類と使い方 ………… *67*

3.1.6 新しい技術 ………… *91*

3.2 おもなアクチュエータとその活用 ━━━ *94*

3.2.1 アクチュエータの種類 ………… *94*

3.2.2 空気圧式アクチュエータ ………… *95*

3.2.3 電気式アクチュエータ ………… *101*

練習問題 ━━━━━━━━━━━━━━━━━ *122*

4 シーケンス制御の基礎

4.1 自動制御の種類 ━━━━━━━━━━━━ *126*

4.1.1 シーケンス制御 ………… *126*
4.1.2 有接点シーケンス制御と
無接点シーケンス制御 ………… *127*
4.1.3 フィードバック制御 ………… *128*

4.2 リレーシーケンス — *129*

4.2.1 接点の種類と図記号 ………… *129*
4.2.2 制御機器 ………… *131*
4.2.3 シーケンス図 ………… *135*
4.2.4 リレーシーケンスの基本回路 ………… *136*
4.2.5 リレーシーケンスの応用例 ………… *143*
4.2.6 シーケンス制御回路の配線 ………… *150*

4.3 プログラマブルコントローラ — *152*

4.3.1 PC の構成 ………… *152*
4.3.2 入力部 ………… *154*
4.3.3 出力部 ………… *155*
4.3.4 PC 活用の手順 ………… *157*
4.3.5 プログラマブルコントローラの
シーケンス制御への応用 ………… *164*

練習問題 — *173*

5 コンピュータ制御の基礎

5.1 コンピュータとインタフェース — *178*

5.1.1 中央処理装置 ………… *178*
5.1.2 CPU と記憶装置 ………… *181*
5.1.3 CPU と入出力インタフェース ………… *183*
5.1.4 ワンチップマイクロコンピュータ ………… *195*

5.2 外部機器の制御 — 196
5.2.1 制御の基礎 ………… 196
5.2.2 制御の応用 ………… 204

練習問題 — 209

6 簡単な電子機械設計

6.1 身近なメカトロニクス製品 — 212
6.1.1 フィードバック制御系の構成 ………… 213
6.1.2 ディジタル制御の基本構成 ………… 214
6.1.3 ファジー制御 ………… 215
6.1.4 自動販売機の機構と制御 ………… 220
6.1.5 ヒューマンインタフェース ………… 226

6.2 制御系のソフトウェア技術 — 228
6.2.1 プログラムの作成手順 ………… 229
6.2.2 コンピュータ言語 ………… 229
6.2.3 ROM 化 ………… 230

6.3 ライントレーサの設計 — 233
6.3.1 ハードウェア ………… 233
6.3.2 ソフトウェア ………… 243

練習問題 — 251

付録 — 253
問題の解答 — 267
索引 — 276

電子機械の概要と役割

　電子機械は，機械，電気，電子，情報に関する技術を融合したいわゆるメカトロニクス技術から生まれた。この章では，身近なメカトロニクスの実例を通して，その概要を学び，環境，福祉，娯楽などの分野においても重要な役割を果たす技術であることを理解する。また，メカトロニクスのシステム構成に必要な基本技術を把握し，高度な生産技術が電子機械によって支えられていることを学習する。

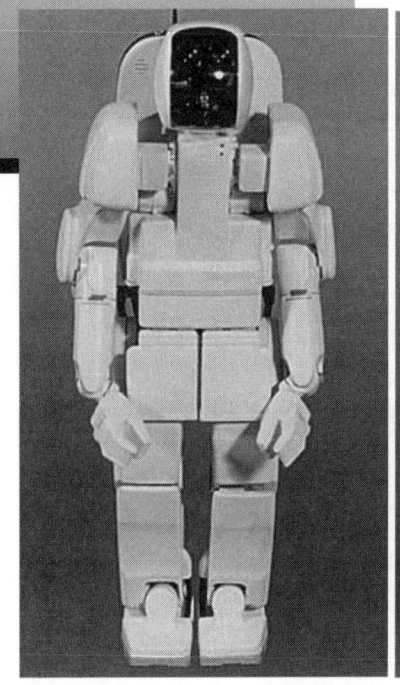

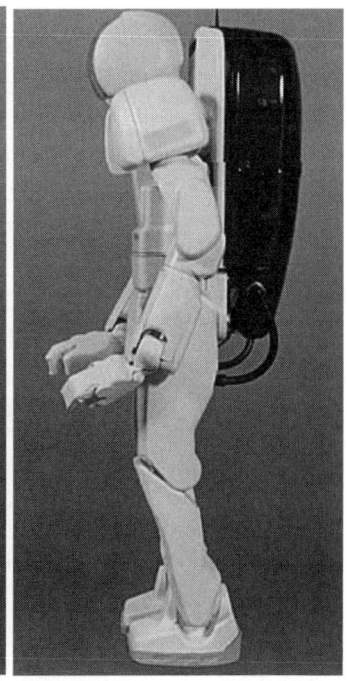

1.1 身近な電子機械

メカトロニクス[†1] (mechatronics) 製品は，私たちの生活の中に深く浸透し，環境，福祉，娯楽など，社会の豊かさを支える一端を担っている。ここでは，私たちの身の回りにあるメカトロニクス製品の例を取り上げ，そのシステム構成の概略と機能を学習する。

[†1] メカニクス（機械工学），エレクトロニクス（電子工学）が合成された和製英語で，近年では正式な英語として定着した。

1.1.1 生活を豊かにする電子機械

1 自 動 車 図 1.1 に示すような**ハイブリッド**[†2] (hybrid) 車と呼ばれる自動車は，ガソリンエンジンと電動機が組み合わされて動力源となっている（口絵 1）。

[†2] 混成。ここではガソリンエンジンと電動機を併用して使用することを意味している。

図 1.1 世界最初のハイブリッド車

ガソリンエンジンのみを動力源とする自動車と比べた場合の燃料消費率や，環境汚染物質[†3] の排出量が大幅に改善されるように設計されている。

その機能は以下に示すように，発進時，加速時，定常走行時，制動時において，ガソリンエンジンと電動機の長所を最大限に引き出すよ

[†3] ガソリンなどの燃料が燃焼するときに排出される環境に有害な物質をいう。おもに，一酸化炭素（CO），炭化水素（HC：通常は複数の H および C が化合して構成されており，多数の種類の炭化水素がある），窒素酸化物（NO_x）などがある。

うにコンピュータ制御されている。

　(**a**) **発　進　時**　　発進するときは，車軸に大きな駆動力を必要とする。**トランスミッション**[†1]（transmission）の変速比を大きくし，動力源の回転速度を低速回転から高速回転まで大きく変化させる必要がある。

　この場合，ガソリンエンジンは，大幅な回転数の変化に伴う燃料消費により，大量の環境汚染物質を排出するだけでなく，燃料消費率も悪くなる。

　このような不都合を除くため，コンピュータでガソリンエンジン側の動作を停止させ，図 1.2 に示すように，蓄電部から**インバータ**[†2]を通して電動機へ電気エネルギーを供給し，電動機側を動力源として動作させる。

　低速回転でも大きな駆動力が得られる電動機の性質を利用することで，自動車は環境汚染物質を排出することなく発進ができる。

[†1] 歯車伝達機構を使い，その歯車の歯数比を変化させることで，車輪の駆動に必要な力を得るようにしている装置。

[†2] 供給される電気エネルギーを ON，OFF（これをスイッチングという）し，その ON 時間と OFF 時間の比を変化させることで，電動機の回転速度を制御する装置。発熱によるエネルギー損失がなくなり，100 % 近い変換効率が得られる。

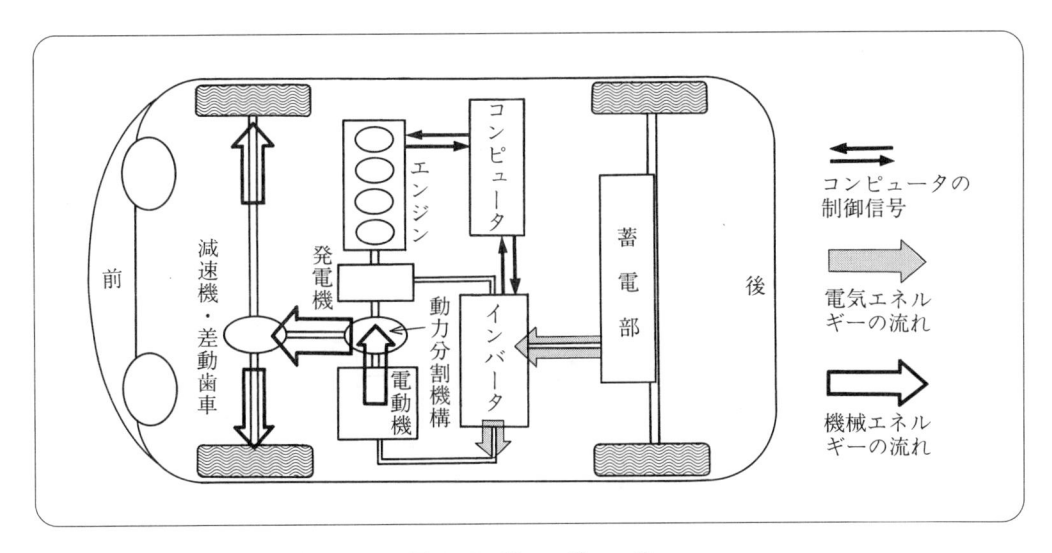

図 1.2　発　進　時

　(**b**) **加　速　時**　　加速時には，回転速度を上げ，大きな駆動力が必要となるので，図 1.3 に示すように，ガソリンエンジン側を主力とし，電動機側は駆動力の不足分を補助するようにコンピュータが制御する。

　したがって，ハイブリッド車は比較的低排気量のガソリンエンジン

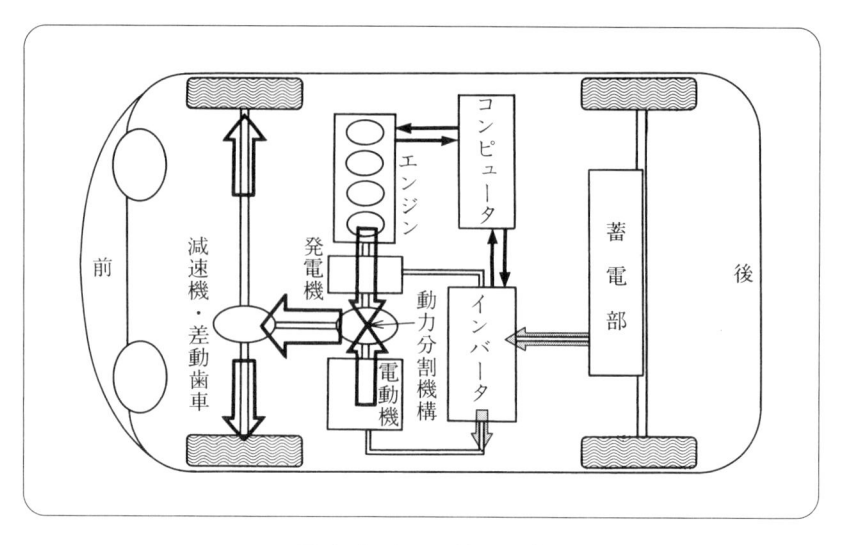

図 1.3 加 速 時

でも，高排気量のガソリンエンジン車と同様の加速性能が得られることになる。

（**c**） **定常走行時**　定常走行時は，一定速度で走行するため，少ない一定の駆動力で自動車を移動させるので，ガソリンエンジンは燃料消費率の良い高回転領域を使うことができる。

この場合，図 1.4 に示すように，コンピュータによって電動機側を停止させ，ガソリンエンジン側が動力源となるように動作させる。

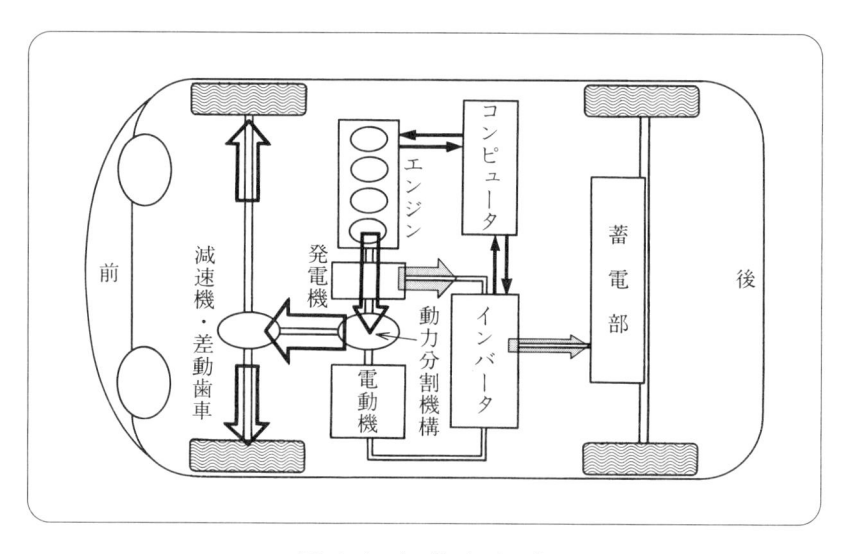

図 1.4 定 常 走 行 時

また，コンピュータは同時にガソリンエンジンと発電機を接続し，走行中に蓄電部へ電気エネルギーが蓄えられるように制御する。

(**d**) **制　動　時**　制動時は，従来の摩擦方式のブレーキに加えて走行エネルギーを電気エネルギーとして蓄電部に吸収させることにより，走行エネルギーを消耗させ，ブレーキ力を増加させる。

この場合，コンピュータは，図 1.5 に示すように電動機と駆動装置を接続し，走行エネルギーから**回生エネルギー**[†1] (regenerating power) を得る。それを再び加速時の電気エネルギーとして利用するために，蓄電部へ充電されるように制御する設計になっている。

[†1] 電動機が強制的に回転させられるときに生じる電気エネルギー。このエネルギーを回収するとき，電動機は大きなブレーキとして働く。回生ブレーキと呼ばれる。

図 1.5　制　動　時

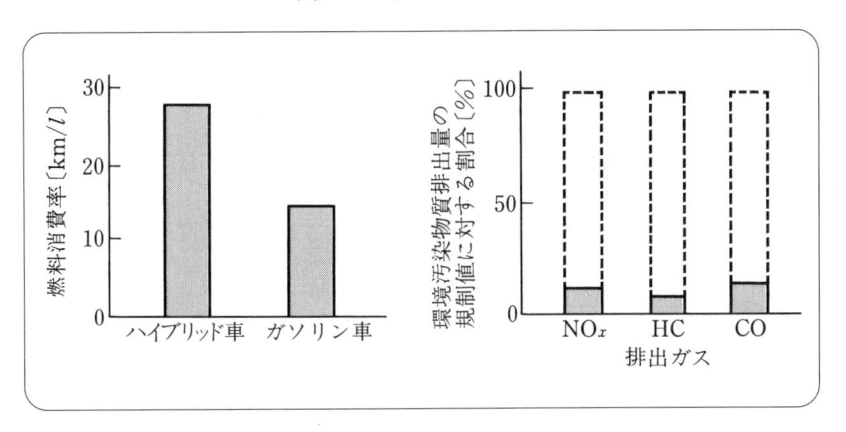

図 1.6　ハイブリッド車の燃料消費率と環境汚染物質排出量の例

6   1. 電子機械の概要と役割

このように，ガソリンエンジンの効率の良い領域と，電動機の効率の良い領域を組み合わせることにより，図 1.6 に示すように，燃料消費率や環境汚染物質排出の改善に大きく寄与することができる。

2 電動式車椅子　　福祉介護機器の一つとして車椅子がある。

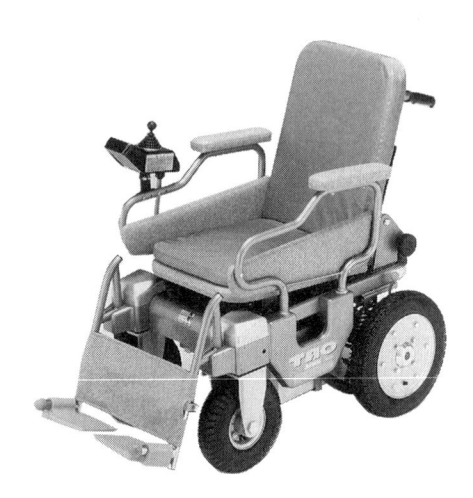

図 1.7　電動式車椅子

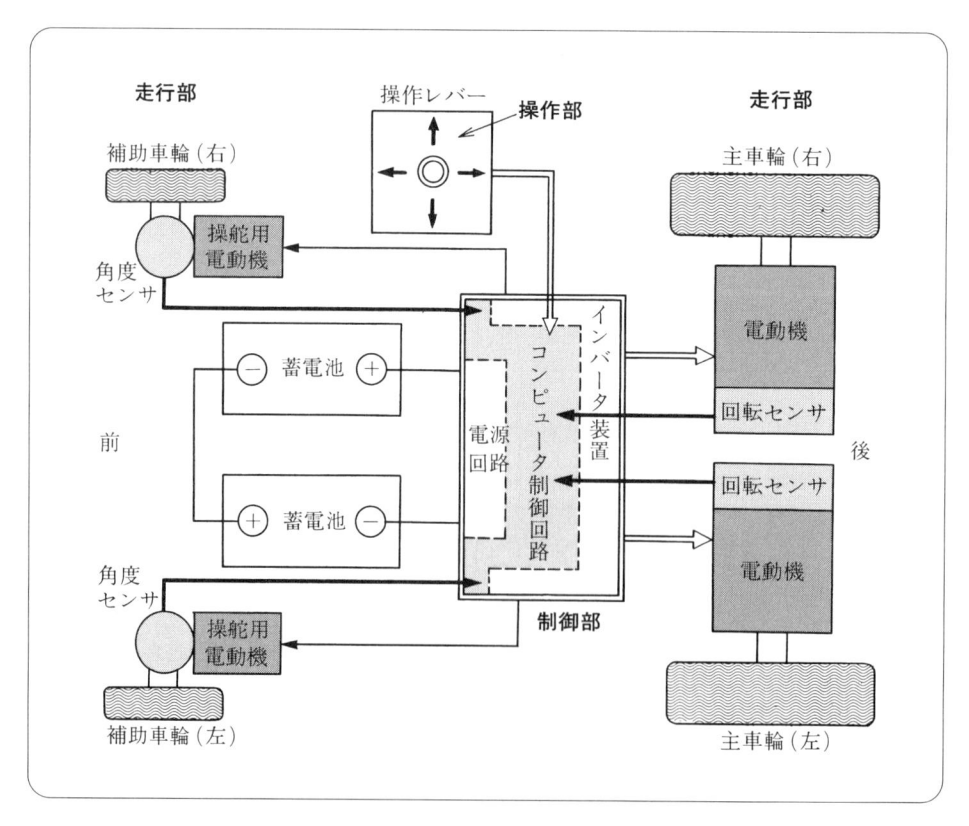

図 1.8　電動式車椅子の構成図

通常，手動式の車椅子は，移動手段に手と腕を使って左右の車輪を回転させ，移動させる構造になっている。

しかし，手や腕に障害を負って手の握力や腕力が不足している人は，車椅子の車輪を回すことが困難なため，図 1.7 に示すような電動式車椅子が使われる。

その構成は図 1.8 に示すようになっている。各部は以下のように機能する。

（a）走　行　部　　走行部は，左右にそれぞれ電動機を取り付けた主車輪と電動式の操舵機構を有する前部の補助車輪で構成されており，直進や旋回ができるようにしてある。

（b）制　御　部　　制御部は，図 1.9 に示すようなコンピュータ制御回路とインバータ装置で構成されている。蓄電池の持つ電気エネルギーの利用効率を高めて，走行距離を長くする工夫がされている。

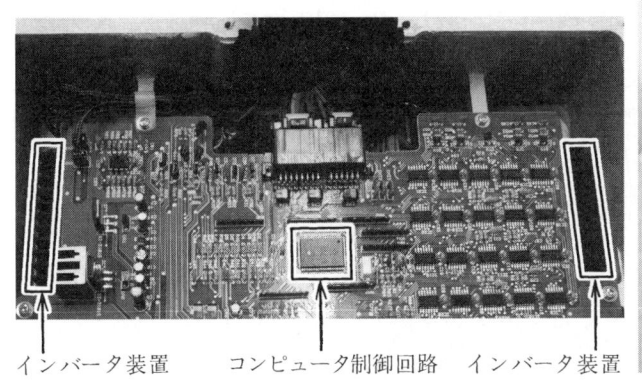

インバータ装置　　コンピュータ制御回路　　インバータ装置

図 1.9　コンピュータ制御回路 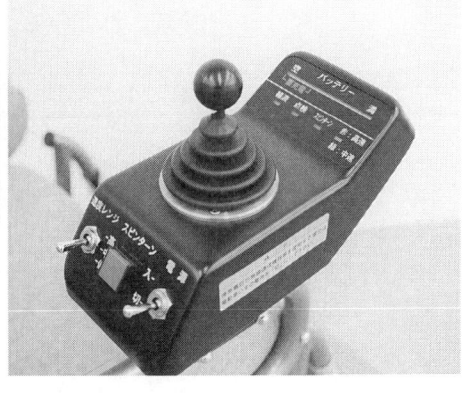　　　　図 1.10　電動式車椅子の操作レバー

（c）操　作　部　　操作部は，図 1.10 に示すような1本の制御レバーを軽く動かすことで車速の制御および移動方向の制御を行っている。

車椅子の制御で，前後の直線移動の場合は，左右の主車輪からの回転速度の情報を読み取り，それぞれの電動機の回転速度が一致するように制御する。

また，旋回のときにはコンピュータが補助車輪の操舵角を旋回の大きさに合うように制御する。

†1 EMI (electromagnetic interference)ともいう。電子回路内部で作られた電磁波が漏れて，他の電子回路を誤動作させる現象をいう。ペースメーカなどの微小な電気エネルギーで動作する医療機器などは，わずかな電磁波で誤動作する可能性がある。

†2 娯楽 (entertainment)

†3 感覚量を抵抗や起電力などの電気的な量に変換する素子。おもに半導体を利用したものが多い。

そのほかに，制御部などから電磁波が漏れ出て**電磁障害**†1 が起きないように，また，突然停止したときなどの緊急時に第三者が介助しやすいように考慮されている。

このように，メカトロニクス技術は，障害を持った人たちの行動範囲を広げる大切な役割も果たしている。

3 エンターテイメント†2 ロボット　　メカトロニクス技術は，娯楽の目的でも重要な役割を果たしている。例えば，口絵2に示すようなエンターテイメントロボットがある。

このロボットは，図 1.11 に見るように，色や動きを見分ける視覚**センサ**†3 (sensor)，音声を感知する聴覚センサ，自分の現在の姿勢を検出する位置センサや加速度センサなどの多種のセンサが装備されている。また，前後の足や首などの各可動部分には，小形電動機が取り付けてあり，自在に動くようになっている。

内蔵されているコンピュータには，これらのセンサと小形電動機が接続されている。ボールを追いかけたり，障害物を避けたり，転んだ

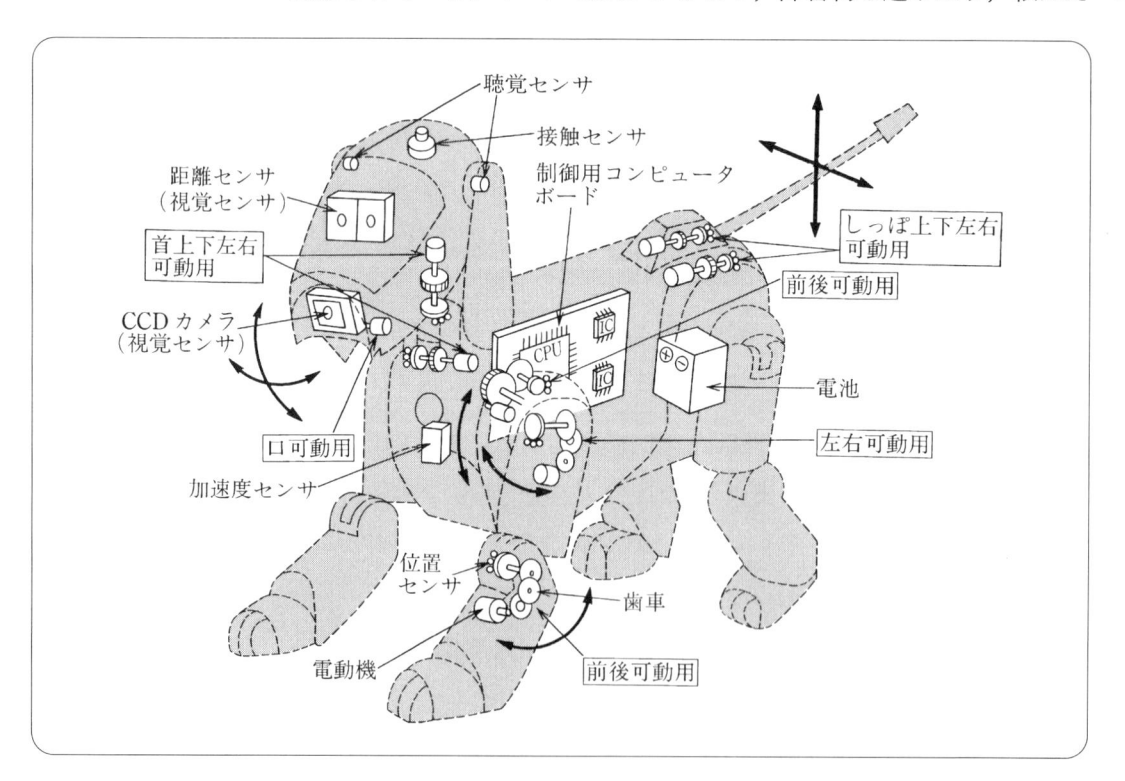

図 1.11　エンターテイメントロボットに取り付けられた各センサと電動機

場合は，自分で起き上がるなどの動作をすることができるようにプログラムされている。また，学習機能を持たせてあるため，ロボットの持ち主がいろいろな動作を教え込むことで，その学習内容を記憶し，持ち主の要求に応じた動作をさせることができる。

このように，あたかも本当の動物のような動きをするため，人間はペットのような感覚でロボットとの触れ合いを楽しむことができる。

メカトロニクスは，人間の行動範囲の拡大だけでなく，人の心をいやす役割もできるようになり，日常生活をいっそう快適にするためにも，大切で欠くことのできない技術となっている。

1.1.2　メカトロニクス技術の発達の歴史

メカトロニクス技術にはどんな技術が融合されているのだろうか。ここでは，メカトロニクス技術に発達するまでの過程を，大きく四つの年代に分けて考えてみよう。

1 機構装置の発達　18世紀以前は繊維機械を中心に**リンク**[†1]や**カム**[†2]（図 1.12），そして歯車などの**機構装置**（mechanism）に関する機械技術が発達した。機構装置は機械の運動の伝達や変換を行う機械的な制御手段として活用された。

[†1] 2章参照。
[†2] 2章参照。

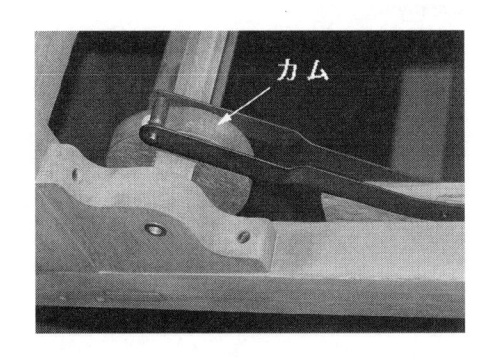

図 1.12　木製で作られた繊維機械のカム機構

2 動力機械の発達　18, 19世紀は蒸気機関を中心とした動力機械の技術が発達した。動力機械の技術の発達により，人間では出し得なかった大きな力を得ることができるようになり，図 1.13 に示すような旋盤などの工作機械や鉄道などの輸送機械を誕生させた。これにより生産性や流通性が飛躍的に向上した。

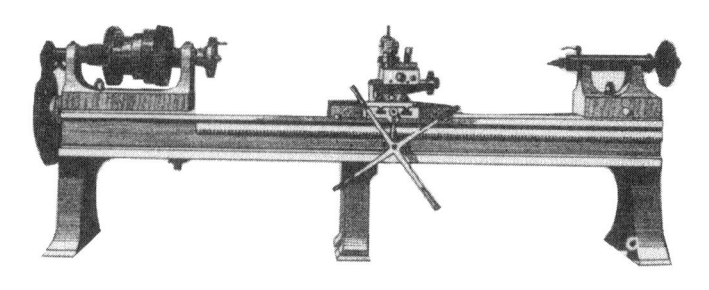

図 1.13 初 期 の 旋 盤

3　電気・電子技術の発達　19世紀後半から20世紀前半は電気技術が発達し，図 1.14 に示すような電動機を中心とした動力で機械を制御できるようになった。機械技術の中に電気技術が取り入れられた時代である。その結果，さまざまな分野の生産性はもとより安全性，信頼性などが向上した。

図 1.14　20世紀初頭の電動機

4　情報技術の発達　20世紀中ごろに開発されたコンピュータは，同時期に登場したトランジスタやICを代表とする半導体技術の発達で，電子回路が小形化・高性能化することで，急速に進歩した。

多量の数値データや情報を正確に処理・判断することができるコンピュータは，単なる商業分野の計算のみならず工作機械の制御にも応用され，図 1.15 に示すような NC 工作機械[†1]を誕生させた。

機械技術と電気・電子技術および情報技術の融合は，メカトロニクス技術として発達した。NC 工作機械は，複雑で精密な形状をした製品の大量生産を実現し，輸送機械は高速でかつ安全性が向上した。メカトロニクス技術は，現在では工作機械，輸送機械などの産業分野だ

[†1] 1.2 節参照。

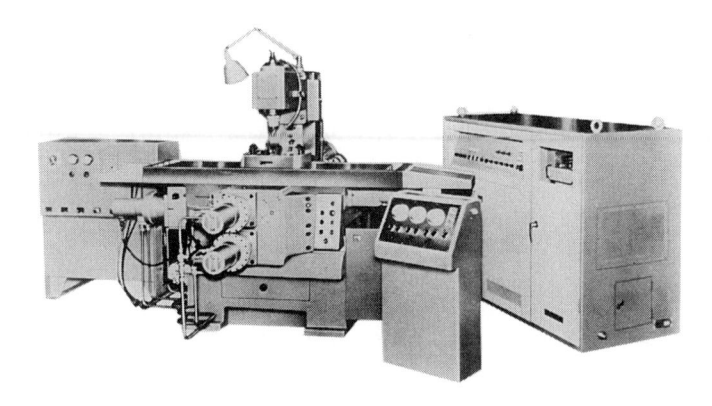

図 1.15 初期の NC 工作機械（NC フライス盤）

けに限らず，私たちの生活の分野にもさまざまな製品として身近に入り込むようになった。

1.1.3 メカトロニクスシステム

　メカトロニクス技術は発達の歴史から，機械，電気，電子，情報に関する技術が融合した技術であることを学習した。これら三つの技術がたがいに関連付けられてメカトロニクスシステムが構成され，メカトロニクス製品が作られる。ここでは，メカトロニクスシステムを成り立たせている技術について，さらに詳しく学ぶ。

　メカトロニクスシステムは，図 1.16 に示すように，制御対象，セ

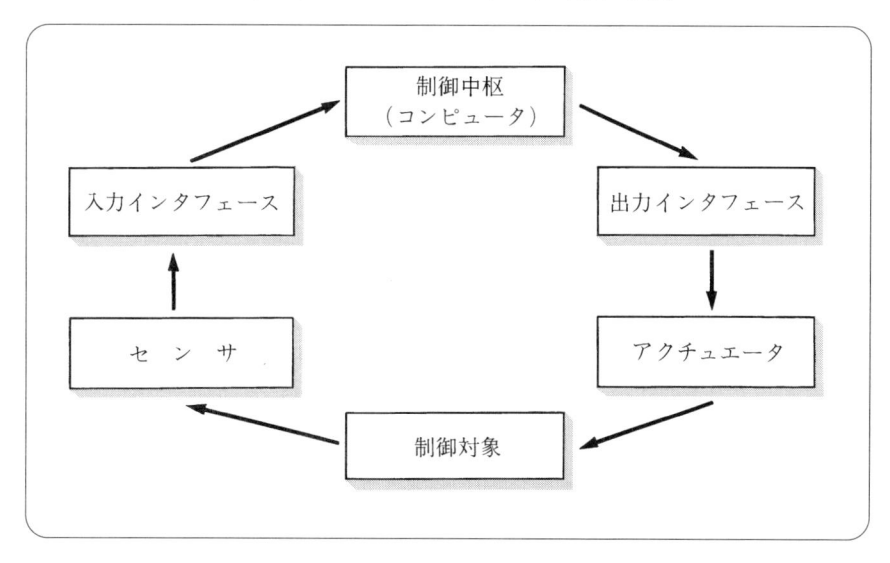

図 1.16 メカトロニクスシステム

ンサ，入力インタフェース，制御中枢，出力インタフェースおよびアクチュエータの六つの部分から成り立つ。

⬜1 **制　御　対　象**　　メカトロニクス製品の外観や動きの中心となる部分である。全体的な加工・仕上・組立などの機械工作の技術や，リンク・カム・歯車など機構部分を中心とする機械要素の技術を含んでいる。

⬜2 **セ　ン　サ**　　光，磁気，圧力，温度，湿度，回転数などの物理量を，電圧，電流，抵抗値などの電気量に変換するセンサは，大半が半導体材料技術を応用したものである。また，機械的な動きでセンサの働きをさせる機械技術を応用したものもある。

⬜3 **入力インタフェース**　　センサがとらえた微小な信号を増幅して目的の信号が得られるようにするアナログ回路や，センサなどから得られた信号を目的の情報に加工しコンピュータで処理できるようにするディジタル回路がある。このように，入力インタフェースは外部からの情報をコンピュータへ取り込む働きをする。

⬜4 **制御中枢（コンピュータ）**　　コンピュータは，入力インタフェースから得た情報をプログラムに書かれた手順に従って加工・処理し，その結果を制御動作させるための出力インタフェースへ送り出す役目をする。

コンピュータ内部は，図 *1.17* に示すように，プログラムやデータを蓄える記憶部，プログラムを解読し，実行するための中央処理部，そして処理する情報や処理された結果の情報をやり取りするための入出力部に大きく分けられる。

コンピュータは，内部を構成するためのディジタル回路を中心としたハードウェアの技術，機械に認識や判断などの機能を持たせて制御するための手順を組み込むソフトウェアの技術から成り立っている。

⬜5 **出力インタフェース**　　コンピュータから受け取った信号を，半導体素子などを用いて大きな電気エネルギーが制御できるようにした，電力制御を中心とした技術である。後で学ぶアクチュエータへの接続におもに用いられる。

⬜6 **アクチュエータ**　　制御対象を動かすための動力源となるサ

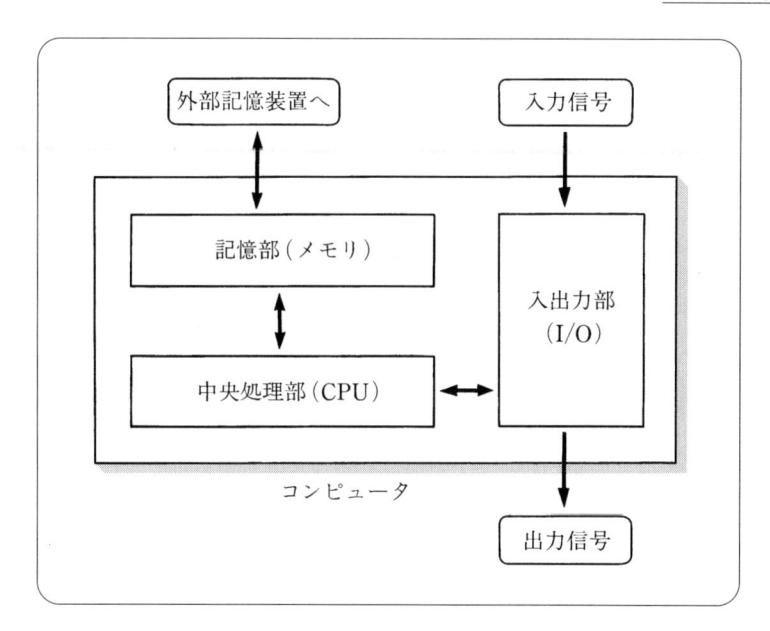

図 1.17　コンピュータの内部構成

ーボモータ，油圧・空気圧シリンダ，電磁ソレノイドなどのアクチュエータ[†1]部分は，おもに機械技術や電気・電子技術がその基礎となっている。

　メカトロニクス製品のほとんどは，このブロック図に従って各要素が構成されている。このように，メカトロニクスシステムを構成するには，機械，電気，電子，情報に関連したさまざまな要素の技術がかかわっている。

[†1] 3 章参照。

1.2 電子機械と生産ライン

複雑な形状の製品や部品を精密に加工・組立するためには，自動化された高度な加工技術・組立技術を必要とする。これらは生産技術と呼ばれ，高度な生産技術で製造された製品や部品は信頼性を高め，高い機能や価値を生み出す結果となる。

ここでは，これらの高度な生産技術を支えている産業用ロボット[†1]と，数値制御工作機械[†2]の代表であるマシニングセンタについて，メカトロニクスとのかかわりを学習する。

1.2.1 産業の分野で使われるメカトロニクス製品

〔1〕 **産業用ロボット** 自動制御により**マニピュレーション**(manipulation) 機能[†3]や移動機能を持たせ，プログラムによりいろいろな作業を実行させる機械を**産業用ロボット**という。

産業用ロボットは1960年ごろに誕生し，1980年代以降急激に普及した。産業用ロボットの発達は，工場内の加工・組立などを行う生産ラインにおいて，人間を単純な作業，危険を伴う作業，重量物搬送作業などから解放し，生産性や品質を高めることとなった。図 1.18 は産業用ロボットの一例である。

〔2〕 **数値制御工作機械** 自動工作機械の中でも，高度な加工技術と生産技術を支えているのが**数値制御工作機械**である。

数値制御工作機械は，近年ではコンピュータで数値制御されている **CNC 工作機械** (computerized numerically controlled machine tool) へと移行している。その CNC 工作機械の代表例として図 1.19 に示すような**マシニングセンタ**[†4] (machining center) がある。ここでは，その

[†1] ロボット (robots) は人間に似せた機械という意味だけでなく，人間の部分的な動きを似せた機能を持たせたものをいうことが多い。特に，産業用ロボットは，搬送，組立などに用いられるため，人間の腕や手の動きを模して作られたものが多い。

[†2] NC (numerical control) 工作機械ともいう。加工する形状に合わせた座標情報を数値で受け取り，それに合わせて加工する刃具が移動する工作機械をいう。現在では，コンピュータにより数値制御される工作機械 (CNC 工作機械) が大半である。

[†3] 部品や工具などをつかんだり動かしたりできる機能。

[†4] 加工用の工具を複数持っており自動交換ができる。立体形状の加工におもに用いられる。

図 1.18　産業用ロボット　　　　　図 1.19　マシニングセンタ

仕組みをメカトロニクスシステムの視点から考えてみる。

（ **a** ）　**機械要素部**　　高精度な加工技術を生み出すためには，工作機械の機構部分の精度が高くなければならない。図 1.20 の送りねじ機構は，数マイクロメートルの加工精度で仕上げられている。送りねじを回転させることで，組み合わされているナット部分が軸方向に移動し，加工台や刃物台を精密に移動できる。

図 1.20　送りねじ機構

（ **b** ）　**セ ン サ 部**　　加工台などをマイクロメートル単位の精度で精密に移動するには，送りねじの回転量を正確に読み取る必要がある。そのセンサとして，**ロータリエンコーダ**[†1]（rotary encoder）がある。ロータリエンコーダは，送りねじの回転角，回転数を電気信号の

[†1]　3 章参照。

ON，OFF に変え，それをパルス数として読み取り，その数を数えることで，加工台の移動量を決める。

（c）**アクチュエータ部**　加工台は，図 1.21 に示すようなサーボモータを使って，送りねじ機構の軸を回転させることで移動する。サーボモータは始動や停止が容易にでき，大きな回転トルクが得られるようになっている。

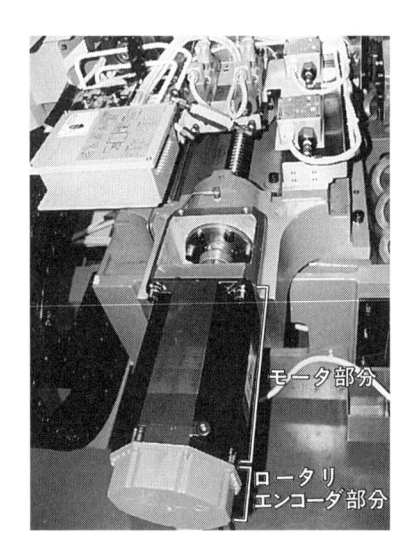

図 1.21　サーボモータ

（d）**コンピュータ・電力制御部**　コンピュータと電力制御部はマシニングセンタ本体に取り付けられており，図 1.22 のように配電盤内に配置されている。コンピュータは，加工データやロータリエンコーダなどのいろいろなセンサからの信号入力などを演算し，処理して電力制御部へ送る。

電力制御部に送られた信号は，電力増幅され，サーボモータを動作させる。同時にパルスをカウントし，目標の値に達したらサーボモータを停止させる。

マシニングセンタなどの CNC 工作機械はコンピュータで制御されているので，他のコンピュータとデータの通信をしながら加工させるなどの応用ができる。

近年ではパーソナルコンピュータなどで加工図面を作成し，それをデータ化し，マシニングセンタへデータを送り，加工図面どおりの形状に仕上げる **CAD/CAM**（computer aided design/computer aided manu-

コンピュータ部

電力制御部

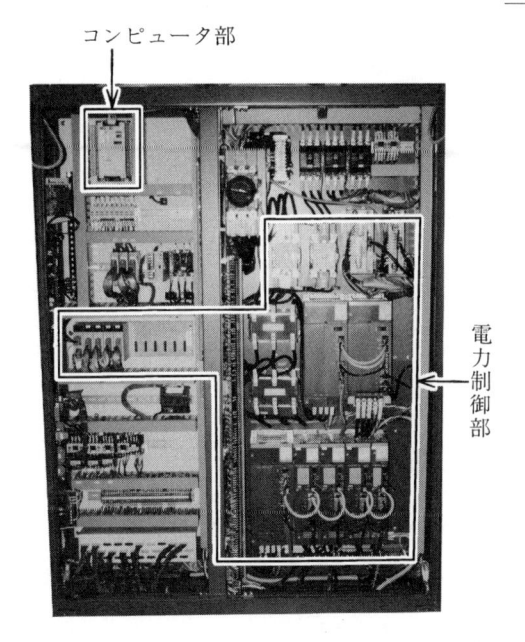

図 1.22 マシニングセンタに付属する配電盤

facturing）と呼ばれる装置がある。

　CAD/CAM装置を活用することで，設計から加工までに要した多くの時間や労力が大幅に短縮され，かつ設計変更の対応も容易になり，むだのない合理的な生産ができるようになった。

1.2.2　生産ラインとのかかわり

　メカトロニクス技術は生産ラインとのかかわりがきわめて高い。
　生産ラインは，口絵3のように複数の産業用ロボットなどを組み合わせて構成されることが多い。それぞれに用いられるロボットは，組付，溶接，搬送などの機能を持たせ，製品の製造のために必要な機能を分担させている。
　産業用ロボットなどを利用することで，速く正確な動作ができ，多品種の製品に柔軟な対応ができるので，効率の良い生産が実現できる。
　生産ラインでは，ロボットのほかにCNC旋盤，マシニングセンタなどのCNC工作機械，自動倉庫や加工物搬送機なども欠かせない機械装置である。図1.23に自動倉庫の例を示す。

18   1. 電子機械の概要と役割

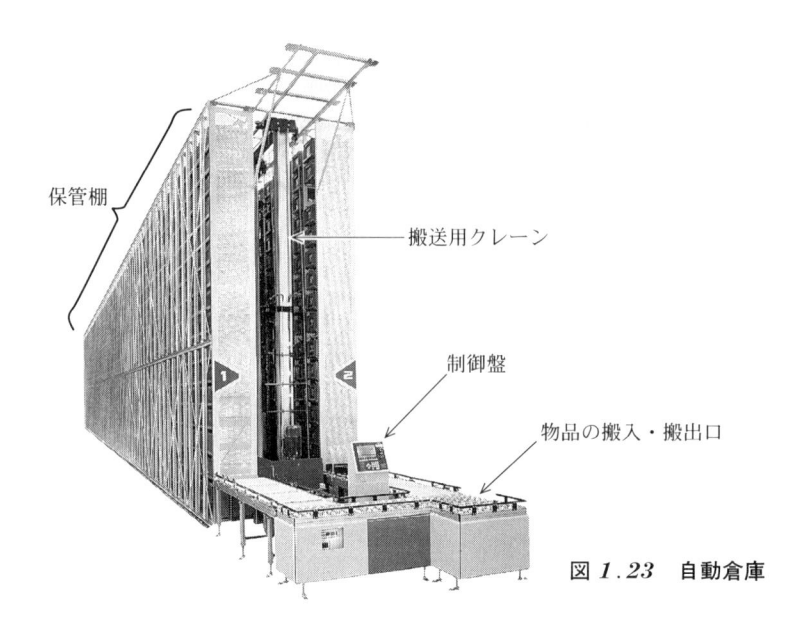

図 1.23　自動倉庫

†1 flexible manufacturing system の略。多品種少量生産に向いた生産方式のシステム。
†2 factory automation の略。FMS 化された設備を集約して、原料の投入から製品の出荷までを一括管理できるようにした自動化技術。

　さまざまな機能を持つ産業用ロボットなどを組み合わせた生産ラインは、多品種の生産に柔軟に対応できる FMS[†1] 化を容易にした。
　図 1.24 のように、加工原料の投入から加工、組立、検査、製品出荷までを FMS 化して集約した工場は、FA[†2] 工場と呼ばれる。
　このように、生産ラインにおけるメカトロニクス技術は、産業用ロボットや自動工作機械など工場の生産技術の中核を担い、自動化と高度な生産技術を実現させている。

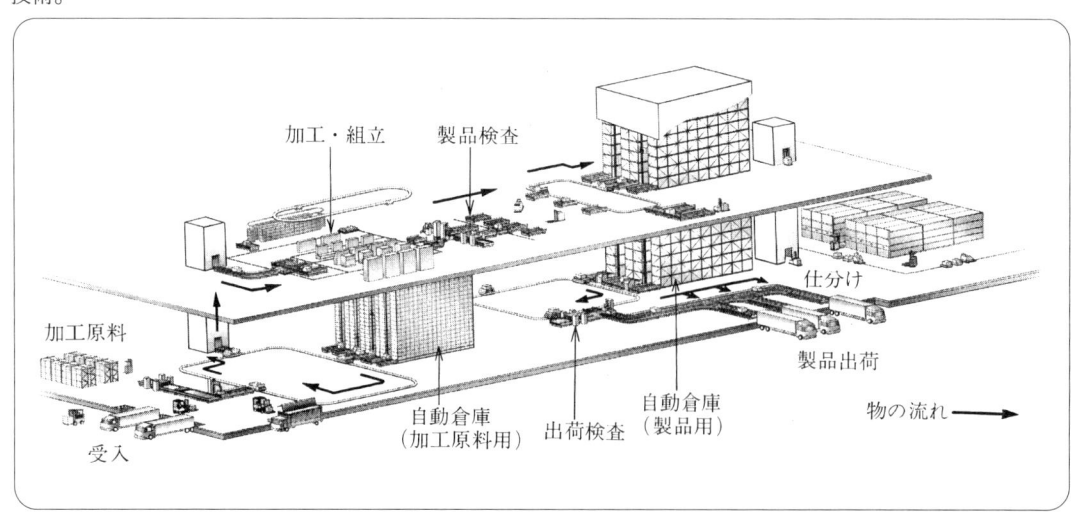

図 1.24　FA 化された工場のイメージ図

1 練習問題

❶ 図1.6でハイブリッド車と従来形のガソリンエンジン車を比較した場合，燃料消費率を比較しなさい。

❷ ハイブリッド車のガソリンエンジン，電動機，発電機，蓄電部の動作状態を，発進時，加速時，定常走行時，制動時それぞれの場合において，下の解答群より最も適切なものを選び表中に記入しなさい。

	ガソリンエンジン	電動機	発電機	蓄電部
発進				
加速				
定常				
制動				

―― 解答群 ――
充電　停止　動作　発電　放電
発電動作・回生状態

❸ メカトロニクスシステムを構成する六つの要素を挙げなさい。

❹ メカトロニクスを応用した福祉介護機器は，ほかにどんなものがあるか調べなさい。

❺ 電動式車椅子のアクチュエータ部に相当する部分を図1.8から選びなさい。

❻ 日常生活で使われているメカトロニクス機器にはどんなものがあるか挙げなさい。

❼ コンピュータは機械の制御にどんな役割を果たしているか調べなさい。

❽ マシニングセンタの加工精度を決めるのにかかわる部分はどこか挙げなさい。

❾ メカトロニクス技術は生産ラインにどのようにかかわっているか調べなさい。

機械の機構と運動の伝達

2

　現在の産業界では，便利さや生産性の向上を目指すのみでなく，環境保全や省エネルギーが重要な課題である。そのため，機械の運動部分においては，小形化・軽量化とともに摩擦損失を極力減らして，運動の変換効率や応答性を高める工夫がいっそう必要となっている。この章では機械を構成する要素と機構について学習し，小形化や低摩擦損失などの目的に合った要素の選択について考える。

2.1 基本的な機械要素

どの機械にも共通してよく使われる機械部品を機械要素という。ここでは，機械を構成する要素の種類と機能について学習する。

2.1.1 機械の構成

機械とは，「抵抗力のある物体[†1]の組合せで構成され，エネルギーや物質，情報などの供給を受け，物理的あるいは化学的現象を伴う変換・伝達を通して，外部に対し有効な仕事をするもの」と定義される。機械はその役割から，図2.1ように四つの機能を持った部分から構成されている。

[†1] ロープやベルトは引張りに対して抵抗力を示す。気体や液体は密閉して用いれば，力を圧力の形で伝えることができる。

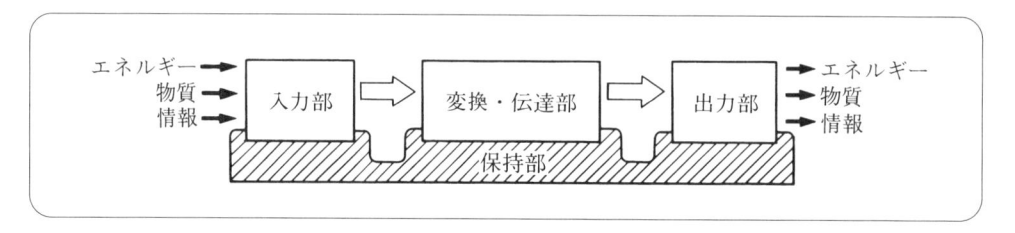

図2.1 機械の構成

一般的には機械を，物理的な運動の変換・伝達の機構を伴うものに限定して考えることが多く，その場合の機械はつぎの三つの条件を備えたものであるといえる。

① 抵抗力のある物体の組合せである。
② 限定された相対運動を行う。
③ エネルギーの供給を受けて有効な仕事をする。

身近な工作機械の一つであるボール盤を例にみると，図2.2に示すように，入力部，変換・伝達部，出力部，保持部の四つの機能部分

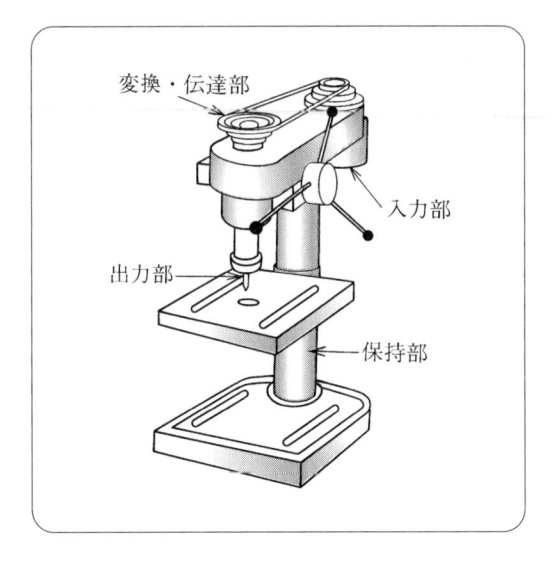

図 2.2 ボール盤

から構成されていることがわかる。

> **問 1.** ノギス，万能製図機，洗濯機，電気ドリルなどは機械といえるか，先に学んだ機械の持つ三つの条件に照らして答えなさい。

2.1.2 機構と対偶

　機械は目的の仕事をするために，一見複雑な運動をしているようにみえるが，各部分に注目してみると基本的な運動の組合せであることがわかる。接触して相対運動をするおのおのの物体を**節**または**リンク**(link) といい，節と節との組合せを**対偶**[†1] (pair) という。対偶は，接触面の形状によって限定された運動をする。図 2.3 に代表的な対偶を示す。

[†1] おす・めすの組合せ，つがいなどと解される。

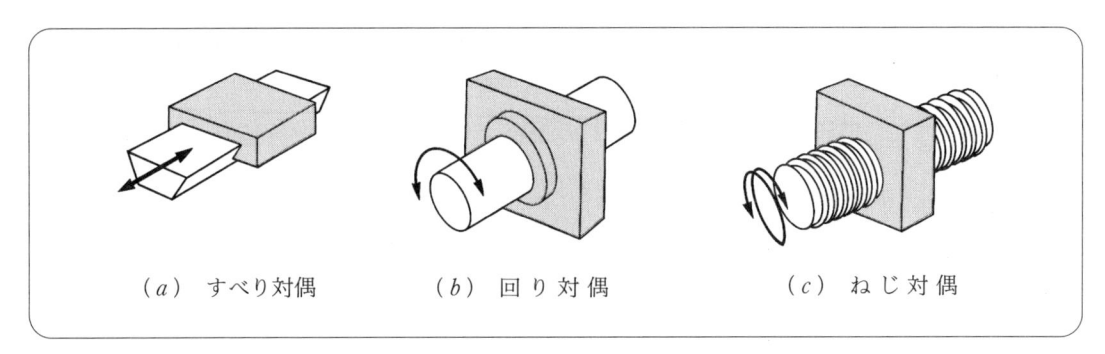

(a) すべり対偶　　(b) 回り対偶　　(c) ねじ対偶

図 2.3　対　　　偶

機械の持つ変換・伝達といった機能の中で，一定の相対運動をする対偶の組合せを**機構**または**メカニズム**（mechanism）という。図 2.4 に示すように，直線運動から回転運動への変換，回転運動から直線運動への変換，または速度の変換など，それぞれに多様な方法があり，たがいに関連を持って組み合わせることで，機械が必要とする機能を実現する。

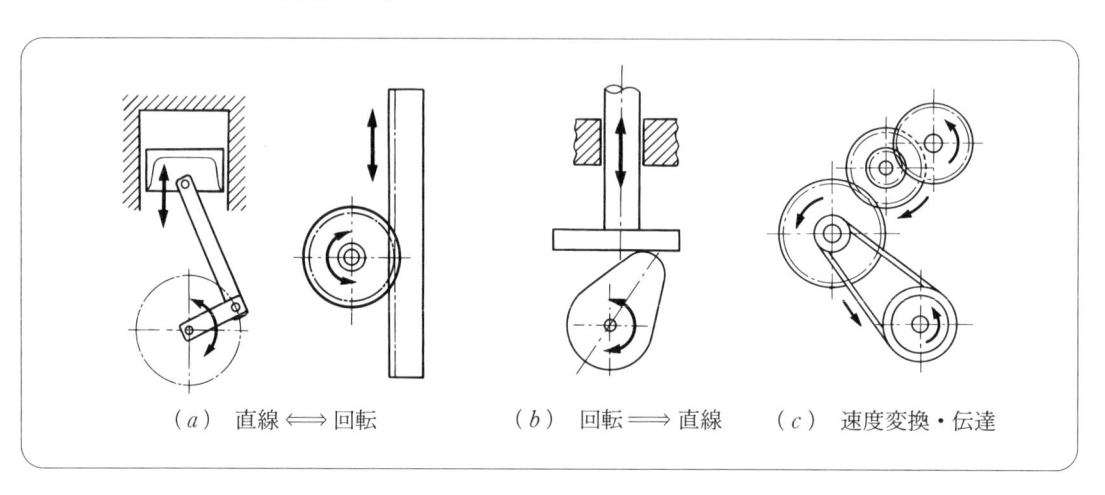

(a) 直線 ⟺ 回転　　(b) 回転 ⟹ 直線　　(c) 速度変換・伝達

図 2.4 機　構

問 2. 図 2.3 の対偶が使われている具体例を挙げなさい。
問 3. 図 2.4 の機構が使われている具体例を挙げなさい。

2.1.3　機　械　要　素

機械を構成する多くの部品のうち，ボルト，軸，軸受，歯車など他の機械にも共通して使われることの多い部品を総称して**機械要素**といい，これに関して**日本工業規格**（Japanese Industrial Standard，略して **JIS**）や**国際標準化機構**（International Organization for Standardization，略称 **ISO**）などの規格がある。機械の設計にあたっては，規格品の機械要素をうまく活用することで開発経費を削減することができる。機械要素は，使用目的により，軸要素，締結要素，伝動要素，その他に分類できる。図 2.5 にその一例を示す。

1　軸　軸は回転しながら動力を伝えたり，荷重を支えたりする。軸を荷重のかかり方により分類すると，つぎのようになる。

2.1 基本的な機械要素

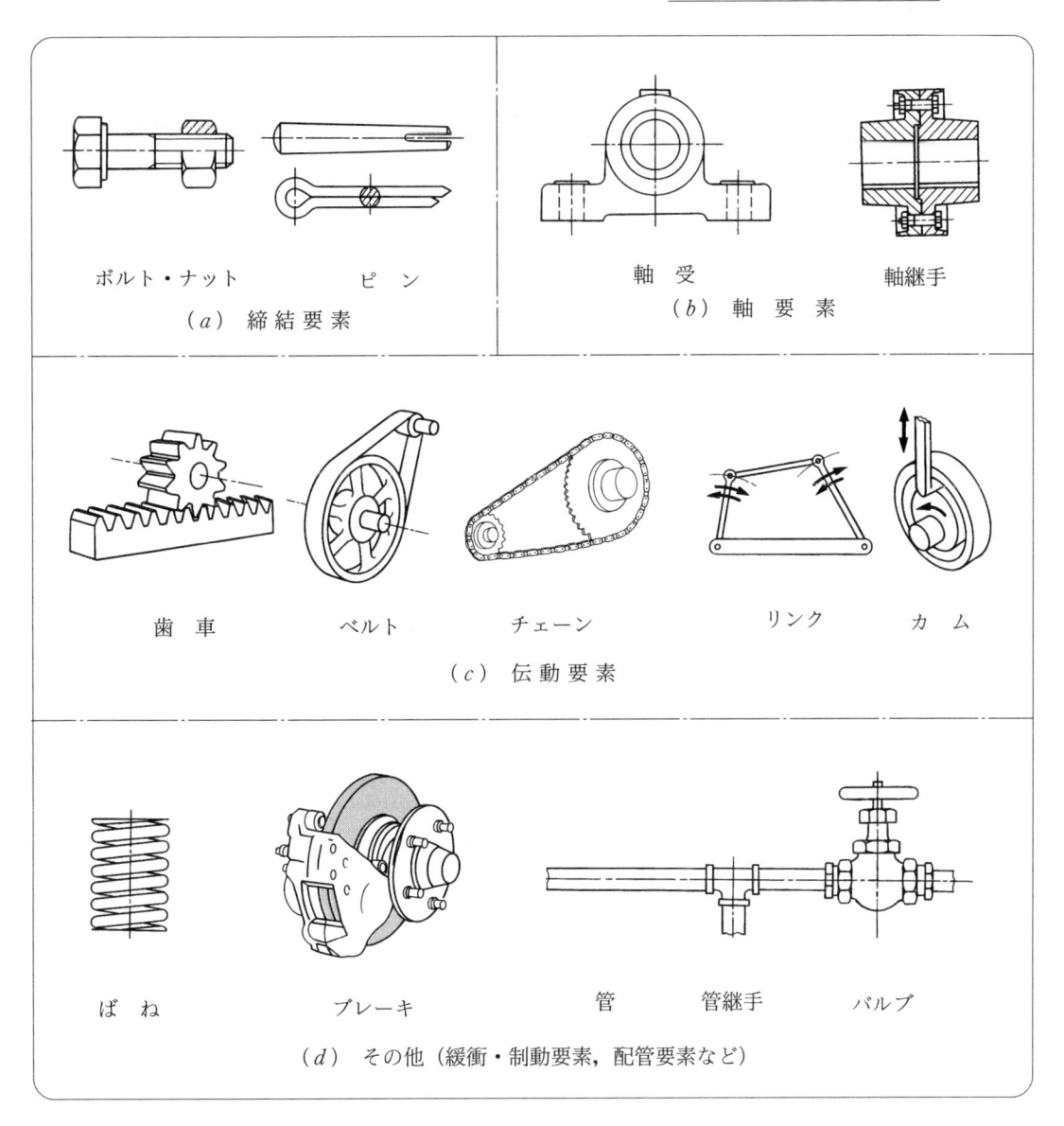

ボルト・ナット　　ピン
(a) 締結要素

軸受　　軸継手
(b) 軸要素

歯車　　ベルト　　チェーン　　リンク　　カム
(c) 伝動要素

ばね　　ブレーキ　　管　　管継手　　バルブ
(d) その他（緩衝・制動要素，配管要素など）

図2.5　機械要素の分類

① おもに曲げを受ける軸……………車軸など
② おもにねじりを受ける軸……………工作機械の主軸など
③ 曲げとねじりを同時に受ける軸………伝動軸など

　また，中心軸の形状から，軸心が直線状の直軸，直角に折れ曲がったクランク軸，軸心がある程度たわんだ状態でも，離れた2軸間で伝動ができるたわみ軸などがある。直軸には中心部に穴のない中実軸と，穴のあいた中空軸がある。図2.6におもなものを挙げる。

26　2. 機械の機構と運動の伝達

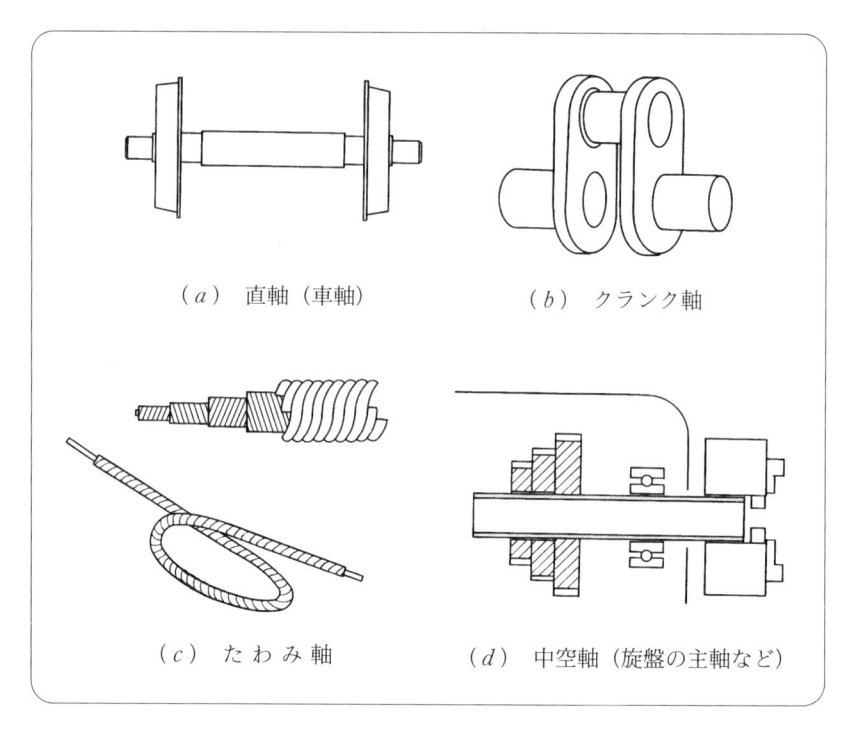

(a) 直軸（車軸）　　(b) クランク軸

(c) たわみ軸　　(d) 中空軸（旋盤の主軸など）

図 2.6　軸

表 2.1　軸の直径　〔mm〕

4○□		10○□*	40○□*		100○□*		400○□*
			20○□*		105□	200○□*	
		11*	22□*	42*	110□*	220○□*	420□*
	7□*	11.2○	22.4○	70□*	112○	224○	440□*
4.5○	7.1○			71○*			450○*
		12□*	24*	75□*	120○□*	240○	460□*
	8○□*	12.5○	25□*	48*	80○□*	125○*	250○□*	480□*
5○□				50○□*	85□*		260○□*	500○□*
	9○□*		28○□*		90○□*	130□*	280○□*	530□*
			30□*	55*	95□*		300□*	
5.6○		14○*	31.5○	56*		140○□*	315○	560○□*
		15□	32□*			150□*	320□*	
6□*		16○*		60□*		160○□*	340□*	600□*
		17□	35□*			170□*		
6.3○		18○*	35.5○	63*		180○□*	355○	630○□*
		19*				190□*	360□*	
			38*				380□*	

注）○印は標準数に基づいた寸法を示す。転がり軸受のはめあい部には □印のもの，円筒軸端のはめあい部には *印のものが適用される

（JIS B 0901：1977による）

軸には，曲げ・ねじり・圧縮などの荷重が同時に働く場合が多く，その場合の材料内部に生じる応力[*1]は，それぞれが単一の作用として働く場合よりも大きくなる。また，キー溝や段付きがあると応力集中[*2]により軸の強度を弱めるので，安全を見込んだ設計が必要である。

軸の直径は，原則として表2.1に示すJISの中から選択する。

（a）軸の強さ　軸の設計において，曲げとねじりを同時に受ける場合には，相当ねじりモーメント T_e と，相当曲げモーメント M_e からそれぞれについて軸径を求め，いずれか大きいほうの値を軸径とする。表2.2に，軸に加わるモーメントの種類と，軸径の計算式を示す。

[*1] 外力に対し，材料内部に生じる抵抗力を単位断面積あたりで表したもの。
$$応力(\sigma) = \frac{荷重(W)}{断面積(A)}$$
[*2] 断面形状が極端に変化する部分の応力が他の部分より大きくなる現象。

表2.2　モーメントの種類と軸径の計算

軸に働く力の作用		モーメントの大きさ〔N·mm〕	中実軸の軸径〔mm〕	
曲げ	（図）	曲げモーメント $M = Fl$	$d = \sqrt[3]{\dfrac{32M}{\pi\sigma_a}}$	(2.1)
ねじり	（図）	ねじりモーメント ※（トルクともいう） $T = Fr$	$d = \sqrt[3]{\dfrac{16T}{\pi\tau_a}}$	(2.2)
曲げとねじり	（図）	相当ねじりモーメント $T_e = \sqrt{M^2 + T^2}$	$d = \sqrt[3]{\dfrac{16T_e}{\pi\tau_a}}$	(2.3)
		相当曲げモーメント $M_e = \dfrac{M + T_e}{2}$	$d = \sqrt[3]{\dfrac{32M_e}{\pi\sigma_a}}$	(2.4)

注）σ_a：許容曲げ応力〔MPa〕　τ_a：許容ねじり応力〔MPa〕

例題 1.

図2.7のように，直径160 mmの円板の外周に750 Nの力が加わるとき，円板を支える軸の太さを求めなさい。ただし，軸の許容曲げ応力を50 MPa，許容ねじり応力を40 MPaとする。

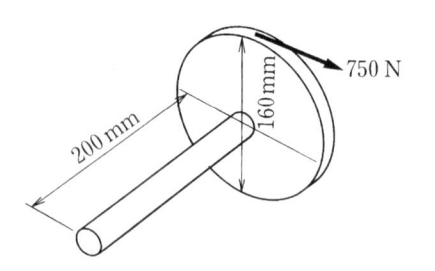

図 2.7

[解答] 曲げモーメント M は

$$M = 750 \times 200 = 15.0 \times 10^4 \text{ [N·mm]}$$

ねじりモーメント T は

$$T = 750 \times 80 = 6.0 \times 10^4 \text{ [N·mm]}$$

相当ねじりモーメント T_e より軸径を求めると

$$T_e = \sqrt{(15.0^2 + 6.0^2)} \times 10^4 = 16.2 \times 10^4 \text{ [N·mm]}$$

$$d = \sqrt[3]{\frac{16 \times 16.2 \times 10^4}{\pi \times 40}} = 27.4 \text{ [mm]}$$

相当曲げモーメント M_e より軸径を求めると

$$M_e = \frac{15.0 + 16.2}{2} \times 10^4 = 15.6 \times 10^4 \text{ [N·mm]}$$

$$d = \sqrt[3]{\frac{32 \times 15.6 \times 10^4}{\pi \times 50}} = 31.7 \text{ [mm]}$$

となる。したがって，大きいほうの値 31.7 mm を採用し，表 2.1 より標準の軸径を求めると，32 mm となる。

(b) 軸の伝達動力 軸の伝達動力 P [W] とトルク T [N·mm] の関係は，回転速度を n [rpm] として次式で表される。

$$P = T \frac{2\pi n}{1\,000 \times 60} \fallingdotseq 1.047 \times 10^{-4} Tn \text{ [W]} \qquad (2.5)$$

[問] 4. 280 rpm で回転する軸のトルクが 100 kN·mm であったとき，伝達動力は何 kW か求めなさい。

2　軸　受 回転する軸の支持には軸受が用いられる。軸受は軸心を正確に保持し，滑らかな回転を維持するための重要な要素である。

（a）軸受の種類　軸受は，すべり軸受と転がり軸受に大別できる。薄い油膜面を介し，広い面積で荷重を支えるすべり軸受と，球や円筒ころを内輪と外輪で挟んだ転がり軸受がある。また，軸に対する荷重の方向によって，ラジアル軸受とスラスト軸受がある。

図2.8に荷重の方向による軸受の種類を示す。図2.9は転がり軸受の種類を示す。

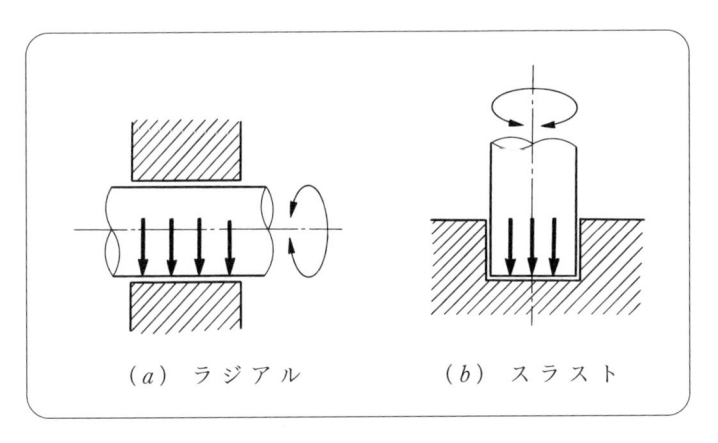

図2.8　荷重の方向による軸受の種類

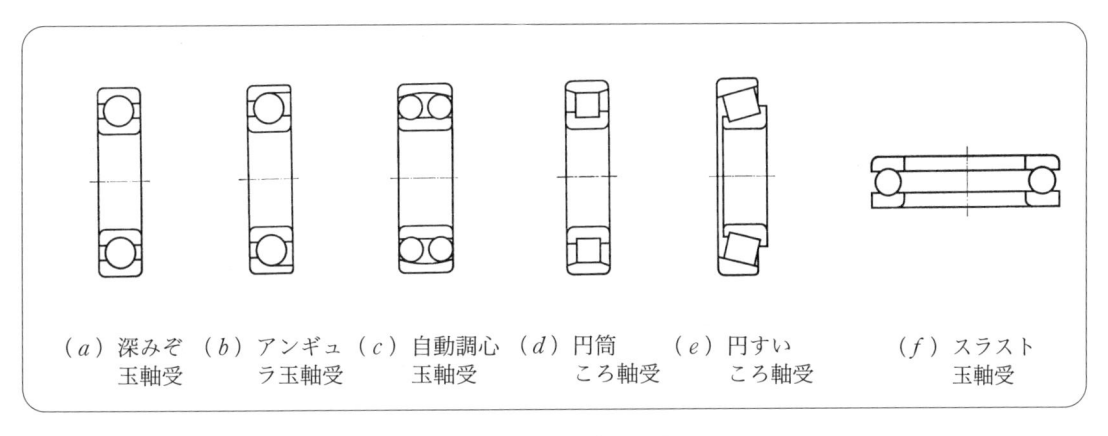

（a）深みぞ玉軸受　（b）アンギュラ玉軸受　（c）自動調心玉軸受　（d）円筒ころ軸受　（e）円すいころ軸受　（f）スラスト玉軸受

図2.9　転がり軸受の種類

（b）転がり軸受の呼び番号　転がり軸受の種類や大きさは，JISで規定された呼び番号で表す。図2.10に呼び番号の例を示す。

軸受は回転する軸を支えるものが多いが，直線運動を案内するものもあり，これを直動軸受（または案内）と呼ぶ。転がり軸受は摩擦が小さいので，直動軸受としても多く用いられている。図2.11に代表的な直動軸受の種類と構造を示す。

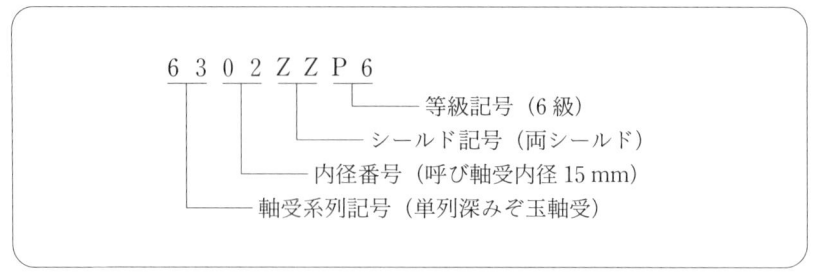

```
6 3 0 2 Z Z P 6
       │ │ │ └─ 等級記号（6級）
       │ │ └── シールド記号（両シールド）
       │ └──── 内径番号（呼び軸受内径 15 mm）
       └────── 軸受系列記号（単列深みぞ玉軸受）
```

図 2.10　呼び番号の例

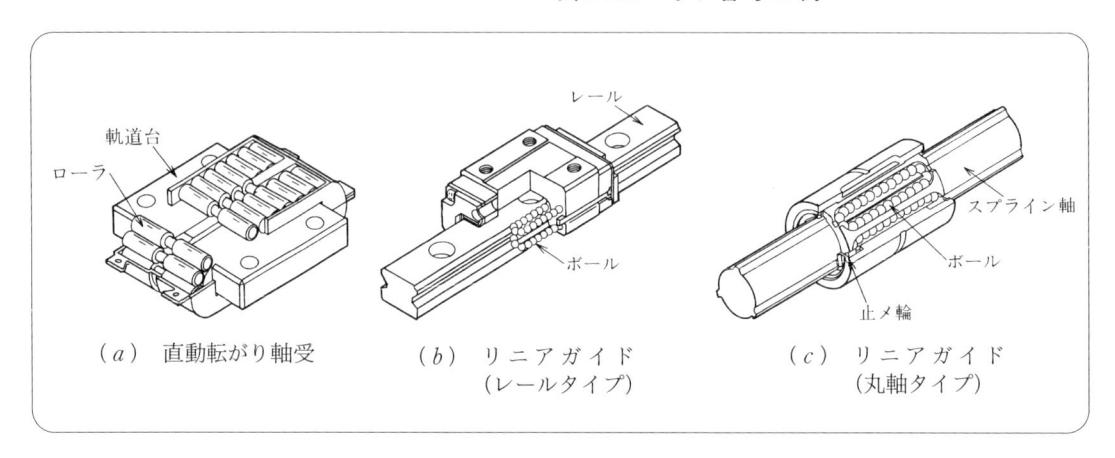

図 2.11　直動軸受の種類と構造

3　ねじ・ねじ部品　ねじは機械を構成するうえで欠くことのできない機械要素である。部品を取り付けるための締結用，位置を調節するための調整用，可動部分に送りを与える移動用などがある。

(a) ね　　じ　ねじは斜面を利用した機械要素で，図 2.12 に示すように，円筒に直角三角形の斜面を巻き付けたときにできるつる巻線（helix）に沿ってねじ山を付けたものである。

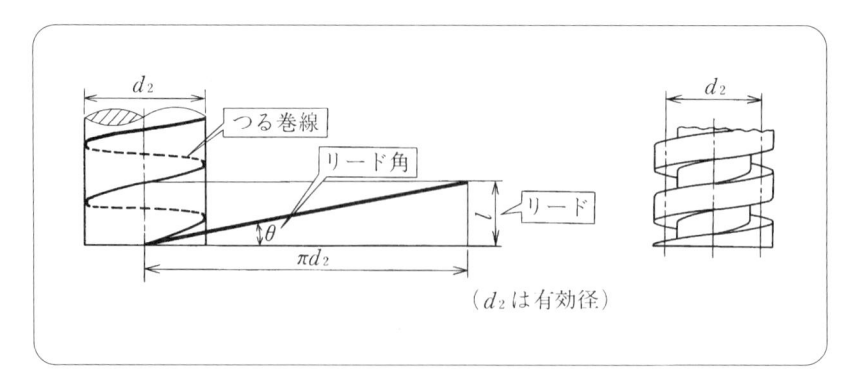

図 2.12　ね じ の 原 理

図 2.13 に示すように，ねじ山の巻方向によって，**右ねじ**（right-hand thread）と**左ねじ**（left-hand thread）があり，つる巻線が 1 本のものを一条ねじ，2 本のものを二条ねじという。

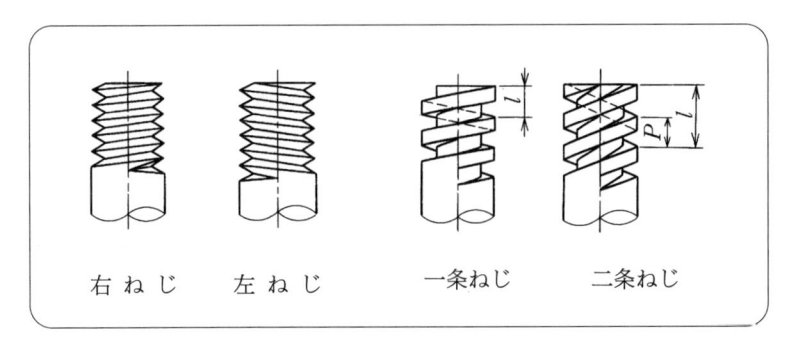

図 2.13 巻方向と条数

一般的には，右ねじ，一条ねじが多く使われる。隣り合うねじ山の 2 点間の距離を**ピッチ**（pitch）といい，ねじを 1 回転させたときねじが進む距離を**リード**（lead）という。条数 n，ピッチ P のねじのリード l は $l=nP$ となり，一条ねじの場合は $l=P$ となる。多条ねじは，リードを大きくし早く着脱したい部分に用いられる。

（b）ねじの種類 ねじ山の断面形状により，三角ねじ，角ねじ，台形ねじ，丸ねじなどがある。三角ねじは，締結や調整を目的とするボルトやナット，小ねじなどのねじ部品に多く用いられている。

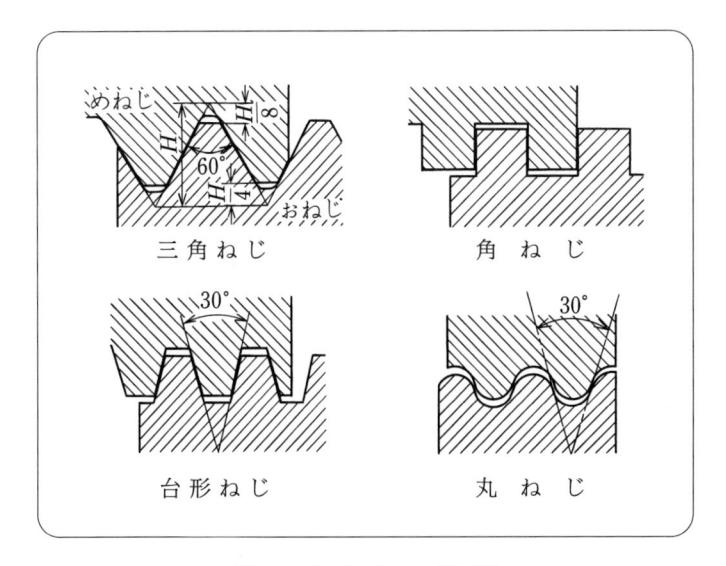

図 2.14 ねじの種類

角ねじ，台形ねじは大きな力を必要とする移動用，締め付け用に，丸ねじは電球の口金など精度を要しない部分に用いられる。

図2.14にねじの種類，表2.3に締結用としてよく用いられるメートル並目ねじの規格を示す。

表 2.3 メートル並目ねじ

ねじの呼び[1]			ピッチ P	めねじ 谷の径 D (mm) / おねじ 外径 d (mm)	めねじ 有効径 D_2 (mm) / おねじ 有効径 d_2 (mm)	めねじ 内径 D_1 (mm) / おねじ 谷の径 d_1 (mm)	おねじの有効断面積[2] A_s (mm²)
1	2	3					
M 3			0.5	3.000	2.675	2.459	5.03
	M 3.5		0.6	3.500	3.110	2.850	6.78
M 4			0.7	4.000	3.545	3.242	8.78
	M 4.5		0.75	4.500	4.013	3.688	11.3
M 5			0.8	5.000	4.480	4.134	14.2
M 6			1	6.000	5.350	4.917	20.1
		M 7	1	7.000	6.350	5.917	28.9
M 8			1.25	8.000	7.188	6.647	36.6
		M 9	1.25	9.000	8.188	7.647	48.1
M 10			1.5	10.000	9.026	8.376	58.0
		M 11	1.5	11.000	10.026	9.376	72.3
M 12			1.75	12.000	10.863	10.106	84.3
	M 14		2	14.000	12.701	11.835	115
M 16			2	16.000	14.701	13.835	157
	M 18		2.5	18.000	16.376	15.294	192
M 20			2.5	20.000	18.376	17.294	245
	M 22		2.5	22.000	20.376	19.294	303
M 24			3	24.000	22.051	20.752	353
	M 27		3	27.000	25.051	23.752	459
M 30			3.5	30.000	27.727	26.211	561
	M 33		3.5	33.000	30.727	29.211	694
M 36			4	36.000	33.402	31.670	817
	M 39		4	39.000	36.402	34.670	976
M 42			4.5	42.000	39.077	37.129	1120

太い実線は，基準山形を示す。

$H = 0.866025 P$
$H_1 = 0.541266 P$
$d_2 = d - 0.649519 P$
$d_1 = d - 1.082532 P$
$D = d, \ D_2 = d_2, \ D_1 = d_1$

注1) 1欄を優先的に，必要に応じて2欄，3欄の順に選ぶ
注2) $A_s = (\pi/4)[\{d_2 + d_1 - (H/6)\}/2]^2$

(JIS B 0205：1977，B 1082：1987による)

(c) ねじ部品

1) **ボルト・ナット**　ボルト・ナットは，最も一般的な締結用ねじ部品で，図2.15に示すようなものがある。

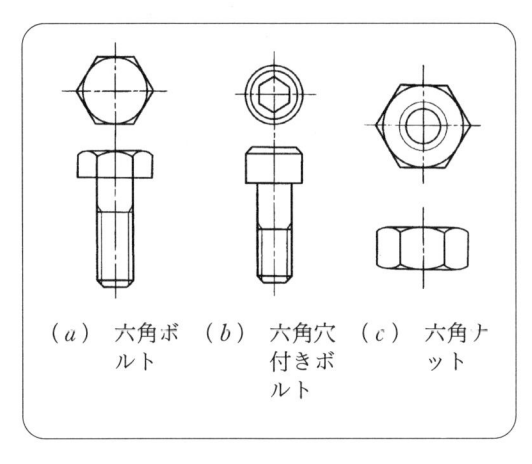

図2.15　ボルト・ナットの種類
(a) 六角ボルト　(b) 六角穴付きボルト　(c) 六角ナット

図2.16　小ねじ・止めねじ
(a) 十字穴付き丸小ねじ　(b) 十字穴付き皿小ねじ　(c) 止めねじ

2) **小ねじ・止めねじ**　直径1.6〜10mmくらいの頭付きねじを小ねじ（ビスともいう）と呼び，あまり力のかからない小部品，薄板などの取り付けに用いられる。止めねじは，小形の歯車やプーリを軸に固定するのに用いる。図2.16に小ねじ・止めねじの種類を示す。

(d) **ねじのゆるみ止め**　固く締めてあるねじでも，部材の振動や伸縮によってゆるむことがある。ねじのゆるみ防止には，図2.17(a)のように止めナットを用い，ナットどうしが反対向きに押し合うことで，ねじ山との摩擦力を増し，ゆるみを防ぐ方法や，図(b)，

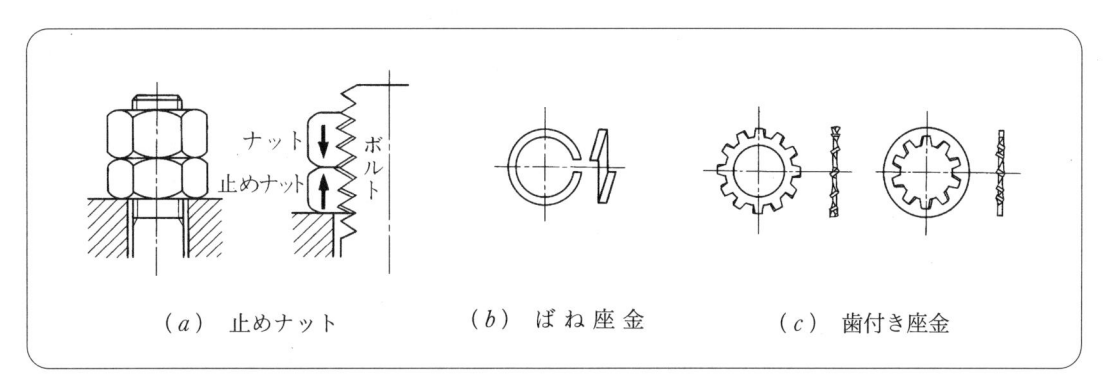

(a) 止めナット　(b) ばね座金　(c) 歯付き座金

図2.17　ねじのゆるみ止め

(c)のような座金を用いる方法がある。

4　ピン・止め輪

(a) ピ ン　小径の歯車やハンドルなどを軸に固定するために，ボスと軸を貫く棒（ピンともいう）を使用する。加工も簡単で組み付けも容易である。ピンには，図2.18に示すような種類がある。

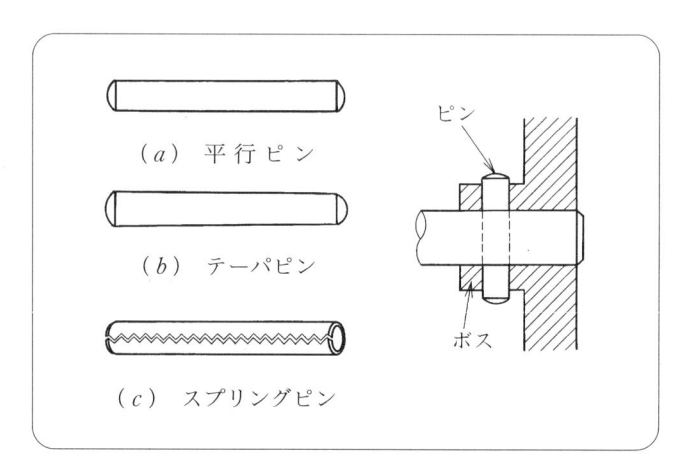

図2.18　ピ　　ン

(b) 止 め 輪　軸や軸受に刻まれた溝に，スプリング効果のあるリング（止め輪）をはめ，軸受や歯車などの位置を固定するために用いられる。軸用と穴用がある。図2.19に止め輪の規格を示す。

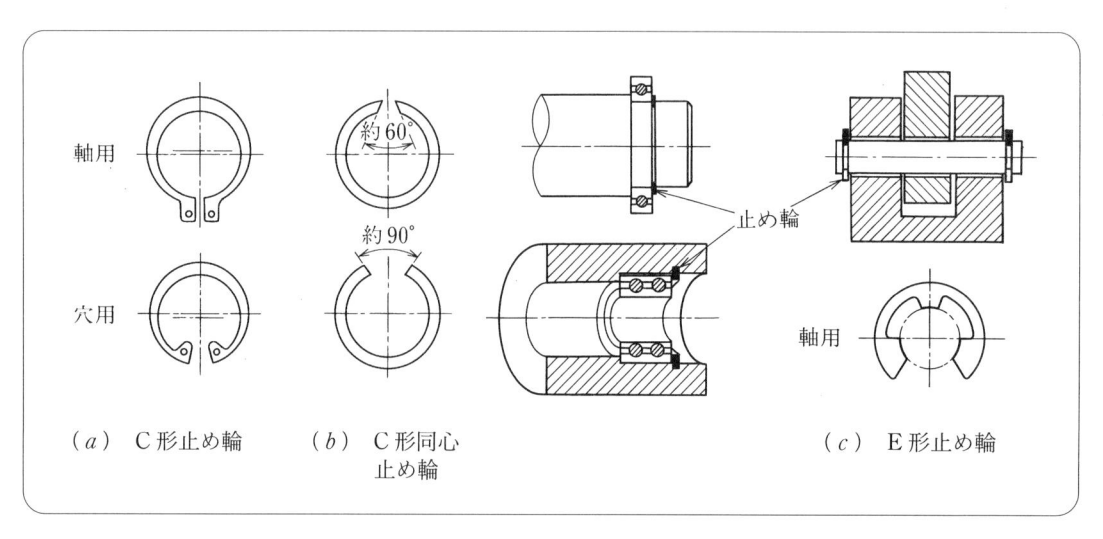

図2.19　止　め　輪

2.2 基本的なメカニズム

機械要素を組み合わせて目的の仕事をさせるための機構（メカニズムともいう）にはさまざまなものがある。ここでは，運動の変換・伝達に限定して基本的な仕組みを学習する。

2.2.1 送りねじ機構

図 2.20 のように，構造物の部分を本体に対して直線的に移動させる目的で使用されるねじを**送りねじ**（feed screws）という。

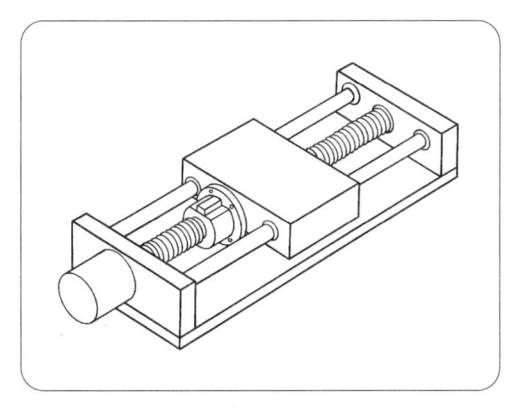

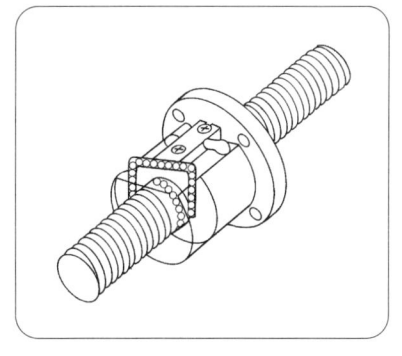

図 2.20 送りねじ機構　　図 2.21 ボールねじの構造

一般に，負荷の大きい運動部分には，角ねじや台形ねじが使われるが，精密工作機械などの高速移動部分には，図 2.21 のようなボールねじが多く用いられている。

ねじは斜面を利用して，回転する力を軸方向の大きな力に変える。図 2.22 のように，斜面に沿って押し上げる場合と押し下げる場合とでは，水平力 F に差があるが，設計上問題となるのは負荷が大きくなる押し上げの場合である。

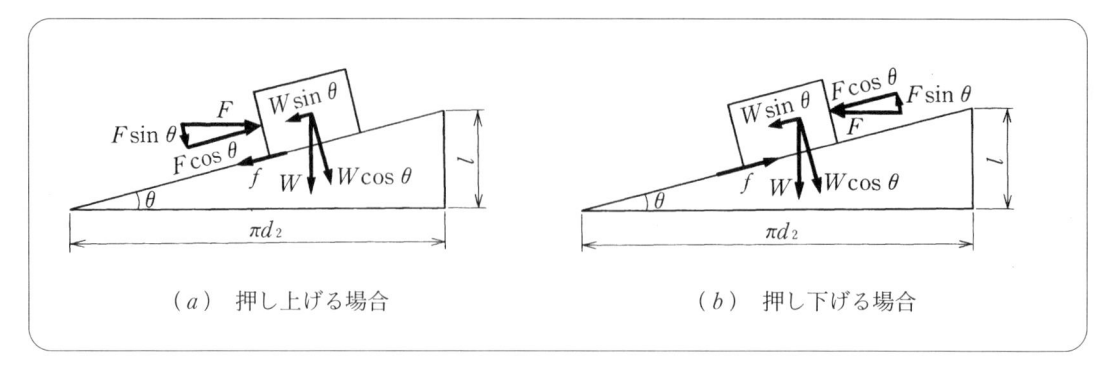

図2.22 ねじの斜面に作用する力

(a) 押し上げる場合
(b) 押し下げる場合

重さW〔N〕の物体を,水平方向の力F〔N〕で押し上げるときの力の釣合いは,摩擦力をf〔N〕,摩擦係数を$\mu=\tan\phi$[†1]とすると

$$F\cos\theta = f + W\sin\theta = \mu(F\sin\theta + W\cos\theta) + W\sin\theta$$

全体を$\cos\theta$で割って

$$F = \mu(F\tan\theta + W) + W\tan\theta$$

$$F - F\tan\phi\tan\theta = W\tan\phi + W\tan\theta$$

$$F = \frac{W(\tan\phi + \tan\theta)}{1 - \tan\phi\tan\theta}$$

$$\therefore \quad F = W\tan(\phi + \theta) \tag{2.6}$$[†2]

と表される。ねじを回転させるのに必要なトルクT〔N・mm〕は,図2.23に示すように,ねじの有効径をd_2〔mm〕とすると,つぎの式で求められる。

$$T = F \cdot \frac{d_2}{2} = W \cdot \frac{d_2}{2}\tan(\phi + \theta) \tag{2.7}$$

†1 ϕ(摩擦角)。斜面の傾きをしだいに大きくしていくとき,重力の斜面方向分力と摩擦力がちょうど等しくなる角度。

†2 加法定理
$$\frac{\tan\phi \pm \tan\theta}{1 \mp \tan\phi\tan\theta} = \tan(\phi \pm \theta)$$
を適用。

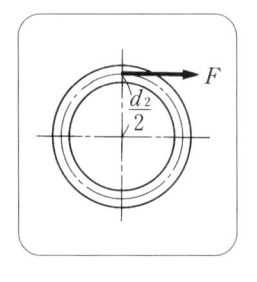

図2.23 ねじ断面

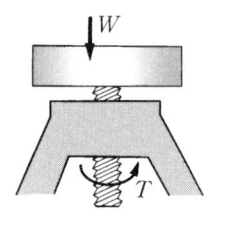

|||||||||| 例題 2. ||||||||||

図2.24のように,重さ3 000 Nのテーブルを持ち上げる送りねじが必要とするトルクT〔N・mm〕を求めなさい。ただし,ねじの有効径を30 mm,リードを5 mm,ねじ面の摩擦係数を0.15とする。

解答 摩擦角ϕは,$\mu=\tan\phi$より

$$\phi = \tan^{-1}0.15 = 8.53°$$

図2.24

リード角 θ は,$\tan\theta=\dfrac{l}{\pi d_2}$ より

$$\theta=\tan^{-1}\dfrac{5}{\pi\times 30}=3.04°$$

式 (2.7) よりトルク T は

$$T=\dfrac{3\,000\times 30}{2}\times\tan(8.53°+3.04°)$$

$$=9.21\times 10^3\,[\text{N·mm}]$$

〔実用的な計算〕

一般的に水平送りねじ機構の設計では,ねじ部の摩擦損失を考慮した伝達効率 η[†1] を用いて計算されることが多い。図 2.25 のようなリード l [mm] の水平送りねじ機構について,ねじの有効径 d_2 [mm] における回転力を F [N],ねじの推力を F_t [N] とすると伝達効率は

$$\eta=\dfrac{F_t l}{F\pi d_2} \tag{2.8}$$

[†1] ねじの種類,潤滑や使用方法により異なるので,メーカが提供する資料による。

となる。またこの場合,荷重 W [N] は直進ガイド部で受け,ねじ部には推力だけが加わる構造で使われるので,ガイド部の摩擦係数を μ',摩擦力を f' [N],テーブルに対する外力を P [N] とすると,水平送りねじのトルク T [N·mm] は次式で求めることができる。

$$T=F\cdot\dfrac{d_2}{2}=\dfrac{l}{2\pi\eta}\cdot F_t=\dfrac{l}{2\pi\eta}(P+f')$$

$$=\dfrac{l}{2\pi\eta}(P+\mu' W) \tag{2.9}$$

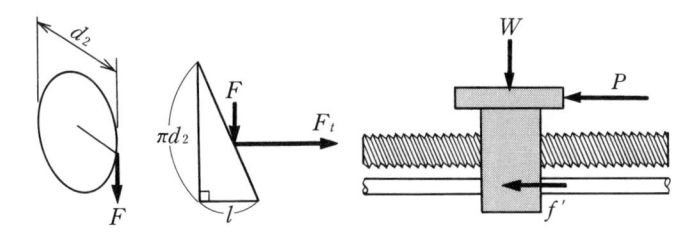

図 2.25 送りねじのトルク

2.2.2 歯車伝動機構

歯車は歯と歯がかみあい,すべりを生じないので,一定の角速度比を保ちながら強力な動力の伝達ができる。金属製や樹脂製のものがある。

1　歯車の種類　　歯車の種類は2軸の関係や歯すじの形状により，図2.26のように分けられる。

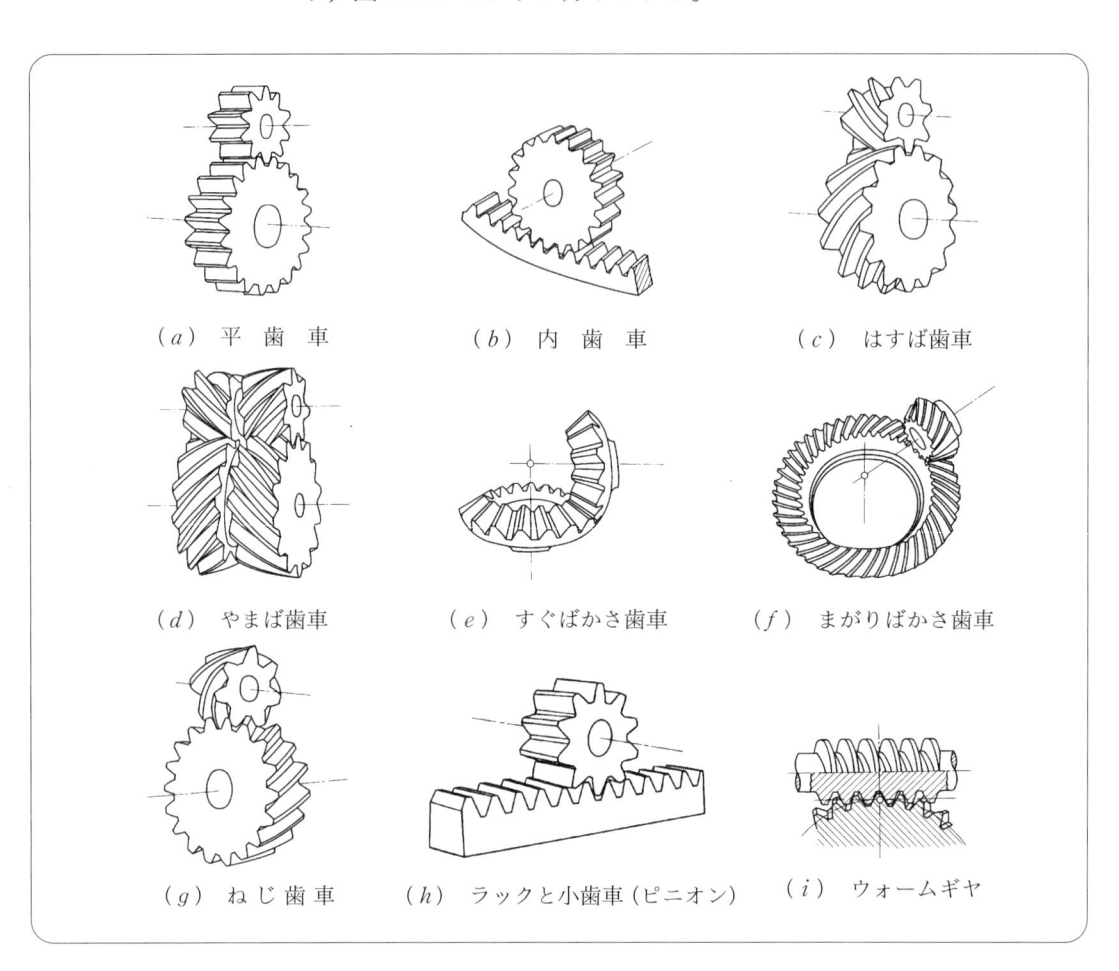

（a）平歯車　　　　　（b）内歯車　　　　　（c）はすば歯車

（d）やまば歯車　　　（e）すぐばかさ歯車　　（f）まがりばかさ歯車

（g）ねじ歯車　　　　（h）ラックと小歯車（ピニオン）　　（i）ウォームギヤ

図2.26　歯車の種類

2　歯車の大きさと中心間距離　　歯車の歯の大きさを表すのに，JISではモジュールを用いる。ピッチ円直径を d〔mm〕，歯数を z とすると，モジュール m〔mm〕は，$m=\dfrac{d}{z}$ で示される。図2.27 のように，かみあう一対の歯車はモジュールが等しく，ピッチ円で接するので，中心間距離 a〔mm〕は

$$a=\frac{d_1+d_2}{2}=\frac{m(z_1+z_2)}{2} \tag{2.10}$$

となる。

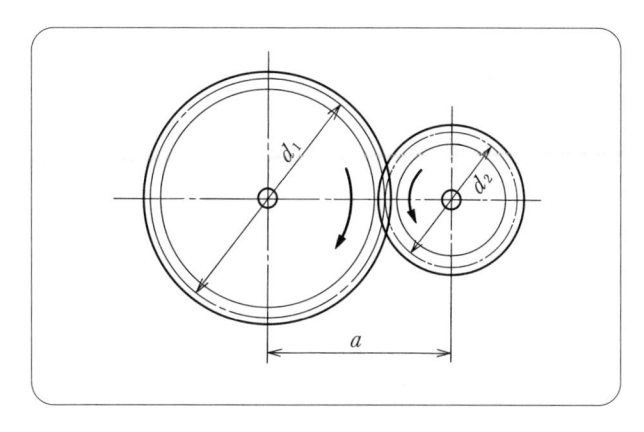

図 2.27 中心間距離

3 歯車列と速度伝達比　いくつかの歯車を組み合わせたものを歯車列という。図 2.28 のような歯車列では，軸Ⅰ～Ⅲの回転速度を $n_1 \sim n_3$，歯車 ①～③ の歯数をそれぞれ z_1, z_2, z_3 とすると，軸Ⅰ，Ⅱの間の速度伝達比は

$$i_1 = \frac{n_1}{n_2} = \frac{z_2}{z_1}$$

となり，軸Ⅱ，Ⅲの間の速度伝達比は

$$i_2 = \frac{n_2}{n_3} = \frac{z_3}{z_2}$$

となる。

したがって，歯車列全体すなわち軸Ⅰ，Ⅲの間の速度伝達比は

$$i = \frac{n_1}{n_3} = \frac{n_1}{n_2} \times \frac{n_2}{n_3} = \frac{z_2 \times z_3}{z_1 \times z_2} = \frac{z_3}{z_1} \tag{2.11}$$

となる。ここで歯車 ② の歯数は速度伝達比に無関係となるので，このような歯車を遊び歯車という。

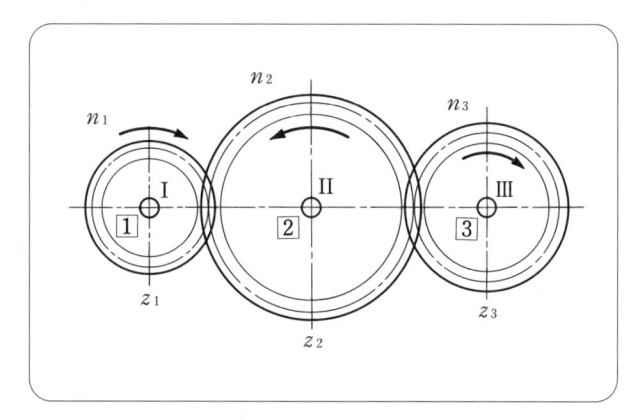

図 2.28 歯車列

図2.29のように，中間軸に歯数の異なる二つの歯車を重ね合わせた歯車列では，駆動側の歯数を z_2，被動側の歯数を z_2' とすると，軸Ⅰ，Ⅱの間の速度伝達比は

$$i_1 = \frac{n_1}{n_2} = \frac{z_2'}{z_1}$$

となり，軸Ⅱ，Ⅲの間の速度伝達比は

$$i_2 = \frac{n_2}{n_3} = \frac{z_3}{z_2}$$

となる。

したがって，歯車列全体では

$$i = \frac{n_1}{n_3} = \frac{n_1}{n_2} \times \frac{n_2}{n_3} = \frac{z_2'}{z_1} \times \frac{z_3}{z_2} \tag{2.12}$$

となる。

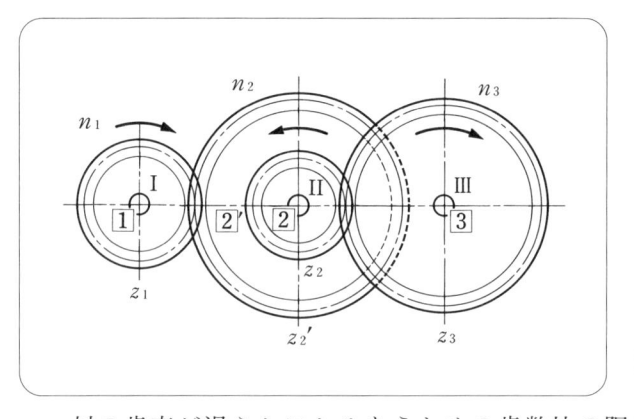

図2.29 歯車列

一対の歯車が滑らかにかみあうための歯数比の限界は，平歯車で1：6程度とされる。しかしウォームギヤを使えば，ウォームの条数を歯数として数えるので，一段で大きな減速比を得ることができる。

例題　3.

モジュールが 2.5 mm，歯数が 25 と 75 の一対の平歯車がかみあうとき，二軸の中心間距離を求めなさい。

解答 式 (2.10) より

$$a = \frac{2.5(25+75)}{2} = 125 \text{ [mm]}$$

例題 4.

図 2.29 の歯車列において,$z_1=30$,$z_2'=75$,$z_2=25$,$z_3=60$ で,n_1 が 1 800 rpm のとき,n_3 の回転速度を求めなさい。

解答 速度伝達比 i は,式 (2.12) より

$$i=\frac{75}{30}\times\frac{60}{25}=6$$

回転速度 n_3 は

$$n_3=\frac{1\,800}{6}=300\,[\text{rpm}]$$

[4] 変速歯車装置 歯車列のかみあわせを切り換え,従動軸の回転数を変える装置を変速歯車装置という。図 2.30 にその一例を示す。

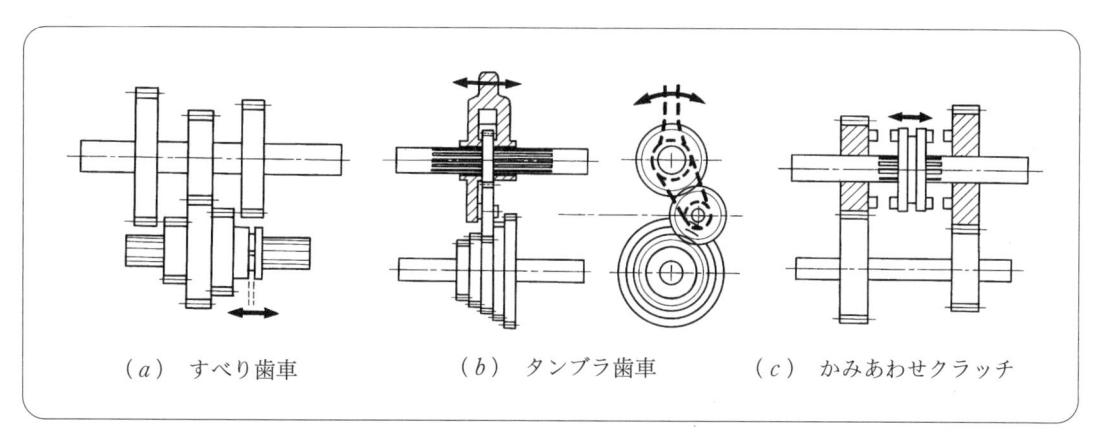

(a) すべり歯車　　(b) タンブラ歯車　　(c) かみあわせクラッチ

図 2.30 変速歯車装置

[5] 遊星歯車装置 中心部の太陽歯車と,腕で保持され太陽歯車とかみあって回る遊星歯車,さらにその外側でかみあう内歯車から構成される。どれを駆動軸・被動軸にするかで速度伝達比が変わる。特徴は入力軸と出力軸が同じ軸線上にあって,小形で大きな減速比が得られることである。図 2.31 にその一例を示す。

図 2.32 は遊星歯車装置の一種である S-C-P 形遊星歯車[†1] で,ウェーブジェネレータによって弾性歯車が変形し,一部が内歯車とかみ

[†1] S (sun gear) 太陽歯車,C (planet carrier) キャリヤ,P (planet gear) 遊星歯車。

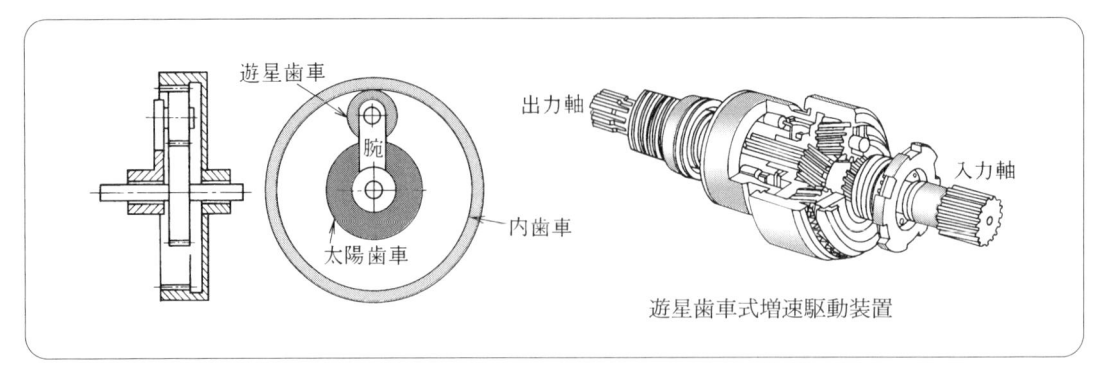

図2.31 遊星歯車装置

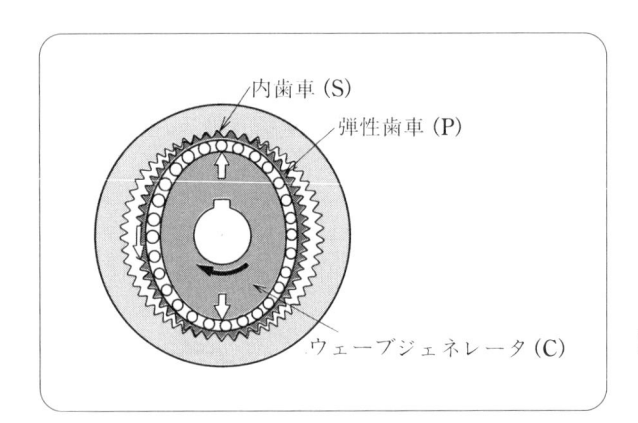

図2.32 S-C-P形遊星歯車

あっている。ウェーブジェネレータが1回転すると，内歯車は弾性歯車の歯数との差だけ回転する。

軽量で大きな減速比が得られるので，ロボットのアームの駆動部などによく用いられている。

2.2.3 巻掛け伝動機構

軸に固定した車にベルトやチェーンを巻き掛けて回転を伝える機構を**巻掛け伝動機構**という。歯車のように2軸間の距離に制約がなく，多軸伝動が可能である。装置が簡単で容易に大きな速度伝達比が得られる。摩擦力で回転を伝えるものと，かみあいによるものとがある。

1 ベルト伝動 ベルト伝動は，歯車のように潤滑の必要がなく，振動を吸収し滑らかな伝動ができる。

（a）平ベルト　現在，伝動用として用いられている平ベルトは，寸法，形状，材質ともさまざまであるが，おもに，ポリエステルコードやフィルムを心体に，ゴムやウレタンで成形されたものが多い。心体のない特殊なものとして，高分子材料のフィルムを用いたベルト，織物ベルト，鋼ベルトなどがある。

図 2.33（a）に心体のあるベルト，図（b）に平プーリのリムの断面形状を示す。リムの外形は，中央部がわずかに中高の円弧状になっている。図（c）は，穴のあいた鋼ベルトが**スプロケット**（sprocket：外周部に突起物を持った送り歯車）とかみあって送られる状態を示す。

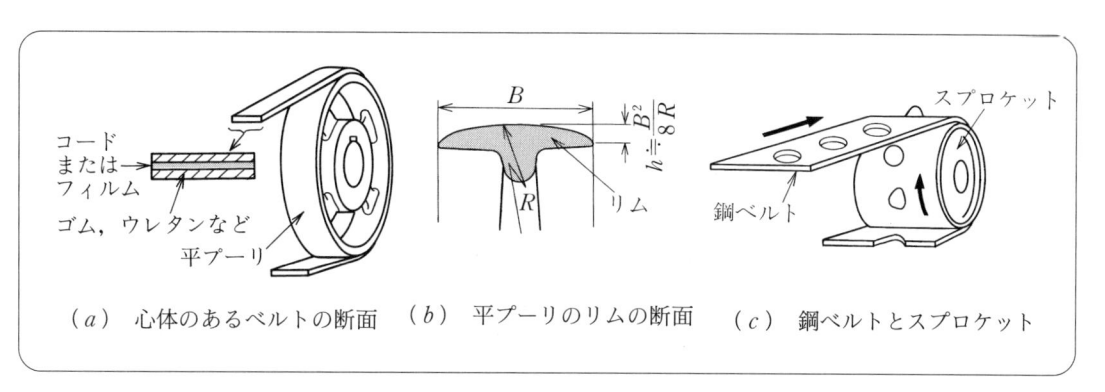

（a）心体のあるベルトの断面　　（b）平プーリのリムの断面　　（c）鋼ベルトとスプロケット

図 2.33　平ベルトとプーリ

（b）Vベルト　Vベルトは，台形断面をしたベルトのくさび効果により，プーリとの間に強い摩擦力を発生する。おもにポリエステルコードを心体に，ゴムまたはポリウレタン製のものがある。標準Vベルトと，厚みに対して幅の狭い細幅Vベルト，Vの角度が大きい広角Vベルトがある。

表 2.4 に細幅Vベルトの規格を示す。強力な伝動を行うには，本数を増やし，複列にして用いる。また，図 2.34 のように，小さなV字形の**リブ**（rib）が何本も並列に並んだ断面構造の**Vリブドベルト**（V-ribbed belt）は，小径のプーリに使用できるため，自動車をはじめ，事務機器，家電製品にも使われている。

（c）歯付きベルト　チェーンのように正確な伝動ができ，騒音を発生せず，潤滑の必要がないので，一般産業用機械のほか，小形のものは事務機器，医療機器，家電製品にも使われている。表 2.5 に

表 2.4 細幅Vベルト

(a) 細幅Vベルトの寸法 (JIS K 6368:1999)

種類	a [mm]	b [mm]	θ [度]
3 V	9.5	8.0	40
5 V	16.0	13.5	40
8 V	25.5	23.0	40

(b) 細幅Vベルトの長さ (JIS K 6368:1999)

呼び番号	長さ [mm] 3V	5V	8V	呼び番号	長さ [mm] 3V	5V	8V
250	635	—	—	425	1080	—	—
265	673	—	—	450	1143	—	—
280	711	—	—	475	1207	—	—
300	762	—	—	500	1270	1270	—
315	800	—	—	530	1346	1346	—
335	851	—	—	560	1422	1422	—
355	902	—	—	600	1524	1524	—
375	953	—	—	630	1600	1600	—
400	1016	—	—				

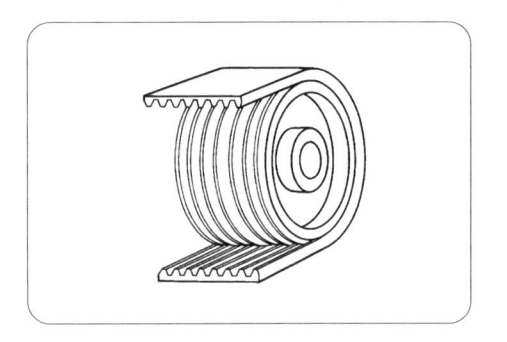

図 2.34　Vリブドベルト

表 2.5　歯付きベルト

記号	種類					
	(MXL)	XL	L	H	XH	XXH
P [mm]	2.032	5.080	9.525	12.700	22.225	31.750
2β [度]	40	50	40	40	40	40
S [mm]	1.14	2.57	4.65	6.12	12.57	19.05
h_t [mm]	0.51	1.27	1.91	2.29	6.35	9.53
h_s [mm]	1.1	2.3	3.6	4.3	11.2	15.7
r_r [mm]	0.13	0.38	0.51	1.02	1.57	2.29
r_a [mm]	0.13	0.38	0.51	1.02	1.19	1.52

(JIS K 6372:1995。ただしMXLタイプについては未規定)

歯付きベルトの規格を示す。

2　チェーン伝動　一般によく用いられているローラチェーンは，ローラをリンクでつないだもので，リンクの数で長さを調整する。スプロケットとかみあい，確実な伝動ができる。マイクロチェーンと呼ばれる小径のものから，複列にした強力伝動のものがある。表

表 2.6　ローラチェーン（A 系 2 種）　　　（単位 mm）

呼び番号	ピッチ p (基準値)	ローラ外形 d_1 (最大)	内リンク内幅 b_1 (最小)	内プレート高さ h_2 (最大)	横ピッチ p_t 多列の場合 (基準値)
08 A	12.7	7.92	7.85	12.1	14.4
10 A	15.875	10.16	9.4	15.1	18.1
12 A	19.05	11.91	12.57	18.1	22.8
16 A	25.4	15.88	15.75	24.2	29.3
20 A	31.75	19.05	18.9	30.2	35.8
24 A	38.1	22.23	25.22	36.2	45.4
28 A	44.45	25.4	25.22	42.3	48.9
32 A	50.8	28.58	31.55	48.3	58.5

（JIS B 1801：1997 より抜粋）

2.6 に規格を示す。

2.2.4　リンク機構

　機構の各部分は対偶によって一つ一つのつながりを作り，一定の運動をしている。このような対偶によるつながりを**連鎖**（chain）といい，各部分を**リンク**という。

　1　四節回転機構　図 2.35 は 4 個のリンクをピン（回り対偶）で連結した四節回転機構である。四節回転機構ではどれか一つのリンク（図では D）を固定し，リンク B の媒介節を介して，A と C のように離れた二つのリンクに限定された運動をさせる。D のように固定して使うリンクを静止節，運動を伝える側のリンクを**原動節**

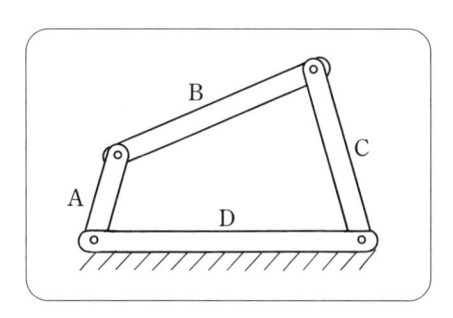

図 2.35　四節回転機構

(driver)，運動を伝えられて仕事をする側のリンクを**従動節**（follower）という。

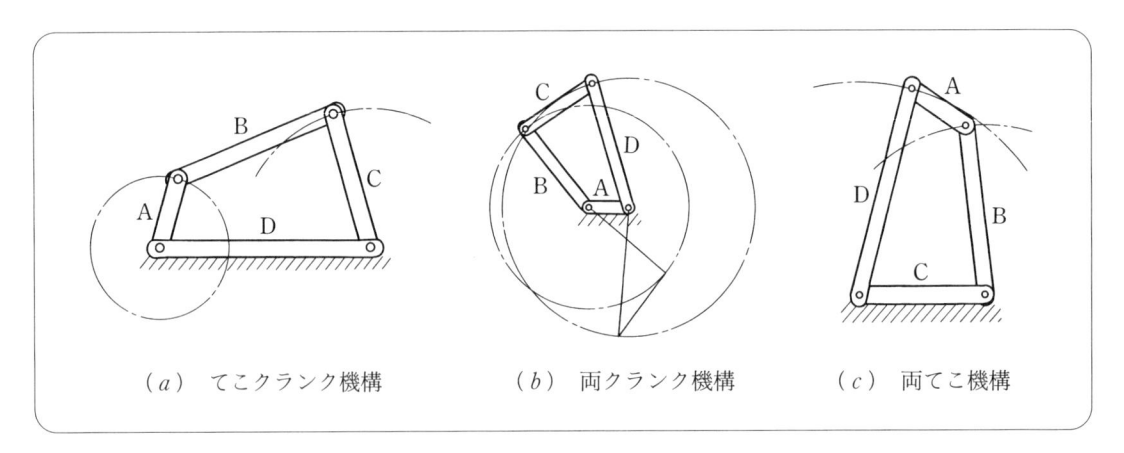

固定するリンクにより，図 2.36 に示すような3種類の機構が得られる。図 (a) の**てこクランク機構**（lever crank mechanism）は，図 2.35 のリンクDを固定し，Aの回転に伴って，Cが一定の角度で揺動する。図 (b) の**両クランク機構**（double crank mechanism）は，最も短いリンクAを固定したもので，BおよびDのリンクがともに回転する。図 (c) の**両てこ機構**は，Cのリンクを固定したもので，B, Dのリンクとも限定された揺動運動をする。回転するリンクのことを**クランク**（crank）という。

(a) てこクランク機構　　(b) 両クランク機構　　(c) 両てこ機構

図 2.36　四節回転機構の種類

2　スライダクランク機構　　てこクランク機構の揺動する従動節の円弧をすべり溝に換え，さらに従動節の半径が無限大になると，図 2.37 に示す**スライダクランク機構**（slider crank mechanism）となる。これは回転運動を直線運動に，またその逆の変換をする代表的な

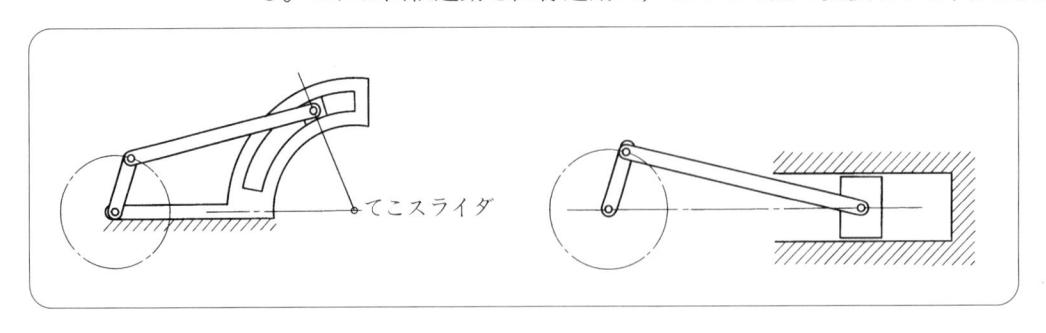

てこスライダ

図 2.37　スライダクランク機構

機構で，内燃機関のピストンとクランクの関係がその例である。

3 トグル機構　図 2.38 は，**トグル機構**[†1] (toggle mechanism) といわれ，クランクの回転の上死点，下死点付近でスライダの推力が最大になることを利用したもので，プレスや工作物の締め付けなどに用いられ，その推力 P は

$$P = \frac{F \cos \theta}{2 \sin \theta} = \frac{F}{2 \tan \theta} \tag{2.13}$$

で示される。θ が 0 に近づくにつれて，P は著しく大きくなる。

図 2.39 は，工作物を固定するのに用いられるトグルクランプで，クランプ力が最大になるよう工作物の高さに合わせてねじを調節する。

[†1] 横方向からの圧力を直角方向に伝えるひじ継手で，力の増幅を目的とする場合，倍力装置と解される。

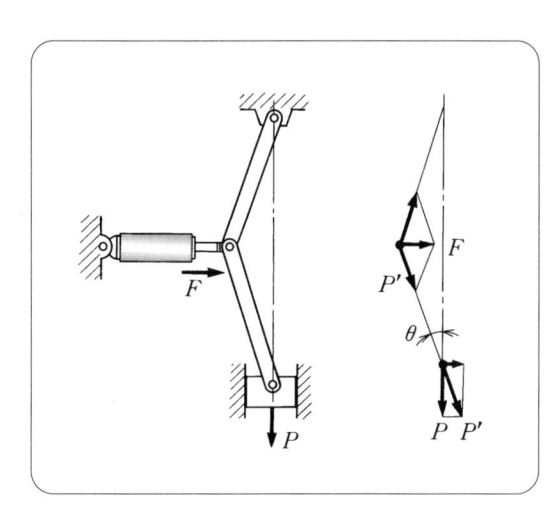

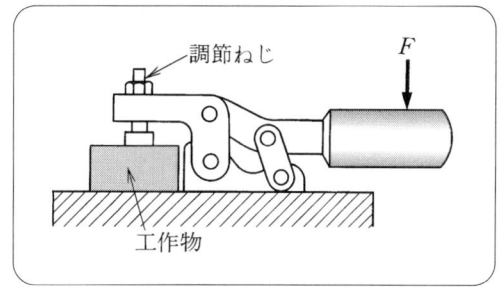

図 2.38 トグル機構

図 2.39 トグルクランプ

問 5. 図 2.38 に示すトグル機構の推力が，式 (2.13) となることを証明しなさい。

例題 5.

図 2.38 のトグル機構において，$\theta = 10°$，$F = 200\,\text{N}$ であるとき，スライダの推力 P を求めなさい。

解答　式 (2.13) より

$$P = \frac{200}{2 \times \tan 10°} \fallingdotseq 567\,\text{[N]}$$

2.2.5 カム機構

カム機構は，特定の輪郭曲線（または曲面）を持つ節，すなわち**カム**（cam）と，これと直接接触し一定の運動をする**従動節**からなる。カムを**原動節**として一定速度で回転させ，従動節に往復直線運動，揺動運動を行わせるのが一般的である。

[1] **カムの種類と運動の変換** 輪郭曲線が2次元空間にある平面カムと，3次元空間にある立体カムに分けられる。図2.40に代表的なカムの種類と運動の変換について示す。

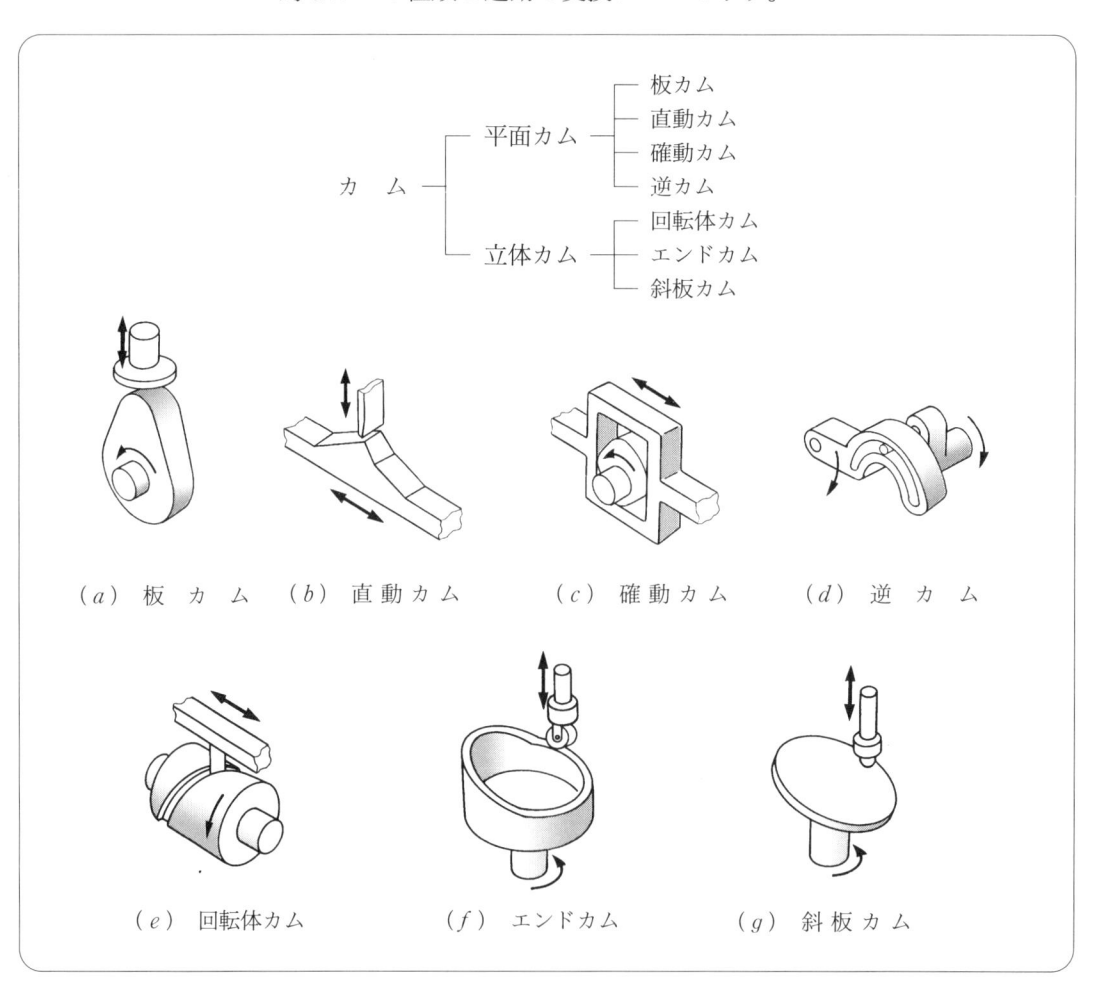

```
         ┌ 平面カム ┬ 板カム
         │         ├ 直動カム
         │         ├ 確動カム
カム ────┤         └ 逆カム
         │
         └ 立体カム ┬ 回転体カム
                   ├ エンドカム
                   └ 斜板カム
```

(a) 板カム　(b) 直動カム　(c) 確動カム　(d) 逆カム

(e) 回転体カム　(f) エンドカム　(g) 斜板カム

図2.40　カムの種類と運動の変換

[2] **カム線図** カム線図には，カムの変位あるいは回転角に対する，従動節の変位や速度，加速度を表した変位線図，速度線図，

加速度線図がある。

　図 $2.41(a)$ は，カムが 1 回転する間に従動節が一定速度で上下動するハートカムの輪郭と変位線図である。カムの回転角に対応する変位を基礎円の半径の外側にとり，滑らかな曲線でつないだときカムの輪郭がハート形をしていることから，このように呼ばれる。図 (b) は等加速度カムの各線図との関係を示す。

(a) ハートカムと変位線図（等速度）　　(b) 等加速度カムの各線図

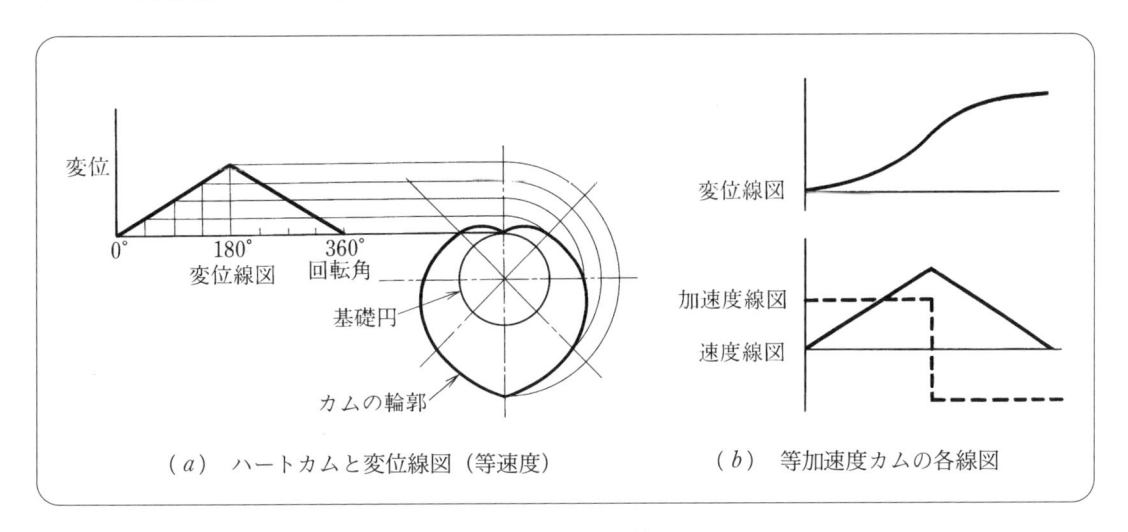

図 2.41　カ　ム　線　図

　変位線図を，基礎円の外側や円筒端面などに投影し加工することで，図 2.40 のようないろいろな形状のカムが作られる。

　カムの複雑な動きは，大部分がコンピュータ制御にとって代わってきているが，単純な機構部分にはまだまだ多く使われている。

2　練　習　問　題

❶　実習工場にある旋盤を例に，どの部分にどんな対偶が存在するか調べなさい。

❷　自転車に使われている機械要素について調べなさい。

❸　軸の許容曲げ応力が $50\,\mathrm{MPa}$ のとき，$4.0\times10^4\,\mathrm{N\cdot mm}$ の曲げモーメントに耐える軸の太さを求めなさい。

❹ 軸の許容ねじり応力が40 MPaのとき，$1.5×10^4$ N・mmのねじりモーメントに耐える軸の太さを求めなさい。

❺ $3.0×10^4$ N・mmの曲げモーメントと，$2.5×10^4$ N・mmのねじりモーメントを同時に受ける軸の太さを求めなさい。ただし，軸の許容曲げ応力を50 MPa，軸の許容ねじり応力を40 MPaとする。

❻ 200 Wの動力を受け，1 200 rpmで回転する軸のトルクを求めなさい。

❼ ピッチ1.5 mmの二条ねじのリードは何 mmか求めなさい。

❽ ピッチ2 mmの送りねじが50 rpmで回転するとき，送り速度は毎分何 mmか求めなさい。ただし，送りねじの条数は一条とする。

❾ 図2.25の送りねじ機構で，荷重300 Nのテーブルに外力200 Nが加わるとき，実用的な計算方法による送りねじの負荷トルクを求めなさい。ただし，送りねじのリードを4 mm，送りねじの伝達効率を0.8，ガイド部の摩擦係数を0.3とする。

❿ モジュール5 mm，歯数が40と80の一対の歯車がかみあうとき，中心間距離を求めなさい。

⓫ 図2.29の歯車列において，$z_1=32$，$z_2'=64$，$z_2=25$，$z_3=75$のときの速度伝達比 i を求めなさい。また，n_1 が1 500 rpmのとき，n_3 の回転速度を求めなさい。

⓬ 基礎円の直径が20 mm，カムがちょうど180°回転したとき，変位が10 mmとなるハートカムを作図しなさい。

3 センサと
アクチュエータの基礎

　産業用ロボットや自動工作機械は，効率よく，しかも正確に動作するようにコンピュータで制御されている。正確に制御するためには，生産されるものの状態や位置の情報を的確に検出するセンサと，機械を正確に動作させるためのアクチュエータが必要である。この章では，機械制御のために必要となるセンサ技術の基礎と，機械の動力源となるアクチュエータの基礎を学習する。

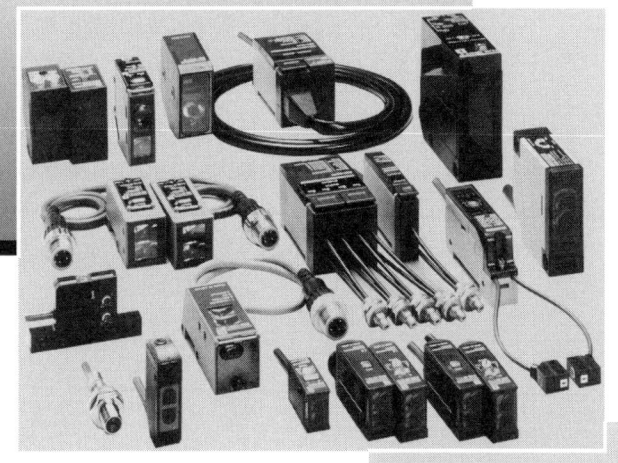

3.1 センサの基礎

産業用ロボットや自動工作機械にはいろいろなセンサが使用されている。ここでは，それらのセンサの種類と機能を学び，さらに基本的なコンピュータとのインタフェース技術について学習する。

3.1.1 センサの役割

人間は光，接触圧力，温度，音，におい，味などの刺激を感じ，そ

表 3.1 人間の感覚とセンサ

感覚	物理量および化学量	センサ	用途
視覚	光量，照度	ホトダイオード ホトトランジスタ イメージセンサ	組立に必要な部品の位置・ねじ穴の位置，ベルトコンベヤ上の部品の選別，プリント基板・ICパターンの検査などに用いられる
触覚	圧力	圧電素子 ひずみゲージ リミットスイッチ	検出物体の位置を知ったり，力の大きさを検出する。また，材料や搬送物をつかみ，物体の大きさ，形状，硬さを知る
	温度	サーミスタ 熱電対 バイメタル	機械の発熱部の温度測定や焼成炉の温度制御を行う
聴覚	音量，音圧，音の強さ	圧電素子 マイクロホン 超音波センサ	音声や異常音を検出したり，音波を利用して距離の測定を行う
嗅覚	ガス濃度	ガスセンサ	工場の可燃性ガスの検出による安全管理や自動車におけるエンジンの燃焼制御に用いられる
味覚	酵素[1]濃度	酵素電極 バイオセンサ[2]	食品，発酵液，医薬品などの有機成分を測定するのに用いられる

注1) 酵素（enzyme）は，触媒作用（catalysis）を持つタンパク質（protein）
注2) 環境によって変化する微生物の発する温度・呼吸を温度センサ，ガスセンサで検出する

の刺激に対処しようとする。メカトロニクスの技術によって作られた
ロボットも，人間と同じような働きをするには外部事象の変化をとら
え，それに対処できることが必要である。

　センサ（sensor）は，その事象の変化を検出し，制御装置にとって
扱いやすい電気量に変換する素子である。センサが利用されている身
近な例として，自動ドア，ガス漏れ警報機，テレビのリモコン，エア
コンの温度・湿度制御などがある。

　光量，温度，音量，濃度などの物理量や化学量は，センサによって
電圧や電流などの電気量に変換されて，制御やデータ処理に利用され
る。人間の感覚と，それに相当するセンサの対応を表3.1に示す。

3.1.2　センサの選択

　物理量のうち，特にメカトロニクスに関係の深い機械的な量を検出
するセンサを表3.2に示す。

表3.2　機械的な量を検出するセンサ

機械的な量	センサ
物体の位置	光電スイッチ，近接スイッチ，リミットスイッチ，マイクロスイッチ，ホール素子
変位，寸法	磁気センサ，リニアエンコーダ，差動変圧器，ポテンショメータ
圧力,応力,ひずみ,トルク,荷重	ひずみゲージ（金属，半導体），ロードセル，感圧トランジスタ，感圧ダイオード，ベローズ，ダイヤフラム
角度	ロータリエンコーダ，ポテンショメータ，シンクロ，レゾルバ
速度	超音波センサ，ロータリエンコーダ，速度計用発電機，レーザドップラー計
加速度，振動	圧電素子，振動センサ（導電形，圧電形）
回転数	ロータリエンコーダ，ホトダイオード，ホトトランジスタ

　[1]　用途による選択　例えば，物体の位置を検出する場合，表
3.2に示すようにいく種類ものセンサが考えられる。どのセンサを
用いても検出はできるが，用途により適切なセンサを選択しなければ
ならない。

　(a)　接触形と非接触形による選択　検出する物体には，センサ
が検出物に接触してよい場合と，触れると傷が付くため接触してはな

らない場合がある．光，磁気などを利用したセンサは，触れずに物体の位置検出を行えるセンサである．

表3.3は，機械的な量を検出するセンサを接触形センサと非接触形センサに分類した．

表 3.3　接触形センサと非接触形センサ

機械的な量	接触形センサ	非接触形センサ
物体の位置	リミットスイッチ，マイクロスイッチ	光電スイッチ，近接スイッチ，ホール素子
変位，寸法	差動変圧器，ポテンショメータ	リニアエンコーダ，磁気センサ，超音波センサ
圧力,応力,ひずみ,トルク,荷重	感圧トランジスタ，感圧ダイオード，ひずみゲージ（金属，半導体）ダイヤフラム，ベローズ	
角度	ポテンショメータ	ロータリエンコーダ
速度	速度計用発電機	ロータリエンコーダ，超音波センサ，レーザドップラー計
振動	振動センサ（導電形，圧電形），圧電素子	
回転数		ロータリエンコーダ，ホトトランジスタ

（b）**環境による選択**　ほこり，油汚れなどが発生しやすい場所でのセンサの利用は，センサと検出物体の間にほこり，油汚れが入り

表 3.4　センサの性能

性能	説明
精度	真の値と測定値との差が小さいものほど正確であるといい，測定ごとの測定値のばらつきが小さいものほど精密であるという．この正確さと精密さのよいものを，精度が高いという
分解能	検出値がどの程度の細かさまで区別して検出できるかを表す．ディジタル式ではビット数，アナログ式では百分率〔％〕で表す
応答性	現象の変化に適した速さで追従できるものほどよい
感度	入力量に対する出力量の比で表され，感度が高過ぎるものは，少しの変化にも過度に応答し，さらにノイズの影響も受けやすい
検出範囲	検出範囲が広いものは，精度や感度，その他の性能が劣ることが多い
直線性	出力量が入力量に比例するほど，直線性がよいという．アナログ的に計測する場合には，入出力特性は直線性が望まれる．マイクロコンピュータで補正することも行われている
安定性	特性が経年変化を起こさないことが大切であり，信頼性，耐環境性も必要である
その他	互換性，過大入力に対する耐性，センサによって対象の状態が乱されないこと

込み，センサ感度を鈍らせて誤動作する場合があるので，検出物体が直接に接する接触形のセンサのほうが有利である。

2 センサの性能 機械制御のためにセンサを選定する場合，表3.4のような精度，分解能や応答性などの性能に注意する必要がある。

3.1.3 論理回路の基礎

センサからの出力信号にはディジタル量のものも多い。そこで，センサの出力信号を受けてコンピュータで処理するためには，ディジタル量を扱う論理回路の知識が必要となる。

1 AND回路，OR回路，NOT回路 論理回路では，AND回路，OR回路，NOT回路などは一つの機能を持った回路として取り扱うことができ，その**図記号**[†1]と**真理値表**[†2]，**論理式**[†3]を表3.5に示す。またAND回路は**論理積回路**，OR回路は**論理和回路**，NOT回路は**否定回路**ともいう。

[†1] この図記号を論理回路記号あるいはロジックシンボルといい，JIS記号とMIL記号がある。本書ではMIL記号を用いる。
[†2] 論理回路の考えられる入力の組合せと，その出力の関係を表に表したもの。
[†3] 論理回路の入力と出力の関係を数式で表したもの。

表 3.5 AND回路，OR回路，NOT回路

回路名	AND回路	OR回路	NOT回路
図記号	$A,B \to X$	$A,B \to X$	$A \to X$
真理値表	A B X 0 0 0 0 1 0 1 0 0 1 1 1	A B X 0 0 0 0 1 1 1 0 1 1 1 1	A X 0 1 1 0
論理式	$X = A \cdot B$	$X = A + B$	$X = \overline{A}$

2 NAND回路，NOR回路 NANDはNOT・ANDの略で，AND回路の出力にNOT回路を付けて出力を反転したものである。また，NOR回路はNOT・ORの略で，OR回路の出力にNOT

回路を付けて出力を反転したものである。表3.6に図記号，真理値表，論理式を示す。

表 3.6 NAND回路，NOR回路

回路名	NAND回路	NOR回路
図記号	(A,B入力 → X出力)	(A,B入力 → X出力)
真理値表	A B X 0 0 1 0 1 1 1 0 1 1 1 0	A B X 0 0 1 0 1 0 1 0 0 1 1 0
論理式	$X = \overline{A \cdot B}$	$X = \overline{A + B}$

[3] 正論理と負論理 論理関係を考える場合，電圧の高いレベルを"1"，低いレベルを"0"と表すときを正論理，逆に電圧の低いレベルを"1"，高いレベルを"0"と表すときを負論理という。つまり正論理では電圧の高いレベルで**アクティブ**[†1] (active) な状態と考えるのに対し，負論理では電圧の低いレベルをアクティブな状態として考える。負論理で表す図記号には，"0"がアクティブであることを示すために，入力あるいは出力端子に小さい丸（○）[†2]を付けて表す。

表3.5，表3.6の入出力は正論理で書かれているが，記号表現を変更することによって負論理で表すことができる。例えば正論理でのAND回路の真理値表を，"0"と"1"を逆にして負論理の真理値表として表すと図3.1(a)のようになる。図(a)より論理記号はORとなるが，負論理であるので，入出力端子に状態表示記号を付けて図3.1(b)のように表す。これより正論理のANDは負論理ではORとなるが，慣用的に正論理の記号表現で呼ぶので，ともにANDという。

表3.7に，入力が正論理の場合と負論理の場合のおもな論理記号を示す。

[†1] 信号の流れを中心に考え，信号が入ることや信号が出ることをいう。能動ともいう。

[†2] 状態表示記号という。

A	B	X
1	1	1
1	0	1
0	1	1
0	0	0

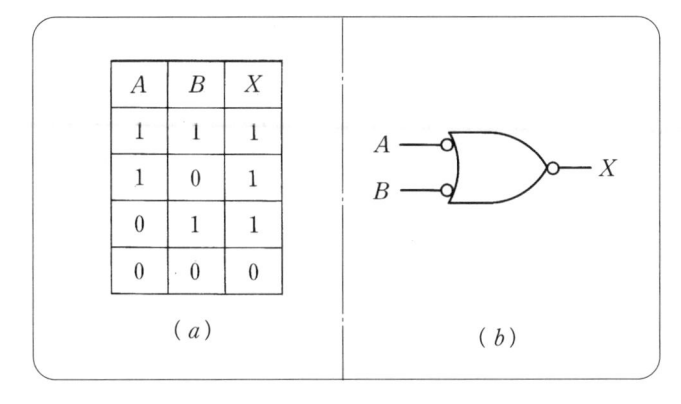

(a)　　　　　(b)

図 3.1　負論理の記号表現

表 3.7　正論理入力と負論理入力

正論理表現	正論理入力	負論理入力
AND	(AND gate)	(NOR with bubbles)
OR	(OR gate)	(NAND with bubbles)
NOT	(inverter)	(inverter, bubble on input)
NAND	(NAND gate)	(OR with input bubbles)
NOR	(NOR gate)	(AND with input bubbles)

　別の見方をすると，表3.7はANDを使った記号表現とORを使った記号表現を示している。

　AND記号表現とOR記号表現の相互変換をするためには，つぎの操作をする。

1) ANDの形の回路はORの形に換え，ORの形の回路はANDの形に換える。

2) (○) が付いていれば取る。(○) が付いていなければ付ける。

論理回路の記号表現を変更することにより，同じ回路にそろえることができる。

論理回路設計のときに，使用しないでIC内の余った論理回路[†1]を記号表現の変更によって他の回路に転用すれば，ICの数が減り，IC基板の縮小化や経済的な利点が得られる。

[†1] 1個のICには複数の論理回路が組み込まれている。

>>> 例題 1. <<<

NAND回路のみを用いて，NOT回路，AND回路，OR回路を作成しなさい。

解答

（a）NOT回路　　NAND回路の入力端子2本を1本にまとめると，2入力（A, B）は（1, 1）か（0, 0）の値しかとりえない。したがって，2本を1本にまとめた入力端子に"1"を送ると，2入力（A, B）が（1, 1）のときと同じであるから出力Xは"0"であり，"0"を送ると2入力（A, B）が（0, 0）のときと同じであるから，出力Xは"1"となる。

（b）AND回路　　NAND回路はAND回路にNOT回路を接続したものである。AND回路として使うにはNAND回路にもう一度NOT回路を接続してやればよい。

（c）OR回路　　AND-OR相互変換の操作を行う。OR回路をAND回路に変換し，入力端子の（○）をNOT回路として表せばよい。

NOT回路，AND回路，OR回路は図3.2のように表される。

（a）NOT回路　　　　　　　（b）AND回路

（c）OR回路

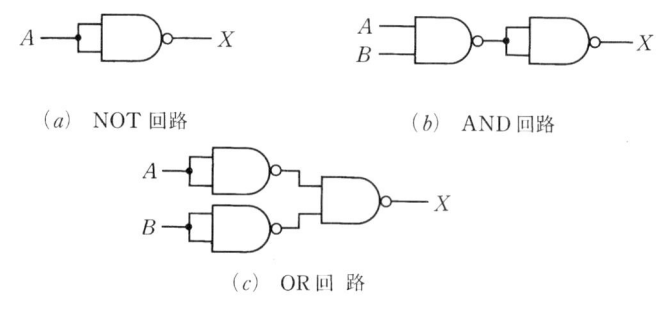

図3.2　NAND回路で作成した論理回路

3.1.4　センサと信号変換

センサから出力される信号は，そのままではコンピュータに入力することはできない。ここでは，いろいろなセンサからの出力信号に信号処理を施してコンピュータに入力させるためのインタフェースについて考える。

〔1〕センサの出力信号形式　センサから出力される物理量は，電圧あるいは電流である。また，信号の形式は，**アナログ量**[†1]や**ディジタル量**[†2]であったりする。通常，センサは，そのまま使用することは少なく，センサと電子回路とを一体化し，センサ装置として用いられることが多い。ここではセンサとセンサ装置を区別して扱う。

[†1] 量またはデータが連続的に変化しうる物理量で表現したもの。
[†2] 量またはデータを有限けたの数字列（例えば2進数）として表現したもの。

（a）センサ装置の出力信号形式　センサ装置の出力信号形式を分類すると，図3.3の3種類が考えられる。

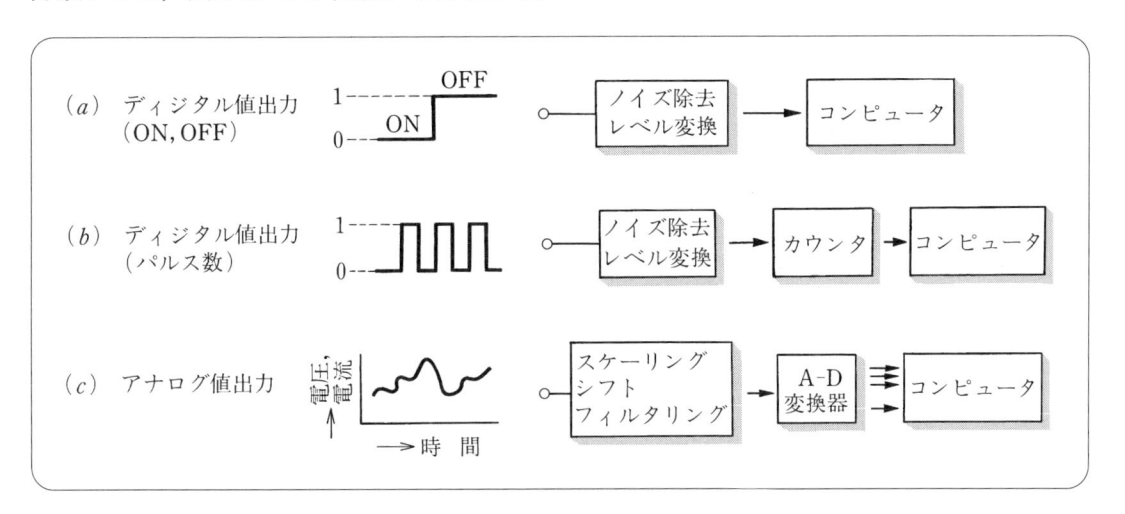

図3.3　センサ装置の出力信号形式とインタフェース

① ディジタル値出力（ON, OFF）　図（a）は，ON，OFFによるディジタル値が出力される形式である。この信号は，ディジタル信号の"1"と"0"に相当するので，そのままコンピュータへ入力できそうであるが，実際はノイズを除去したり，必要な電圧レベル・電流レベルに変換するインタフェース回路を経由しなければならない。

② ディジタル値出力（パルス数）　図（b）は，ディジタル信号の"1"，"0"に相当する電圧が繰り返し現れる形式で，パルス数が

センサ装置の出力情報となる。この場合も，信号のノイズの除去と必要ならばレベルの変換を行ってから，コンピュータに読み込む。しかし，コンピュータ内部で直接に計数するよりも，外部に専用カウンタを持たせて，その計数結果をコンピュータに読み込むほうがコンピュータの利用効率は上がる。

③ **アナログ値出力** 図(c)のアナログ電圧が出力される形式は，A-D変換器[†1]を用いてディジタル値に変換した後，コンピュータに入力する。この場合，アナログ電圧をA-D変換器の入力電圧のレベル範囲に調整する必要がある。例えば，入力電圧が微小なときには増幅し，過大なときには分圧する。これを**スケーリング**（scaling）という。

0Vから，ある電圧だけ偏った値付近で変化するアナログ信号の場合には，偏った分だけ移動させる**シフト**（shift）操作が行われる。

[†1] アナログ値をディジタル値に変換する装置。
[†2] 抵抗器の図記号は，JIS C 0617-4：1997 に ─▭─ と定められているが，本書では，広く慣用されている図記号を使用する。

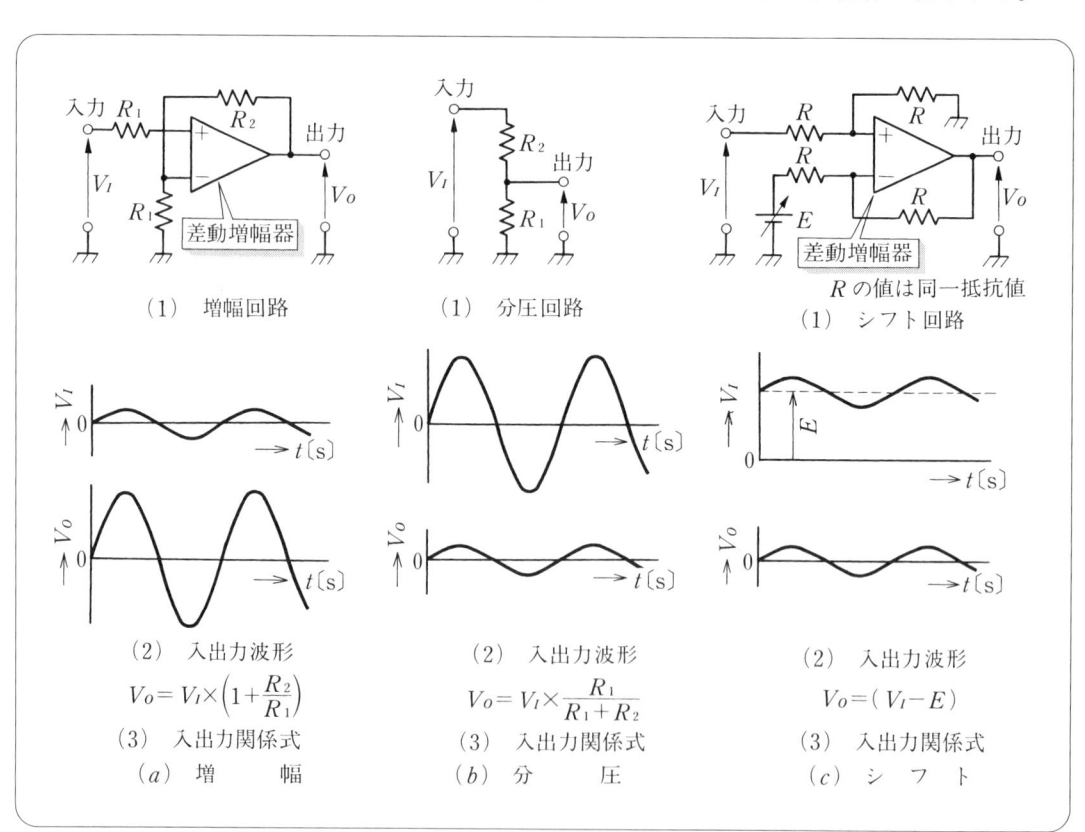

(1) 増幅回路　　　　(1) 分圧回路　　　　(1) シフト回路
　　　　　　　　　　　　　　　　　　　　　R の値は同一抵抗値

(2) 入出力波形　　　(2) 入出力波形　　　(2) 入出力波形

$V_o = V_I \times \left(1 + \dfrac{R_2}{R_1}\right)$　　$V_o = V_I \times \dfrac{R_1}{R_1 + R_2}$　　$V_o = (V_I - E)$

(3) 入出力関係式　　(3) 入出力関係式　　(3) 入出力関係式

(a) 増　幅　　　　(b) 分　圧　　　　(c) シフト

図3.4　センサ出力処理回路[†2]

また，ノイズなどの不要な信号は，センサ装置からの出力信号との周波数の相違を利用して取り除く**フィルタリング**（filtering）が行われる。このような操作を行いA-D変換器の動作入力範囲に収めて，A-D変換後コンピュータに入力する。

アナログ信号を出力するセンサ装置には，温度，圧力，光，磁気などの物理量を計測するセンサが用いられている。

（**b**）**スケーリングとシフトの実際**　アナログ信号をA-D変換器に入力する前処理として，増幅，分圧，シフトなどがある。図3.4にその回路例と入出力波形，関係式を示す。

1）増幅　図（a）の（1）は，**差動増幅器**[†1]（differential amplifier）を使用した増幅回路例である。センサ装置の出力電圧が，A-D変換器の入力電圧とするには小さ過ぎる場合に，A-D変換器の動作入力範囲内の電圧となるように増幅する。このときの入力電圧 V_I と出力電圧 V_o の入出力波形を（2）に，関係式を（3）に示す。

2）分圧　図（b）は，センサ装置からの出力電圧の最大値が，A-D変換器の最大定格入力電圧を超えている場合の処理回路である。抵抗 R_1，R_2 で分圧して調整するもので，R_1 と R_2 の比で出力電圧 V_o を決める。このとき R_1 の抵抗値が，A-D変換器の入力抵抗値[†2]よりも十分小さいことが必要[†3]である。

3）シフト　図（c）は，入力信号 V_I に直流分 E が含まれている場合に，直流分を取り除くため差動増幅器の－端子に E〔V〕の電圧を加え，V_I の信号を E〔V〕だけシフトして，交流分のみにする回路である。このとき差動増幅器の**増幅度**[†4]は1とする。

すなわち，センサ装置から出力される信号成分が0のとき，A-D変換器の出力も0となるように信号成分をシフトさせる。

例題 2.

図3.4の回路でつぎのような電圧を入力したとき，出力電圧 V_o を求めなさい。ただし，$R_1=10\,\mathrm{k\Omega}$，$R_2=90\,\mathrm{k\Omega}$，$E=2\,\mathrm{V}$ とする。

[†1] 二つある入力端子の電圧差を増幅する増幅器を差動増幅器という。交流と直流を増幅できる。

[†2] 入力側から見た機器・装置の抵抗で，入力端子に加わった電圧を，入力に流れ込んだ電流で割ったもの。

入力抵抗＝$\dfrac{入力電圧}{入力電流}$

[†3] 分圧回路の出力側にA-D変換器が接続されると，A-D変換器の入力抵抗 R_i が分圧回路の R_1 に並列接続されたことになり，抵抗 R_1，R_2 の比だけで出力電圧 V_o を決めることはできない。R_i が R_1 に比べて十分に大きな値であれば，R_i に流れる電流は小さく分圧回路への影響が少ない。

[†4] 入力値と出力値の比

増幅度＝$\dfrac{出力値}{入力値}$

① 図 (a) で $V_I=50\,\text{mV}$ のときの V_O

② 図 (b) で $V_I=12\,\text{V}$ のときの V_O

③ 図 (c) で $V_I=2.3\,\text{V}$ のときの V_O

【解答】

① 出力電圧　$V_O = V_I\left(1+\dfrac{R_2}{R_1}\right) = 50\times 10^{-3}\times\left(1+\dfrac{90\times 10^3}{10\times 10^3}\right)$

$= 500\times 10^{-3} = 0.5$ 〔V〕

② 出力電圧　$V_O = V_I\times\dfrac{R_1}{R_1+R_2} = 12\times\dfrac{10\times 10^3}{10\times 10^3+90\times 10^3} = 1.2$ 〔V〕

③ 出力電圧　$V_O = V_I - E = 2.3 - 2 = 0.3$ 〔V〕

(c) **センサ装置の出力回路形式**　センサ装置の出力回路の形式を分類すると，図3.5のように3種類が考えられる。

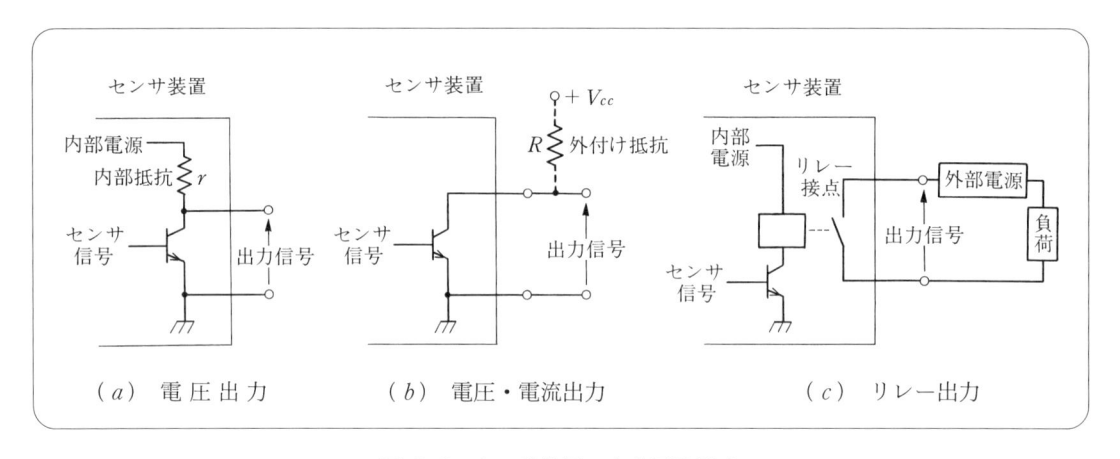

図3.5 センサ装置の出力回路形式

(a) 電圧出力　(b) 電圧・電流出力　(c) リレー出力

1) **電圧出力**　図3.5 (a) は，センサ装置からの出力信号が電圧として出力される。出力端子に接続される負荷の**インピーダンス**[†1]は内部抵抗 r より高いものでないと，規格どおりの出力電圧は得られない。

[†1] 交流回路での電流を妨げる要素，単位は〔Ω〕

2) **電圧・電流出力**　図 (b) は，図 (a) のセンサ装置内の内部抵抗器がない形式である。この出力形式を，トランジスタのコレクタが開放されていることから**オープンコレクタ**[†2] (open collector)

3.1 センサの基礎   63

という。

　電圧出力として使いたい場合には，図(b)の破線部分のように，外付け抵抗 R を取り付けて使用するが，外付け抵抗の代わりに小電力のランプや小形リレーを取り付けて，電流出力として使用することもできる。また，図(a)の出力信号の電圧は，センサ装置内の内部電源電圧で決まってしまうが，図(b)の出力回路形式では，外部から別の電源を接続できるので，センサ装置内の電源電圧と異なる電圧を扱うことができる。

　3) **リレー出力**　図(c)は，リレー接点の開閉が出力となっている。通常は，小形リレーなので大電流を流すことはできないが，交流・直流どちらでも使用できる。

　また，図(a)，(b)のトランジスタを使用した出力回路形式と異なり，センサ装置の出力側で短絡事故が発生しても，直接にセンサ装置が被害を受けないが，リレーが機械的接点であるために，センサ装置からの信号が出力に現れるまでに数ミリ秒から数十ミリ秒程度の遅れが生じてしまう。

　2　**信 号 変 換**

　(a)　**波形整形回路**　センサ装置の出力信号は，コンピュータやカウンタに入力するときに

① "1"，"0" の2値レベルであること

② ノイズが含まれないこと

③ 立上り時間，立下り時間が十分短いこと

が必要である。そのために，よく用いられる回路に**コンパレータ**(comparater)，**シュミットトリガ回路** (Schmidt trigger circuit) と，**チャタリング防止回路**がある。

　1) **コンパレータ**　図3.7のように，基準電圧と入力信号電圧の二つの電圧を比較し，入力信号電圧が基準電圧より高ければ出力の状態を "H" レベルに，また，低ければ出力の状態を "L" レベルに切り替える回路である[†1]。

　用途は，設定電圧に達したかどうかの判定に使われる。例えば，光量を測定するセンサ装置で，室内の明るさが決められた明るさより暗

前頁[†2]　図3.5(a)では，図3.6に示すように，負荷の変動により発生するノイズが内部抵抗 r を通してセンサ装置内に入り込み，装置内の回路の誤動作を引き起こす恐れがある。そのために，多くのセンサ出力方式は，オープンコレクタの出力回路形式が多い。

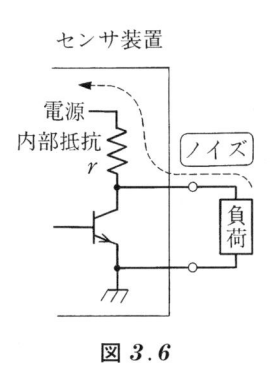

図3.6

[†1]　H レベルは，high レベル，L レベルは low レベルの意味。通常は，high レベル＝電源電圧，low レベル＝0 V を指す。

くなった場合に電灯を点灯させる。あるいは，図 3.7 の入力信号波形を"H"，"L"の 2 値レベルの出力信号波形に変換させることができる。図 3.8 に回路を示す。

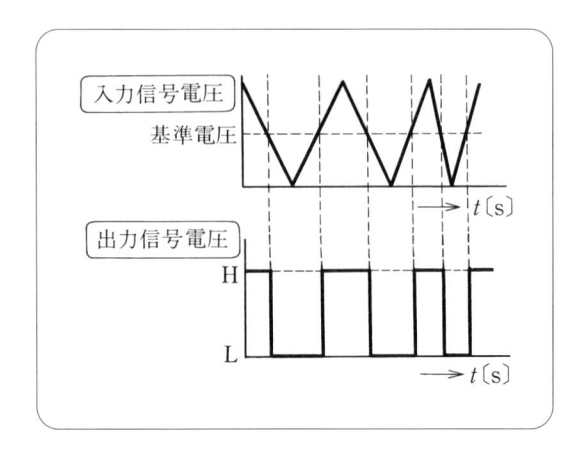

図 3.7　コンパレータの入出力特性

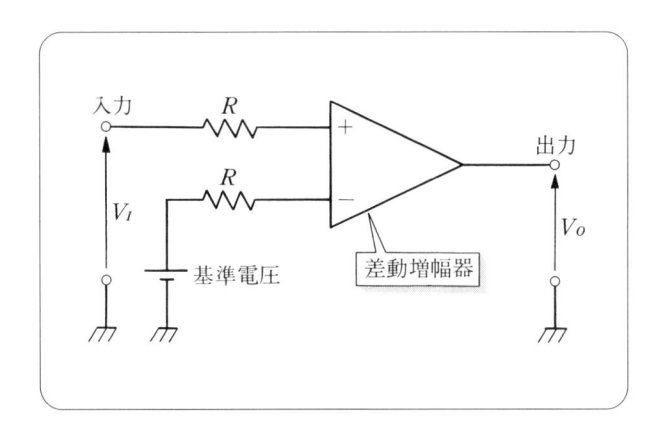

図 3.8　コンパレータ

2） シュミットトリガ回路　シュミットトリガ回路は，コンパレータの入出力特性に**ヒステリシス特性**[†1]（hysteresis characteristics）を持たせた回路である。波形整形回路に用いられるヒステリシス特性は，図 3.9 に示すとおり，入力信号が上昇するときは a 点以上になると出力は"H"レベルに保持され，下降するときは b 点以下になると"L"レベルに保持される回路である。そのため，入力信号レベルが多少不安定であったり，レベルの低いノイズが入力信号に含まれても除去できる。

[†1] 履歴現象ともいい，ある量 A の変化に伴って他の量 B が変化する場合，A が増加するときと減少するときで B の値が異なる現象。

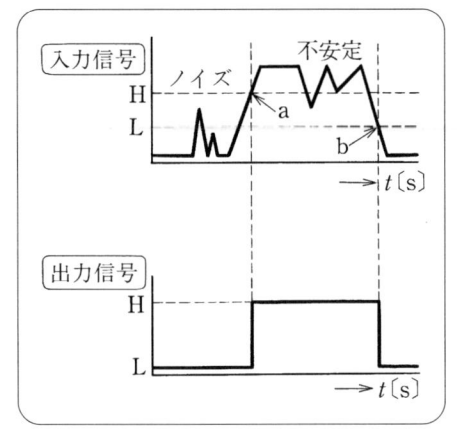

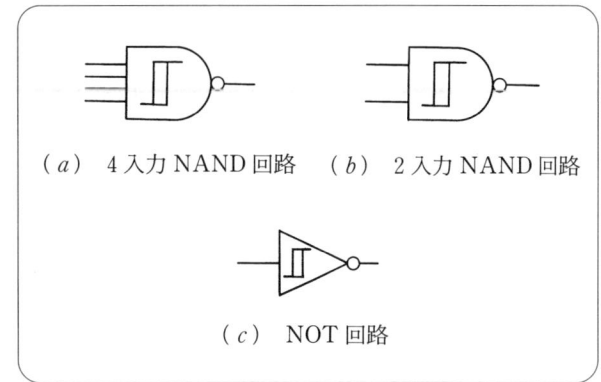

図3.9 ヒステリシス特性

図3.10 シュミットトリガ回路を持つ論理回路

(a) 4入力NAND回路　(b) 2入力NAND回路
(c) NOT回路

論理回路の中には，シュミットトリガ回路を入力部に持つものがあり，ノイズの発生する環境でのディジタル回路に使用される。図3.10にシュミットトリガ回路を持つ論理回路の図記号[†1]を示す。

3） チャタリング防止回路　スイッチなどの機械式接点は，スイッチの開閉時に振動が生じ，複数回の開閉が行われたような動作をする。その現象を**チャタリング**（chattering）という。

図3.11のように，NAND回路を組み合わせた論理回路に接続するとチャタリングの影響を防止することができる。

図3.12において，その動作を説明する。

スイッチが1側にある状態が図3.12（a）である。論理回路aの入力は抵抗Rにより"H"レベルに固定され，論理回路bの入力が

[†1] JISでは使用されないが，本書では，論理回路の図記号内にヒステリシスの図記号（⎍）を記述すると，その論理回路のすべての入出力がヒステリシスを持つことを意味する。

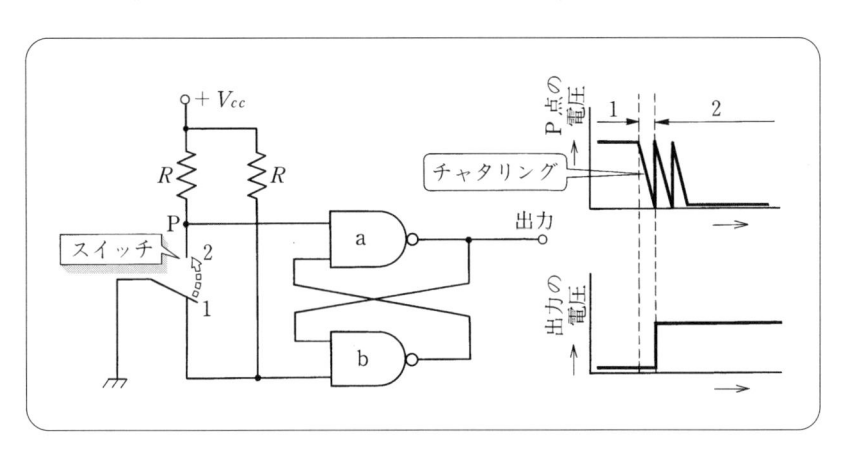

図3.11 チャタリング防止回路

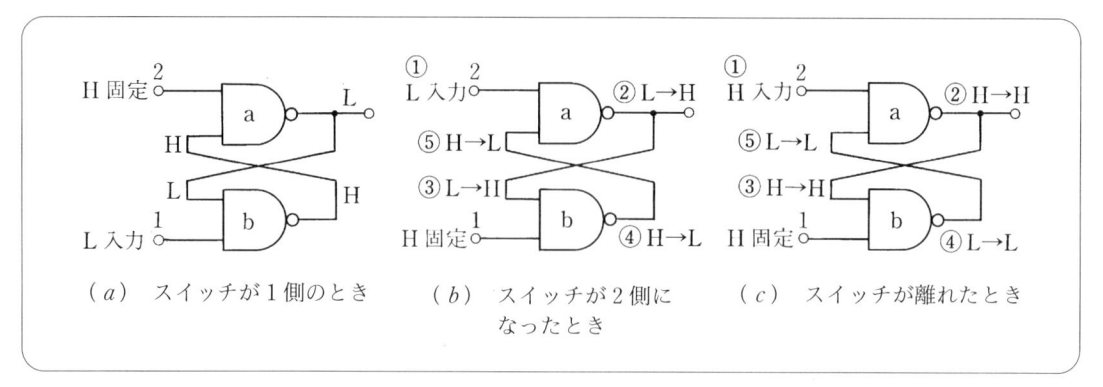

(a) スイッチが1側のとき　(b) スイッチが2側になったとき　(c) スイッチが離れたとき

図 3.12　チャタリング防止回路の動作

"L" レベルのときは，図のとおりに各信号線のレベルが決まる。

つぎに，スイッチが2側になった状態が図 (b) である。論理回路 b の入力は，スイッチが離れるために抵抗 R によって "H" レベルに固定され，論理回路 a の入力は，"L" レベルとなる。そのときの各信号線のレベルは ② から ④ の順に決まっていく。出力端子の電圧レベルは "L" レベルから "H" レベルに変化する。

図 (c) は，チャタリングによりスイッチの接点が離れた状態である。論理回路 a の入力が "H" レベルとなっても，各信号線のレベルは変化しない。つまり，図 (b) で入力された信号が保持されていることになり，チャタリングで生じた不要な信号が繰り返し入力されても，出力には不要な信号は出力されない。

(b) 信号の分離　センサ装置からの信号をコンピュータに取り込む場合，センサ装置側とコンピュータ側を電気的に分離し，電源およびアース線を通って侵入するノイズや不要な電圧を遮断し，必要な信号だけを取り込むことが行われる。これを**アイソレーション** (isolation) という。

センサ装置からの信号がディジタル値の場合は，図 3.13 のように，**ホトカプラ** (photo coupler) がよく用いられる。一般に，ホトカプラの内部は，光を発する**発光ダイオード**[†1] (light emitting diode) と，光を受けると電流が流れる**ホトトランジスタ**[†2] (phototransistor) とで作られている。

ホトカプラ内の信号の伝達は，光によって行われるため，電気的に

[†1] LED ともいい，表示用に用いられる。小電力で発熱しない特徴を持つ発光素子。
[†2] 3.1.5 項で詳しく学ぶ。

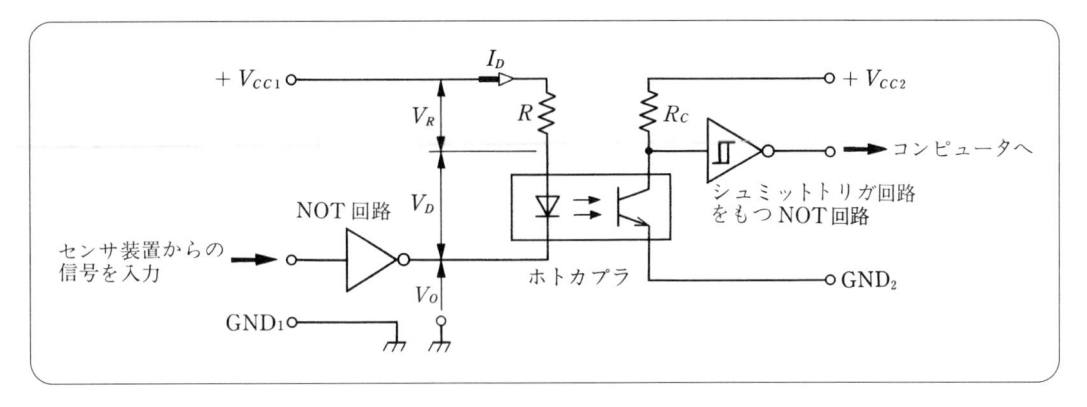

図 3.13 信号の分離

絶縁されている。この場合，センサ装置側の出力電圧と，コンピュータ側の入力電圧が異なっていても使用できる。

例題 3.

図 3.13 において，電流制限用の抵抗 R の値を求めなさい。ただし，電源電圧 V_{CC1} を 5V，ホトカプラ内の発光ダイオードに流れる電流 I_D を 10mA とする。また $I_D=10$mA のとき，ホトカプラ内の電圧降下 V_D は 1.3V，NOT 回路の出力が "L" レベルのときの出力電圧 V_O は 0.5V とする。

解答

$$V_R = V_{CC1} - V_D - V_O = 5 - 1.3 - 0.5 = 3.2 \text{ (V)}$$

したがって

$$R = \frac{V_R}{I_D} = \frac{3.2}{10 \times 10^{-3}} = 320 \text{ (Ω)}$$

問 1. 図 3.13 において，NOT 回路の出力電圧 V_O が 5V であるときの I_D，V_D，V_R の値を求めなさい。

ただし，電源電圧 V_{CC1} を 5V，抵抗 R は 500Ω とする。

3.1.5 センサの種類と使い方

つぎに表 3.1 で分類したそれぞれのセンサの使い方を学習する。

1 光センサ　光の強弱を電気信号に変換するセンサを光セ

ンサ (optical sensor) という。光を利用すると，非接触で対象物の状態を測定できる。

光センサを使用したシステムは，その検出精度，検出の容易さ，外来ノイズに対する安定性において，他のセンサより優れ，近年その応用はますます広がっている。

例えば

① 煙感知器やカメラの露出計などのように，光量の検出を目的とする素子

[†1] optical character reader
[†2] 円板に一定の穴があけられており，光の透過と遮へいの繰り返しで回転角を測定する。

② カード読取り装置，光学式文字読取り装置(OCR[†1])などのコンピュータ入力装置や**ロータリエンコーダ**[†2]の検出部の受光素子

③ 物体の有無の検出，入場者数の計数に使われるスイッチ素子

がある。

(a) ホトトランジスタ　　トランジスタ内に光が入射すると起電力が生じ電流が流れる性質がある。特にその性質が顕著に見られるものを**ホトトランジスタ** (phototransistor) という。図3.14に，ホトトランジスタの照度とコレクタ電流の関係の一例を示す。

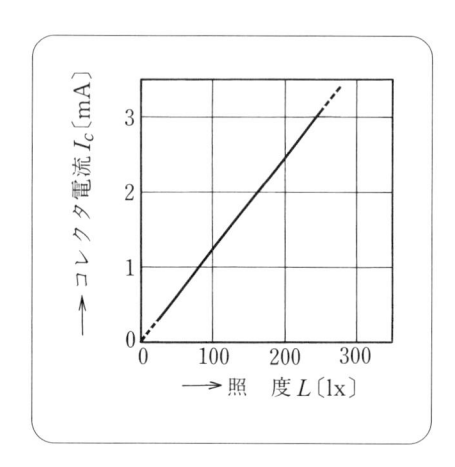

図3.14　照度-コレクタ電流特性　　　図3.15　光検出基本回路

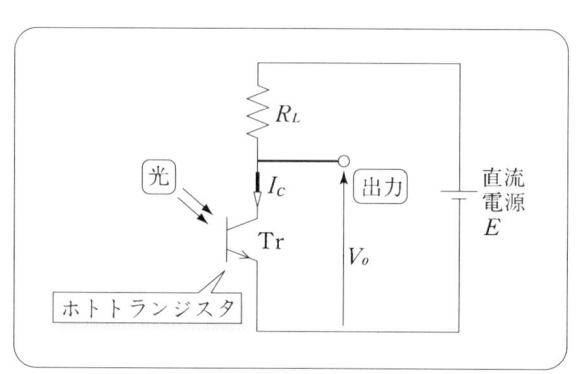

1) 基本回路　　ホトトランジスタを用いた光センサは，図3.15に示すように，簡単な回路で製作できる。

図において，ホトトランジスタTrに光が入射すると電流I_cが流れはじめ，照度が増えるにしたがって増加する。照度がきわめて大き

な値では，Trのコレクタ-エミッタ間が導通状態となり，出力電圧 V_o はゼロとなる。逆にTrに光が入射されない場合は，電流 I_c は流れず，Trのコレクタ-エミッタ間は遮断状態となり，直流電源電圧 E に等しい出力電圧となる。

2）応用例

① 光電スイッチ (photoelectric switch)　　光源と光センサを組み合わせ，検出物体の反射あるいは遮光による受光量を計り，物体の有無を検出する。

例えば

a) ベルトコンベヤで搬送される検出物体の位置検出

b) 検出物体の通過した数量計数

などで使用される。図3.16は，光電スイッチの使用例である。

(a) 透過形光電スイッチの利用例　　(b) 反射形光電スイッチの利用例

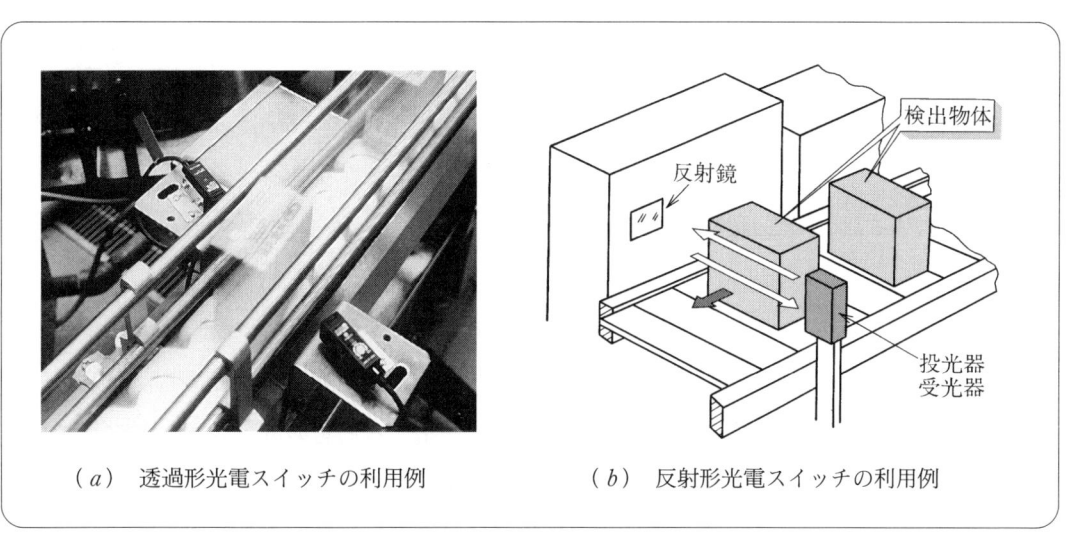

図3.16　光電スイッチの使用例

図 (a) は，透過形光電スイッチを使用した例である。図 (b) は，ベルトコンベヤの片側に壁などがあり受光器を設置できない場合で，検出物体が光を吸収するという条件のときに反射形光電スイッチを使用した例である。

図3.17は透過形光電スイッチで，投光器と受光器の間にある検出物体が光を遮断することにより検出物体が検出できる。

図3.18は反射形光電スイッチで，同一ケース内に投光部と受光

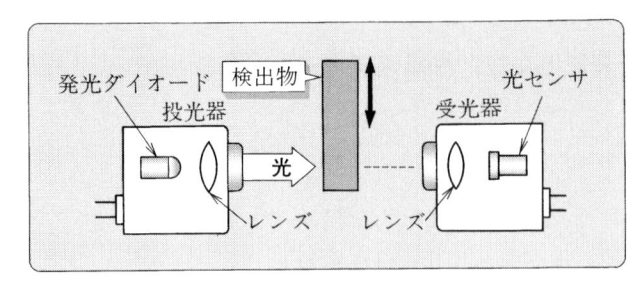

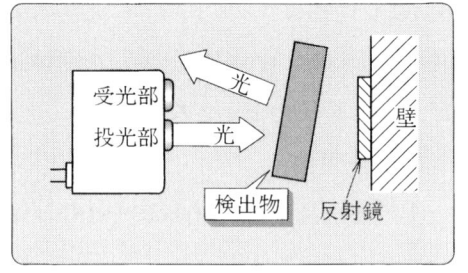

図 3.17　透過形光電スイッチ

図 3.18　反射形光電スイッチ

部がある。投光部から出た光は，壁に貼られた反射鏡で反射した光を受光部で受けるが，検出物体が間に入ると光が遮断されるので検出物体が検出できる。検出物体に光沢がある場合には，図のように検出物体の向きを変えるか，光電スイッチの角度を検出物体に対して垂直にならないような工夫が必要である。

　光電スイッチの投光部の光源は，発光ダイオードを用いることが多いが，検出物体が微小な場合には，収束性の高い光源（レーザ光[†1]）とする場合もある。受光部はホトトランジスタなどの光センサで受光し，検出結果を電気信号として増幅，波形整形を行ってから出力する。

　光電スイッチの使用に関しては，受光部，投光部のレンズの表面が，油，ほこりなどで汚れないような注意が必要である。また，投光された光が，光電スイッチを使用する周辺の壁・床面などに反射し，誤った検出をすることのないような対策も必要である。

　②　**ロータリエンコーダとリニアエンコーダ**　円板あるいは板に一定のパターンで穴があけられており，穴を通過した光をホトトランジスタなどの光センサで検出し

　a）　回転軸の回転角，回転数，回転速度，回転方向
　b）　移動体の距離

を計測する。

　図 3.19 は，**ロータリエンコーダ**（rotary encoder）の一例である。

　図 3.20 は，可動部に縦長の穴（スリットという）があけられており，スリットを通過した光をホトトランジスタで検出し，可動部の

[†1] 普通の光と異なって，レーザ光は単一周波数でかつ位相のそろった並行光線であるため，直進性がよく収束性も高いので，狭い面積にきわめて高密度の光エネルギーを集中させることができる。

位置を検出する装置で，**リニアエンコーダ**（linear encoder）という。

どちらの装置も，得られた情報はディジタル量に変換して出力される。

図3.19のロータリエンコーダは2列の穴があけられ，A相とB相は，$\frac{1}{4}$周期の時間のずれを持たせてあり，両者の時間のずれから回転方向が判別できる。

図3.21（a）の点Fでは，B相パルスが"0"のときにA相パルスの立上りがあり，時計回りに回転している。点Rでは，B相のパルスが"1"のときにA相パルスの立上りがあるので，反時計回りに回転していると判定する。カウンタをリセットし，A相パルスま

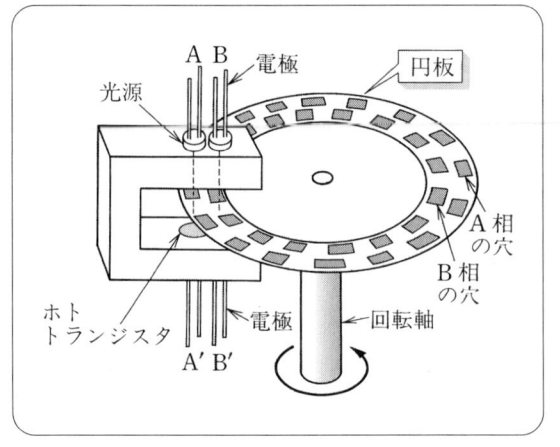

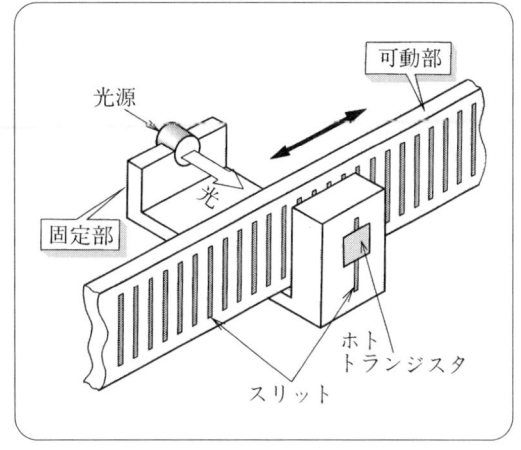

図3.19 ロータリエンコーダ

図3.20 リニアエンコーダ

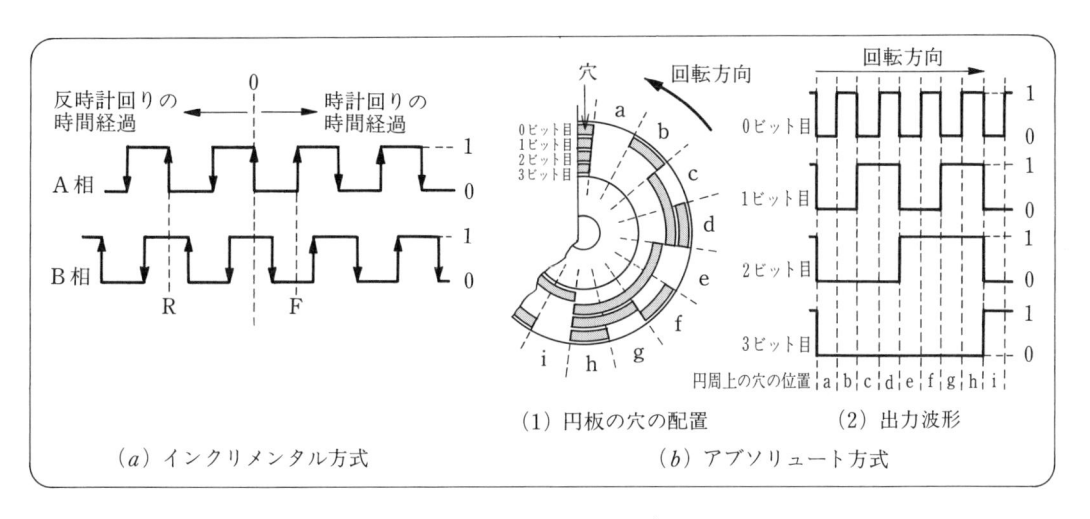

(a) インクリメンタル方式

(b) アブソリュート方式

(1) 円板の穴の配置　　(2) 出力波形

図3.21 ロータリエンコーダの出力波形

はB相パルスを計数すれば，基準となる位置からの相対的な回転角度を知ることができる。この方式を**増分形**あるいは**インクリメンタル**（incremental）方式という。

この方式で，1回転あたりの出力パルス数を180とすれば，1パルスあたりの回転角は $\frac{360°}{180}=2°$ である。

ロータリエンコーダの円板の穴の配置により，2進数や**2進化10進符号**[†1]（binary-coded decimal，略して**BCD**）で出力できるものもある。図3.21（b）（1）の円板の穴の配置では，図3.21（b）（2）の出力波形となる。電源が切れて再び電源が入っても出力される数値が変わらないので，絶対的な回転角を読み取ることができる。この方式を**絶対形**あるいは**アブソリュート**（absolute）方式という。

このとき，どれくらい小さな角度まで検出できるかを考えてみる。

図3.21（b）（1）の円板の穴の配置を例とすると，円板上に0ビット目から3ビット目を表す4列の穴のパターンがある。列の穴の開きと閉じた組合せは，$2^4=16$ 通りあるので，円周は16等分され，検出できる角度は，$\frac{360°}{2^4}=22.5°$ となる。もし，列が n であれば，円周は 2^n 等分されるので，検出できる最小回転角は式（3.1）で表される。

$$\theta=\frac{360°}{2^n} \tag{3.1}$$

ロータリエンコーダは，図3.22に示すXYテーブルなどに取り

[†1] 10進1けたに2進4けたを割り当てて表現するもの。
例：$(37)_{10}$
$=\underbrace{0011}_{3}\underbrace{0111}_{7}$

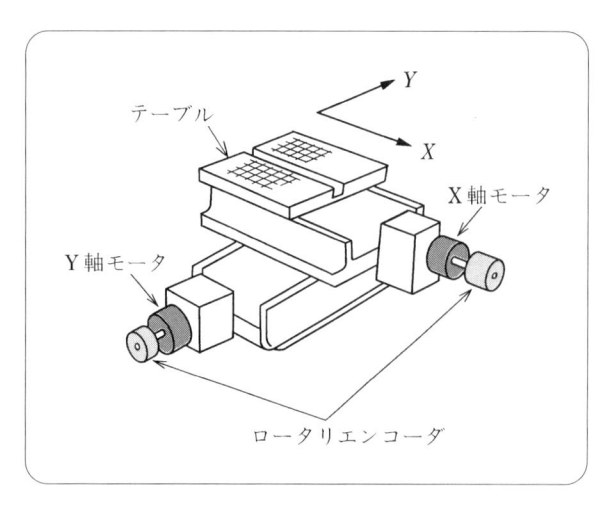

図3.22 XYテーブル

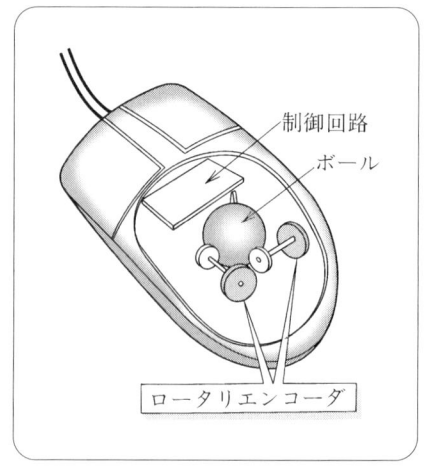

図3.23 マ ウ ス

付けて，テーブルの移動量を測定するのに用いられる。XY テーブルでは，2 個のモータでテーブルを横 X 方向，縦 Y 方向に移動できる機構であり，モータの回転角に比例してテーブルが移動するので，モータの軸に取り付けられたロータリエンコーダの回転角からテーブルの移動量が測定できる。

図 3.23 は，コンピュータの座標入力装置として用いられるマウスに使用されている例である。マウスの中にあるボールの回転に従って，2 個のロータリエンコーダもそれぞれ X，Y 方向に回転するので，マウスの移動量により座標を求めることができる。

例題 4.

インクリメンタル方式のロータリエンコーダで，出力パルスの数が 1 回転あたり 100 パルスであるとき，1 パルスの出力時の回転角を求めなさい。

解答 1 回転（360°）あたり 100 パルスであるから，1 パルスでは

$$\frac{360°}{100} = 3.6°$$

問 2. 1 回転あたりの出力パルスが 120 パルスであるインクリメンタル方式のロータリエンコーダで，出力されたパルス数が 50 パルスのときの回転角を求めなさい。

例題 5.

アブソリュート方式において，符号化ビット数を 10 とし，10 個のセンサを用いて検出すれば，検出可能な最小回転角はどれだけか。符号化出力が 2 進数 10 0101 0010 のとき，回転角は何度であるか求めなさい。

解答 最小回転角 θ は

$$\theta = \frac{360°}{2^{10}} = \frac{360°}{1\,024} = 0.352°$$

$$(10\ 0101\ 0010)_2 = 2^9 + 2^6 + 2^4 + 2^1 = (594)_{10}$$

から

$$\theta = 0.352° \times 594 = 209°$$

[問] **3.** アブソリュート方式で出力が (1000010000)$_2$ のときの回転角を求めなさい。

(**b**) **イメージセンサ**（image sensor） 光量に応じた電荷を発生する素子を並べて，画像の入力センサとして使用される．例えば

① イメージスキャナ，バーコードリーダ，ファックスの読取り部
② CCDテレビカメラ，ディジタルカメラの読取り部

などの小形機器に使用されている．

従来の画像の入力センサとしては，テレビカメラに用いられてきた**撮像管**[†1]が代表であったが，大きく，取扱いが不便であった．最近では，小形で安価な**電荷結合素子**（charge coupled device，略して**CCD**）を使用したイメージセンサがある．**CCDイメージセンサ**は，光電変換，電荷の蓄積，信号の転送を一つの集積半導体で行う素子である．

1) **原　理**　図3.24に示すように

① 受光素子で光を受けて電荷を発生する．
② 発生した電荷は，コンデンサで一時的に蓄積される．

[†1] 金属面に光を照射したとき，金属から電子が放出される現象を利用したもので，光学像を電気信号に変換する素子の総称．

図3.24　イメージセンサの原理

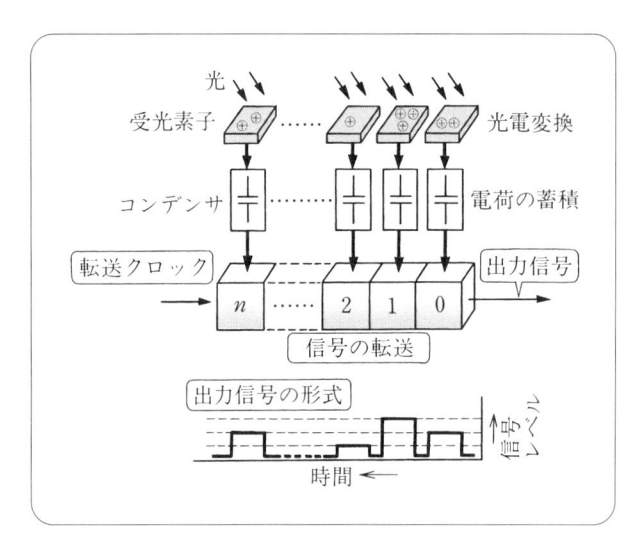

図3.25　バーコードリーダの利用

③　信号の転送においては，コンデンサに蓄積された内容をすべて読み出し，転送クロックにより順次直列信号として出力される。出力信号の大きさは，入射した光の大きさによって異なるアナログ信号である。

2）応用例

①　**リニアイメージセンサ**　図 3.24 の原理で説明した受光素子，コンデンサを一組として，1 次元に配列したものを**リニアイメージセンサ**（linear image sensor），あるいは**ラインイメージセンサ**（line image sensor）という。イメージスキャナ，バーコードリーダ，ファックスの読取り部に使用されている。図 3.25 は搬送機に流れてくる検出物の分別をしている例である。

②　**2 次元イメージセンサ**　図 3.26 のように，受光素子，コンデンサを 2 次元に配列して出力をまとめたものを **2 次元イメージセンサ**[†1]（two dimension image sensor）という。

[†1] エリアイメージセンサ（area image sensor）ともいう。

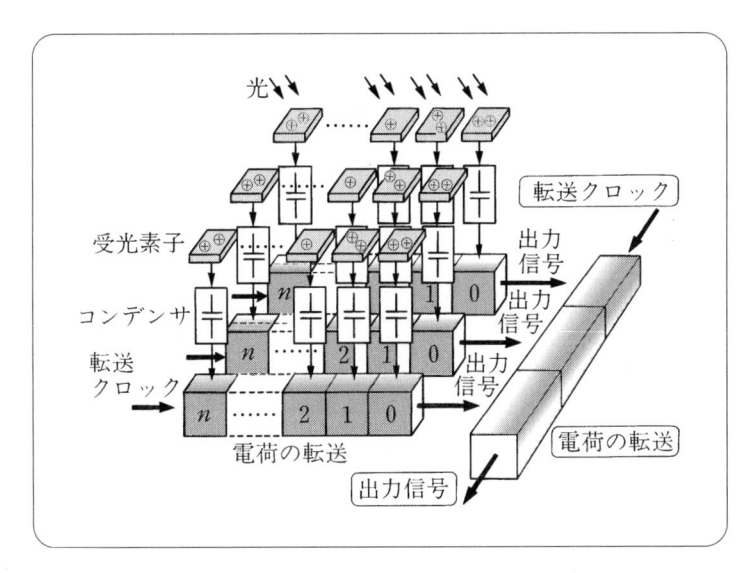

図 3.26　2 次元イメージセンサ

2 次元イメージセンサは，CCD ビデオカメラ，ディジタルカメラの読取り部に使用されている。図 3.27 は，ビデオカメラの 2 次元イメージセンサの出力を映像として演算装置に取り込み，文字認識や良品の映像と比較することにより検出物の良否判別などを行う視覚認識装置のセンサの例である。

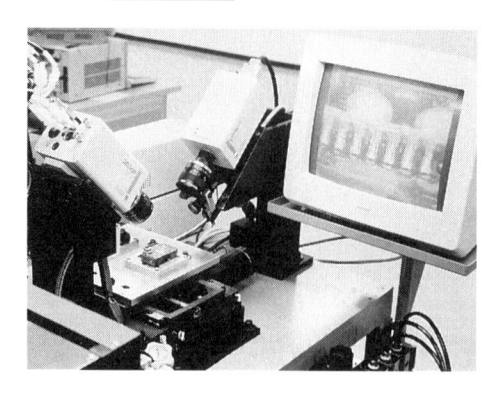

図 3.27 視覚認識装置への利用

（c） 色センサ（color sensor）　色の検出や色識別には色センサがある。用途としては

†1 光源による色の変化を補正する調整。

① ビデオカメラのホワイトバランス調整[†1]

② 燃焼時の発光色による温度の読み取り

がある。

色センサの例として，色分解形の半導体3色カラーセンサがある。このセンサには，光の三原色である赤（red），緑（green），青（blue）の光に反応するホトダイオードが，図 3.28 のように半導体上に形成されており，その電流の発生量によって色を検出する。

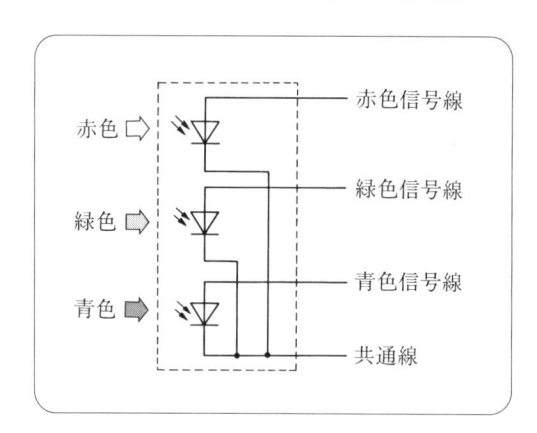

図 3.28 色センサの等価回路

2 温度センサ　温度を検出する**温度センサ**（temperature sensor）の用途には

① 炉や恒温槽の温度測定

†2 物理的あるいは化学的変化を与えるための操作量。

② 温度の変化によって他の機械的諸量やプロセス量[†2]を制御

③ 定められた温度以上や温度以下となったら警報を発する装置

などがある。

（a）サーミスタ（thermistor）　サーミスタは，温度の変化によりその抵抗値が大きく変化する抵抗体の総称である。

サーミスタの温度が上昇すると抵抗値が減少する性質（負の温度特性）を持つものを **NTC**（negative temperature coefficient）**サーミスタ**という。一方，温度が上昇すると抵抗値が増加する性質のものを **PTC**（positive temperature coefficient）**サーミスタ**という。

また，**NTC サーミスタ**の性質を持ち，特定の温度で抵抗値が急変するものを **CTR**（critical temperature resistor）**サーミスタ**という。

図 3.29 に，それらの特性比較を示す。PTC，CTR は NTC のような幅広い温度の計測には向いていないが，特定の温度を検出するのに優れている。NTC サーミスタには，Mn，Co，Ni などの金属を焼き固めたセラミック半導体がある。

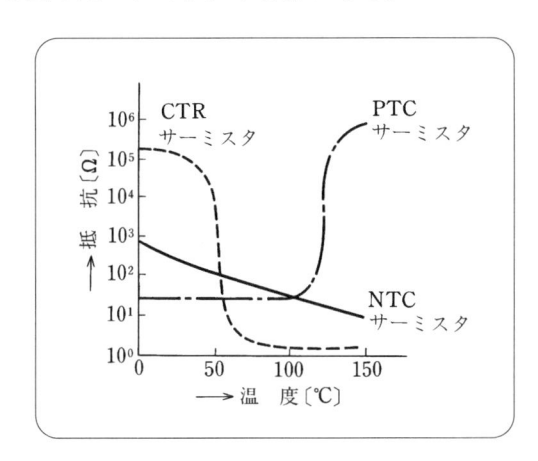

図 3.29　サーミスタ温度特性

サーミスタは，限られた温度の範囲[†1]では，0.01〜1.5 °C 程度の精度で測定でき，しかも応答が速く，高感度なので，家庭用機器，産業用機器の制御用として広く用いられている。また，NTC サーミスタは温度範囲が広く，数百度までの温度測定に用いることができる。しかし，過電流に弱いので電圧を加え過ぎないように注意する。

温度検出回路では，サーミスタへ電流を流してその電圧降下を測定するが，その電流による自己加熱により誤差を生じるので，十分低い電力値で使用することが大切である。また，抵抗値と温度の関係に直線性がないので，補正する回路[†2]を設ける必要がある。

図 3.30 は，ホイートストンブリッジの 1 辺にサーミスタを挿入

[†1]　−50〜+45 °C

[†2]　サーミスタと並列に固定抵抗器を接続させる。

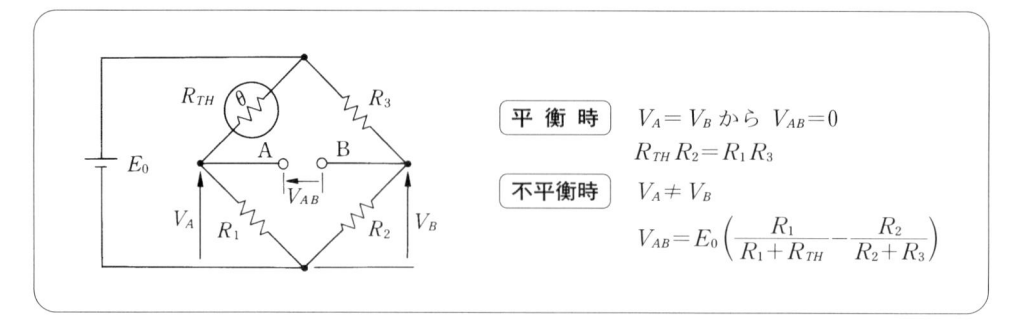

$$\boxed{平衡時} \quad V_A = V_B \text{ から } V_{AB} = 0$$
$$R_{TH} R_2 = R_1 R_3$$
$$\boxed{不平衡時} \quad V_A \neq V_B$$
$$V_{AB} = E_0 \left(\frac{R_1}{R_1 + R_{TH}} - \frac{R_2}{R_2 + R_3} \right)$$

図 3.30 サーミスタによる基本温度検出回路

し，サーミスタの抵抗値の変化を電圧に変換させる温度検出回路の例である。この回路では，平衡時（$V_A = V_B$）はAB間の電圧 V_{AB} は 0 である。温度が変化すると，サーミスタの抵抗値が変わり，AB間に不平衡電圧が発生する。この電圧を増幅して制御に用いる。

図 3.30 には，ブリッジの平衡時と不平衡時のAB間の電圧 V_{AB} を表す式を示した。

（b）熱電対 サーミスタより高い温度まで測定できるものに**熱電対**（thermocouple）がある。白金・ロジウムの金属を組み合わせた熱電対を用いれば，千数百度の温度を測定できる。

熱電対は，図 3.31 のように，材質の異なる 2 種類の金属線の片方の端を結び，残りの端に電圧計を接続すると温度差（$t_1 - t_2$）に比例して起電力が発生する[†1]。

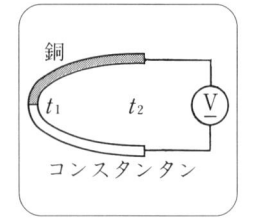

図 3.31 熱電対

[†1] このような現象を**ゼーベック効果**（Seebeck effect）という。

③ 接触・圧力・音センサ 接触を検出するには，対象物体とセンサが直接に触れる必要があるが，気圧や音の検出は，気体を媒体とした圧力の検出により測定される。

（a）リミットスイッチ **リミットスイッチ**（limit switch）は，機器の運動行程中の定められた位置で動作する制御用検出スイッチで，**位置センサ**（position sensor）として用いられる。例えば

① 検出物体の所定位置への移動検出
② XYテーブルの移動限界検出

として使用されている。

リミットスイッチは，図 3.32 のように操作機構部分が物体に押されることで接触したことを検出する。

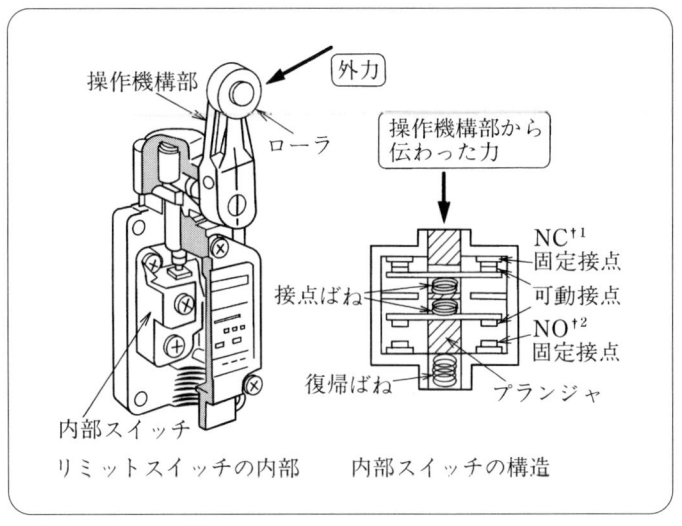

図 3.32 リミットスイッチの構造

[†1 NC は，normally close 端子の略。通常接点が閉じている端子を示す。
†2 NO は，normally open 端子の略。通常接点が開いている端子を示す。]

図 3.33 は，移動台の左右の限界位置を決めるため，リミットスイッチを用いている例である。

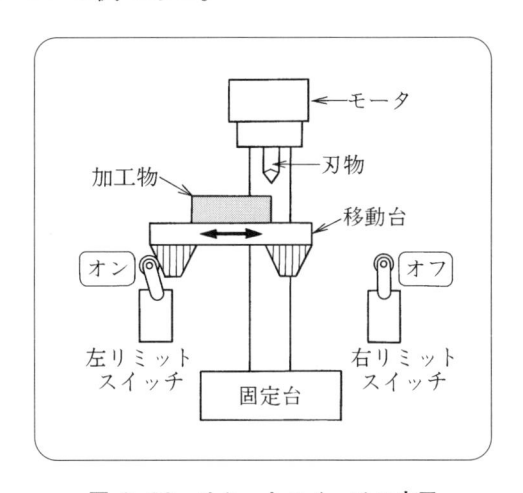

図 3.33 リミットスイッチの応用

(**b**) **圧 電 素 子**　結晶構造[†3]の物質は，力を加えひずみを生じさせると表面に電荷が誘起される性質を持つ。また，逆に電圧を加えるとその物質がひずむ作用がある。この作用を**圧電効果**（piezo electric effect）という。セラミック，水晶などはその効果が大きく，圧電素子として利用される。この素子を利用したセンサに加速度センサ，音センサ，超音波センサ，ひずみゲージ，トルクセンサなどがある。

[†3 原子が規則正しく周期的に配列してつくられている固体。]

1）加速度センサ　加速度に比例した電圧を出力するセンサで

ある。用途としては

① 自動車のエアバッグ用の衝撃検出
② 地震の振動を検出する地震警報器

などがある。

　図3.34は，圧電素子の片方を固定して，固定台に外力が加わったときの圧電素子のひずみの状態を表している。このとき，圧電素子は外力に比例した電圧を発生する。使用される素子としてはセラミックが多い。

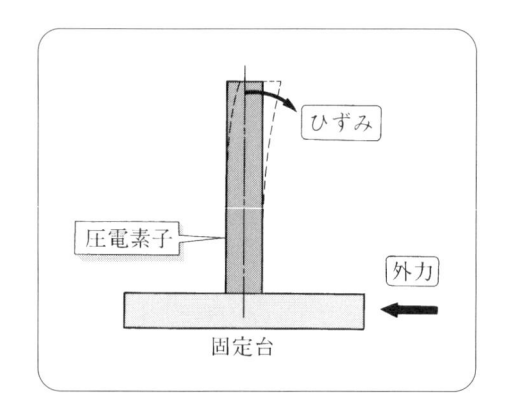

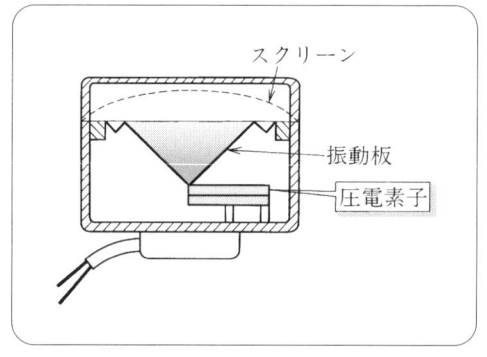

図3.34　圧電素子の支持方法　　　　図3.35　音センサの例（電圧形マイクロホン）

2）音センサ　音センサ（sound sensor）にはマイクロホンが用いられる。用途としては

① 音声の波形分析および音声認識装置
② 音量の測定

などがある。

　代表的な例を図3.35に示す。マイクロホンの圧電素子には，ロシェル塩やチタン酸バリウムなどの素材を張り合わせた素子を用いる。

3）振動センサ　音センサと同じ原理を用いて**振動センサ**（vibration sensor）を作ることができる。用途としては

① 旋盤のバイトなどの切削工具の摩耗または欠損検出
② 窓ガラスに張り付け，割られたことを知らせる警報機

がある。

　圧電素子を用いた振動センサを図3.36に示す。振動軸に振動が加わると，圧電素子に伝わり，素子の両面に起電力を発生する。

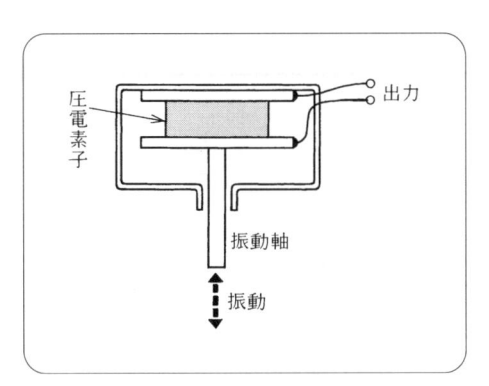

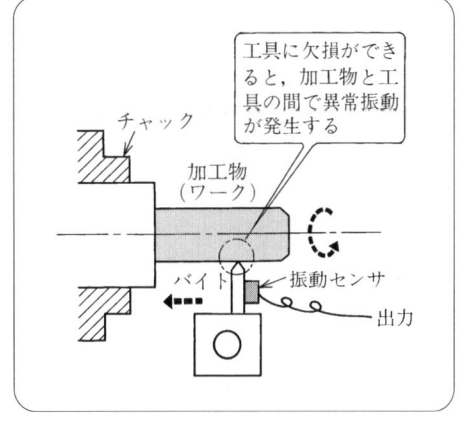

図 3.36　圧電形振動センサ　　　　　図 3.37　工具の欠損検出

　図 3.37 では，バイトが破損するなどにより異常振動が発生したとき，その振動を振動センサが検出し，起電力を発生し，外部へ出力する例である。そのほか，蒸気タービンや電動機の異常振動を検知し，事故防止に応用されている。

4）　超音波センサ　　超音波は，周波数が約 20 kHz 以上の定常音[†1]として耳に聞こえない音波である。通常の定常音に比べて指向性[†2]が強いため

　①　障害物の検出
　②　ロボットハンドの位置検出
　③　加工物（ワーク）の欠陥検査
　④　魚群探知機

などに用いられる。図 3.38 のような透明体の厚さ検出は，光センサでは不可能であるが，**超音波センサ**（ultrasonic sensor）を用いれば可能となる。超音波センサは，小形のものでは図 3.39 のように，圧電形のセラミックを素材とした振動子が多く用いられる。センサに用いられる超音波の周波数は 20～45 kHz で，欠陥検査のような精密測定用のものは 100 kHz 以上で使用される。

　送波器と受波器の配置の方法は，直接波を利用するものと，反射波を利用するものがある。図 3.38 は直接波を利用した例である。さらに，反射波を利用する場合には，送波器，受波器をおのおの 1 個用いる方法と，1 個の素子で兼用する方法がある。

[†1]　周波数が 20 Hz～20 kHz の音波を可聴周波数ともいう。
[†2]　特定の方向にめざし向かう性質・傾向。

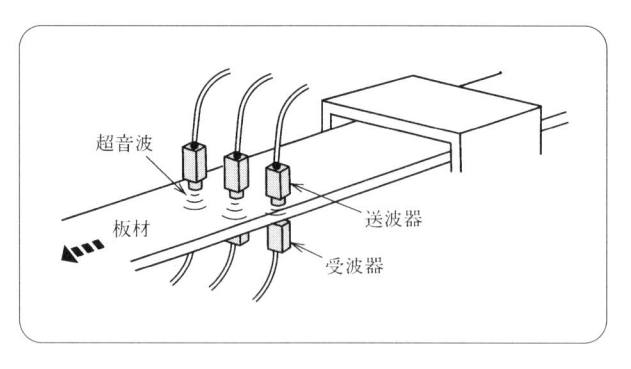

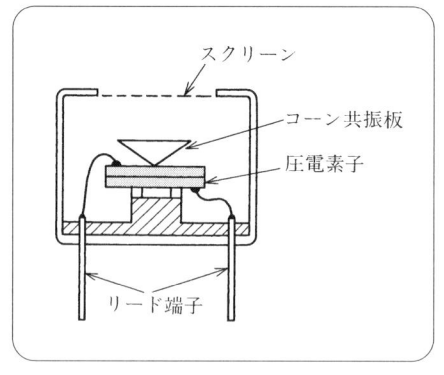

図 3.38 超音波センサによる板材の厚さ測定

図 3.39 超音波センサの構造

　図 3.40 は，反射波を用いて車間距離を測定し，定められた距離になったときに自動車を減速して自動車の追突を防止する装置の例である。スタートパルスで送波器から超音波を発射し，反射波を受波器で受けた時点でクロックパルスの計数を停止する。このとき，距離 L [m] は式 (3.2) で表される。

$$L = v\frac{T}{2} \quad [\mathrm{m}] \tag{3.2}$$

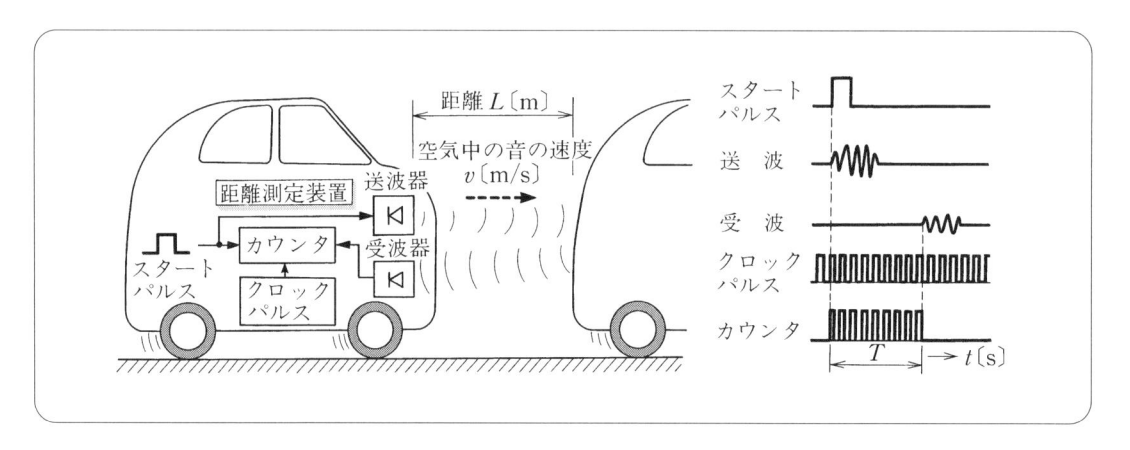

図 3.40 超音波センサを用いた追突防止装置

　ここに，T [s] は超音波の往復の時間，v [m/s] は超音波の空気中の速度で，音速と同様に温度によって変化し，温度を t [℃] とすれば，式 (3.3) で与えられる。

$$v = 331.5 + 0.6\,t \tag{3.3}$$

したがって，超音波で距離を正確に測定する場合は，温度変化による補正を加える。

|||||||||| 例題 6. ||||||||||

図3.40による距離の測定において，送波から受波までの時間Tを6ms，気温を20℃とした場合の距離を求めなさい。

解答 超音波の速度vは式(3.3)から

$$v = 331.5 + 0.6 \times 20 = 343.5 \ [\text{m/s}]$$

したがって，求める距離Lは式(3.2)から

$$L = 343.5 \times \frac{6 \times 10^{-3}}{2} = 1.03 \ [\text{m}]$$

5) **ひずみゲージ** 物の形状の変化量を電気信号に変換する**ひずみゲージ**(strain gauge)は

① 圧力センサ

② トルクセンサ

③ 力や荷重を測定するロードセル[†1]

などのセンサを作る基本素子である。

金属や半導体の持つ電気抵抗値は，式(3.4)で表される。ここで，Rは抵抗値[Ω]，ρは抵抗率[†2][Ω・cm]，Lは長さ[cm]，Aは断面積[cm²]とする。

$$R = \rho \frac{L}{A} \qquad (3.4)$$

ひずみゲージは，金属や半導体に力が加わると，式(3.4)の長さLと断面積Aが変わり，抵抗値が変化する現象を利用している。

その性能は，感度(ゲージ率)Kで表され，式(3.5)で与えられる。ここで，εはひずみ[†3]，ΔRはゲージの抵抗値の変化量である。

$$K = \frac{\frac{\Delta R}{R}}{\varepsilon} \qquad (3.5)$$

金属ひずみゲージは，感度は低いが，温度特性や安定度の点で優れている。半導体ひずみゲージは，高感度であるが，温度により特性が

[†1] 荷重変換器とも呼ばれ，圧縮，引張りの荷重が加わると，力に応じて電気抵抗が変化するセンサ。

[†2] 物質の電気的な固有の定数で，断面積1 m²，長さ1 mの物体の抵抗値。式(3.4)では，長さの単位mをcmに換算してある。

[†3] $\varepsilon = \frac{\Delta l}{l}$
l：もとの長さ[m]
Δl：ひずみによる長さの変化量[m]

変わるので，温度補償を行う必要がある。ひずみゲージの構造の例を図 3.41（a），（b）に示す。抵抗値は，一般に 120～1 000 Ω である。

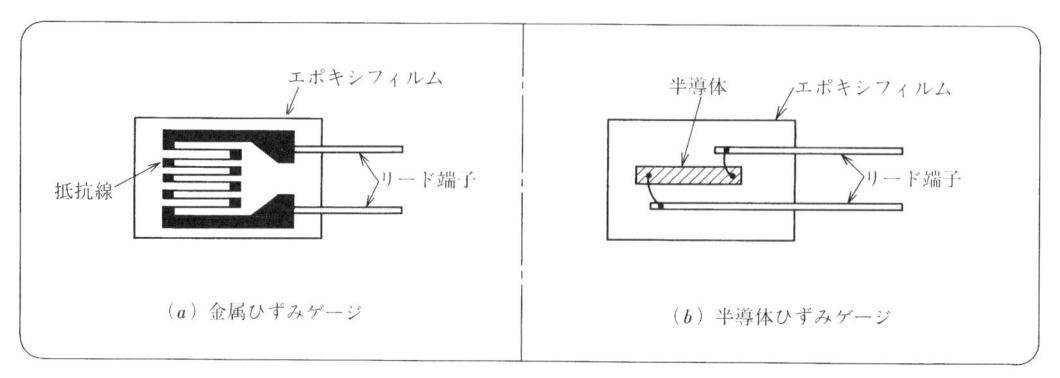

図 3.41　ひずみゲージの構造

|||||||||| 例題 7. ||||||||||

ゲージ率 K が 1.8，抵抗値 120 Ω の金属線を引っ張ったら，抵抗値が 0.20 Ω 増加した。ひずみ ε を求めなさい。ただし，有効けた数を 3 けたとして答えなさい。

【解答】　ひずみ ε は，式（3.5）から

$$\varepsilon = \frac{\dfrac{\Delta R}{R}}{K} = \frac{\dfrac{0.20}{120}}{1.8} = 9.26 \times 10^{-4}$$

a）トルクセンサ　図 3.42 のように，回転物体のトルクの大きさは，回転軸から作用点までの距離〔m〕と力〔N〕の積〔N・m〕で表される。

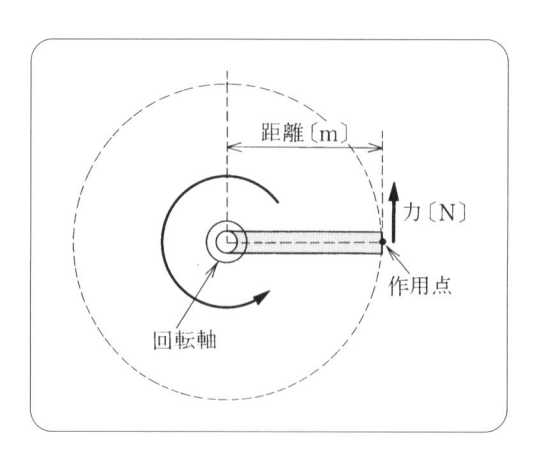

図 3.42　トルク

図 3.43（a）のような段付棒を，駆動源と負荷の間に挿入すると，駆動源のaからbへの回転に対し，負荷の反力はcからdへの方向となって棒がねじれて回転する。

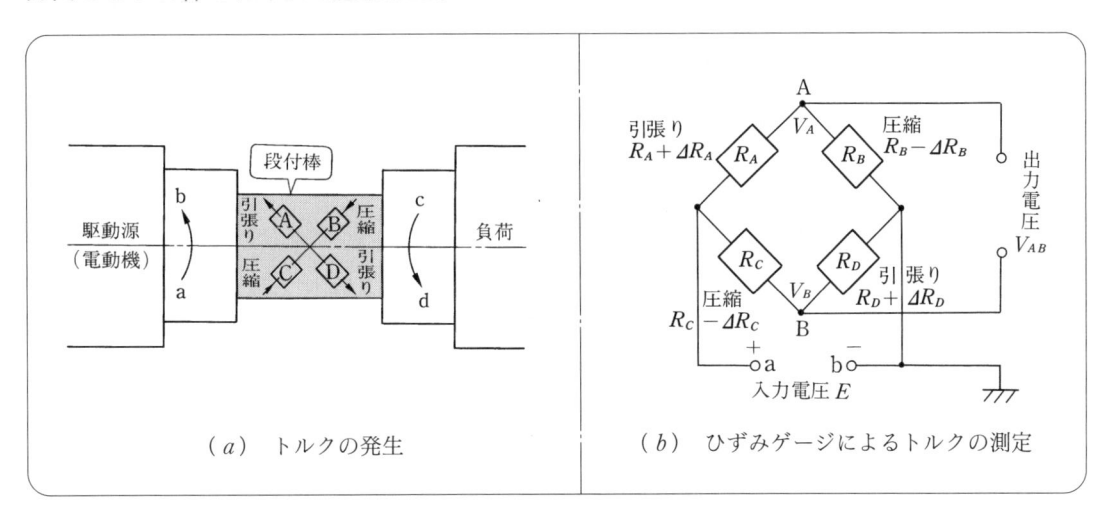

（a）トルクの発生

（b）ひずみゲージによるトルクの測定

図 3.43　トルクセンサ

図（a）のように，棒の表面にA〜Dの4枚の抵抗値の等しいひずみゲージを接着すると，A，Dには引張力，B，Cには圧縮力が加わる。このときの各ひずみゲージには，同じ大きさの力が加わるので，ひずみによる抵抗の変化量も等しい。

ここで，ひずみゲージの変化する前の抵抗値をそれぞれ R_A，R_B，R_C，R_D とし，ひずみによる抵抗の変化量を，それぞれ ΔR_A，ΔR_B，ΔR_C，ΔR_D とすると

$R_A = R_B = R_C = R_D = R$

$\Delta R_A = \Delta R_B = \Delta R_C = \Delta R_D = \Delta R$

となる。

これらのゲージを図 3.43（b）のように配置したトルクセンサでは，点bを基準に点Aの電圧 V_A は

$$V_A = E \times \frac{R_B - \Delta R_B}{(R_A + \Delta R_A) + (R_B - \Delta R_B)} = E \times \frac{R - \Delta R}{2R}$$

また，同じく点Bの電圧 V_B は

$$V_B = E \times \frac{R_D + \Delta R_D}{(R_C - \Delta R_C) + (R_D + \Delta R_D)} = E \times \frac{R + \Delta R}{2R}$$

となる。出力電圧 V_{AB} は，$V_A - V_B$ なので

$$V_{AB} = \left\{ \frac{R - \Delta R}{2R} - \frac{R + \Delta R}{2R} \right\} \times E = E \times \frac{-\Delta R}{R} = -E \frac{\Delta R}{R}$$

となり，ひずみゲージの抵抗変化率に対応した出力電圧を取り出すことができる。

　この出力電圧とトルクの関係をあらかじめ算出しておけば，トルクの検出もできる。したがって，ひずみゲージは**トルクセンサ**（torque sensor）の一種であるといえる。測定できる範囲は，$0.1 \sim 10^6 \, \text{N·m}$ であり1％程度の精度で検出が可能である。

例題 8.

図 3.43 (a) で，曲げに対しては図 (b) の R_A と R_B が $R + \Delta R$ となり，R_C と R_D が $R - \Delta R$ になるとすれば，ブリッジは平衡して出力は 0 V であることを示しなさい。

〔解答〕 ブリッジの出力が 0 V となる平衡条件は，ブリッジの対辺の抵抗値の積が等しいことである。そこで，対辺の抵抗値の積を求めると，つぎのようになる。

$R_A R_D = (R + \Delta R)(R - \Delta R)$

$R_B R_C = (R + \Delta R)(R - \Delta R)$

したがって，$R_A R_D = R_B R_C$ となって平衡条件を満足する。

[4] **ガスセンサ**　　ガスセンサ（gas sensor）の用途にはつぎのようなものが考えられる。

① ガス漏れを検出して，警報を発したり，安全対策を施す。

② ガスの濃度を測定して，目的の濃度になるように制御する。

③ ガスを分析をして，ガスの種類を特定する。

半導体式ガスセンサは，都市ガス，プロパンガス，液化天然ガス，メタンガスのような可燃性ガスや，一酸化炭素，塩素ガス，二酸化硫黄などの有毒ガスの検出，酸素濃度の測定などに使用され，用途が広い。

図 3.44 に半導体ガスセンサの構造を示す。半導体ガスセンサは，

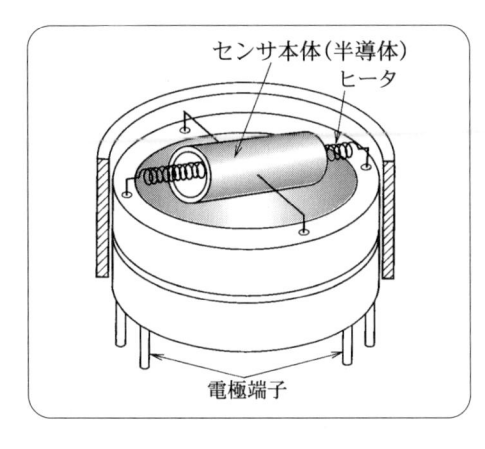

図 3.44　半導体ガスセンサの構造

ガスが半導体に吸着されると抵抗値が減少するのを利用して検出する。このとき，吸着したガスが長くたまると，そのときの正確なガス量が測定できないので，ヒータで加熱しガスを放出する。

5　その他のセンサ

（a）磁気の利用　磁気の有無や強弱を検出し，センサとして利用されている例を学習する。

1）磁気形の近接スイッチ　磁気形の**近接スイッチ**（proximity switch）は

① 危険を伴う作業所内の扉の開閉を検出する。
② 防犯装置として，窓に取り付けて，窓の開閉を検出する。
③ 検出物体に磁性体を取り付けて，物体の位置を検出する。

などの用途に利用される。

図 3.45（a）は，ガラス管に封入された一対の磁性体の薄板（リード）が磁化されることにより吸引して接触する。このガラス管を**リードスイッチ**（reed switch）という。

図（b）のように，磁性体[†1]が磁石とリードスイッチの間にない場合は，磁石の磁力線はリードスイッチ内の電極を通過しているので，電極どうしは吸引され閉じている。

図（c）では，磁性体が間に入ると，磁力線は通りやすい磁性体内を通過するので，リード電極には磁力線が通らず，吸引は起こらずにスイッチは開いてしまう。

通過する物体は磁性体に限定されており，検出距離も数 mm～十数

[†1] 磁場の中に置くと磁化する物質。

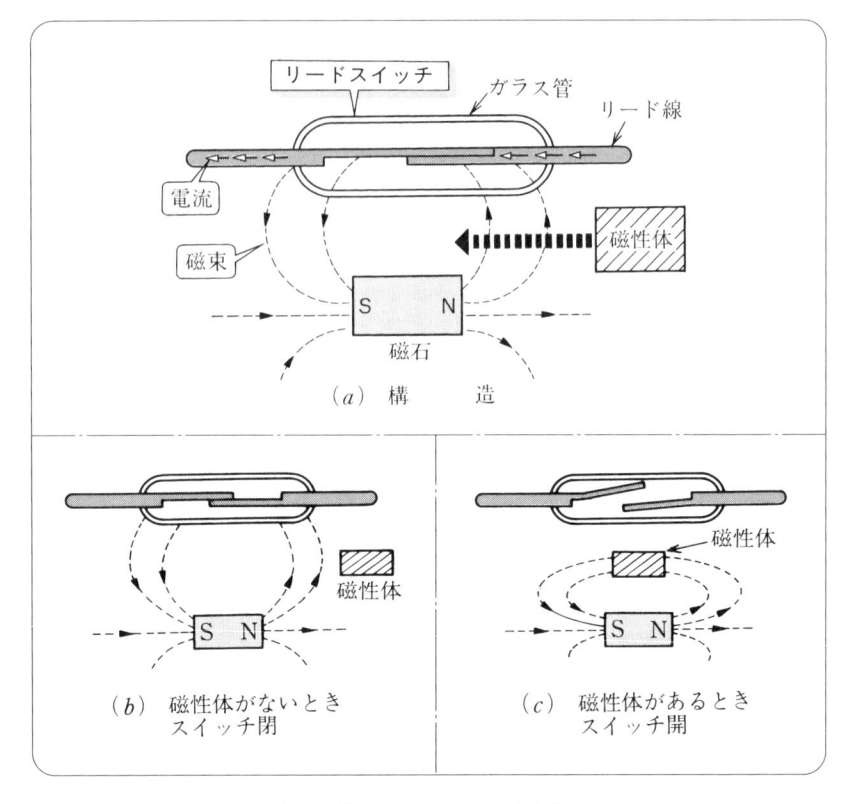

図 3.45 リードスイッチの動作

mm 程度である。また，磁石を近づけたり，離すことでもスイッチの開閉はできる。

2） 磁気センサ　磁気を非接触で検出できる**磁気センサ**（magnetic sensor）の用途は

① キーボードのような接点の接触回数が多いスイッチへの利用
② 回転体に磁石を取り付け，回転数の測定
③ 検出物体に磁石を取り付けて，物体の位置検出

などに幅広く応用されている。

半導体磁気センサは，静磁界[†1]，交番磁界[†2]を問わず検出でき，大きさの制約も少ない。ここでは，半導体磁気センサである**ホール素子**（Hall element）を考えてみる。

図 3.46 に示すように，半導体に電流 I を流し，それと垂直方向に磁束密度[†3] B の磁界を加えると，おのおのに直角な方向の端子に電圧が発生する。この現象を**ホール効果**（Hall effect）という。ホー

[†1] 永久磁石による磁界のように，時間について不変の磁界。
[†2] 周期的にその強さと方向を変える磁界。
[†3] 単位面積あたりの磁束数。
磁束密度〔T（テスラ）〕
$= \dfrac{磁束〔Wb（ウェーバ）〕}{面積〔m^2〕}$

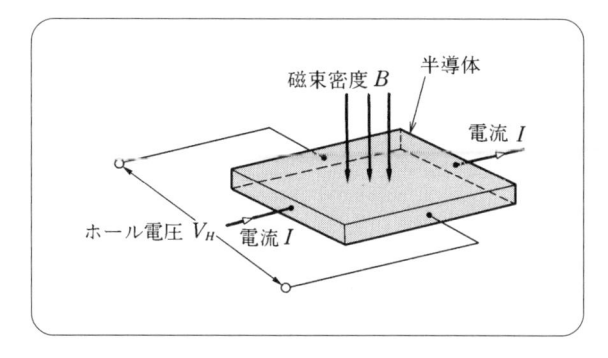

図 3.46 ホール効果

ル素子は，ホール効果を利用した素子である。その出力電圧 V_H を**ホール電圧** (Hall voltage) といい，式 (3.6) で表される。

$$V_H = KIB \tag{3.6}$$

ここに，I は電流〔A〕，B は磁束密度〔T〕，K は積感度〔V/(A・T)〕といわれる比例定数である。K が大きいホール素子ほど感度が高い。また，電流を増加させると感度は上がるが，発熱するので限度がある。

|例 題| 9.

ホール素子に，電流 $I = 5\,\text{mA}$，磁束密度 $B = 0.1\,\text{T}$ の磁界を加えたら，出力電圧 $V_H = 100\,\text{mV}$ が得られた。このホール素子に同じ電流を流して V_H が $150\,\text{mV}$ に変化したとき，磁束密度はどれだけか。

[解 答] 式 (3.6) から

$$K = \frac{V_H}{IB} = \frac{100 \times 10^{-3}}{5 \times 10^{-3} \times 0.1} = 200 \quad \text{〔V/(A・T)〕}$$

$$B = \frac{V_H}{KI} = \frac{150 \times 10^{-3}}{200 \times 5 \times 10^{-3}} = 0.15 \quad \text{〔T〕}$$

[問] 4. 積感度 $160\,\text{V/(A・T)}$ のホール素子に，$5\,\text{mA}$ の電流を流して磁界を加え，電圧を測定したら $80\,\text{mV}$ の出力電圧が得られた。磁束密度を求めなさい。

(b) 高周波の利用 空中に飛散しやすく，周囲の金属類に影響を受けやすい性質を持つ高周波は，図 3.47 に示すような金属製の物体の有無や電磁弁の動作の確認などでよく用いられる。高周波の周

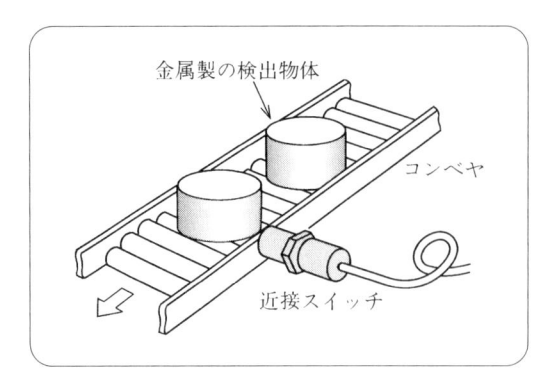

図 3.47 近接スイッチによる物体の検出

波数は，300 kHz 程度である。

図 3.48 に高周波を利用した**高周波発振形近接スイッチ**（RF oscillator position sensing switch）の回路構成を示す。

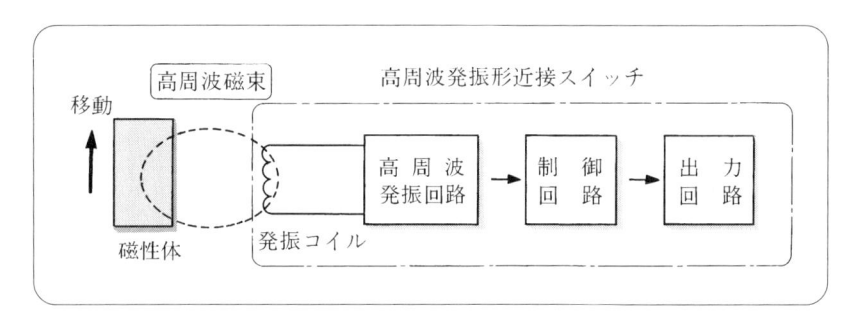

図 3.48 高周波発振形の近接スイッチの回路構成

この回路は，つぎの動作をする。

① 磁性体が近づくと，**磁気抵抗**[†1]（reluctance）が変化する。

② 磁気抵抗が変化すると，発振コイルの**インダクタンス**[†2]（inductance）が変化する。

③ インダクタンスが変化すると，発振周波数が変化する[†3]。

このことから，制御回路で発振周波数の変化をとらえて物体の有無を検出する。センサの検出距離は数 mm～数十 mm で，金属体しか検出できない。非金属体の場合には，アルミはくのような導体を検出物体にはって用いる。

（c）静電容量の利用 移動する物体との静電容量の変化を検出するものとして**静電容量形近接スイッチ**（capacitive type position sensing switch）がある。静電容量形の近接スイッチの回路構成は高周波

[†1] 磁束の通りにくさを表す。磁束は，空気中より金属内を通過しやすい。

[†2] コイルに流れる電流やコイルを通過する磁束が変化すると，それを妨げようとする働き。

[†3]
$$f_0 = \frac{1}{2\pi\sqrt{LC}}$$
$$f = \frac{1}{2\pi\sqrt{(L+\Delta L)C}}$$

f_0：発振周波数
L：発振コイルのインダクタンス
C：キャパシタンス
ΔL：インダクタンスの変化量
f：インダクタンスが変化したときの発振周波数

発振形とほぼ同じで，図 3.49 のように，発振コイルのかわりに電極板が接続される。物体が近づくと，電極板と検出物体を通して大地との間に形成された静電容量が変化するために，発振出力の振幅も変化する。制御回路では，その大きさの変化をとらえて検出物体の有無を検出できる。検出物体は金属に限らず，樹脂，紙，液体など絶縁体でも検出できる。

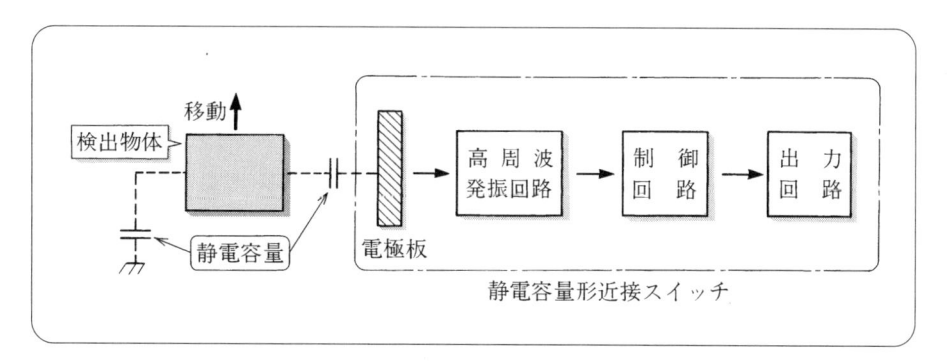

図 3.49 静電容量形の近接スイッチの回路構成

3.1.6　新しい技術

いままで学習してきたセンサの応用として，音声認識技術，画像処理技術がある。

1 **音声認識技術**（speech recognition technology）　マイクロホンで入力された音声信号を言葉として認識して
① NC 装置の音声によるプログラム作成
② ワープロへの音声での入力
③ 物品の送り先の読み上げによる物流の分別システム
④ 身体障害者の補助具
などへの利用が実現されている。

図 3.50 は，音声認識装置の基本構成図である。例として，音声認識装置の登録音声パターンデータには，電灯名と電灯の点灯・消灯命令の音声データが登録されているものとする。

音声は，マイクロホンによって電気信号に変換され，増幅器で音声分析器に必要な信号に増幅される。音声分析器では，図 3.51 の音

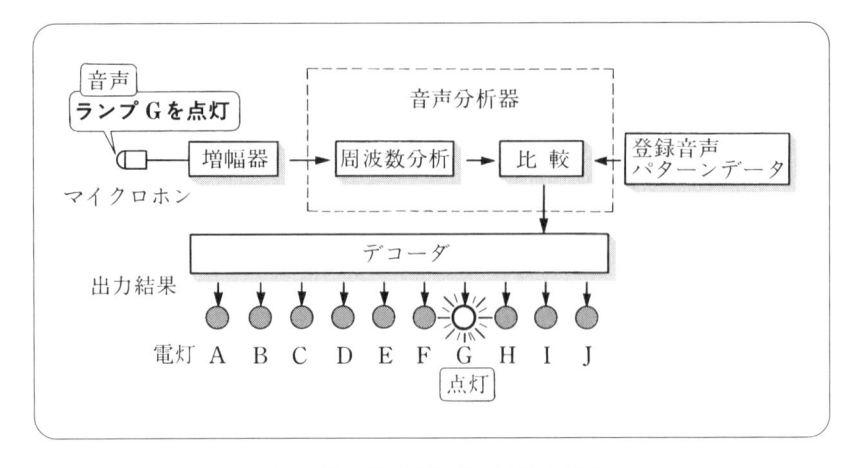

図 3.50 音声認識装置の基本構成

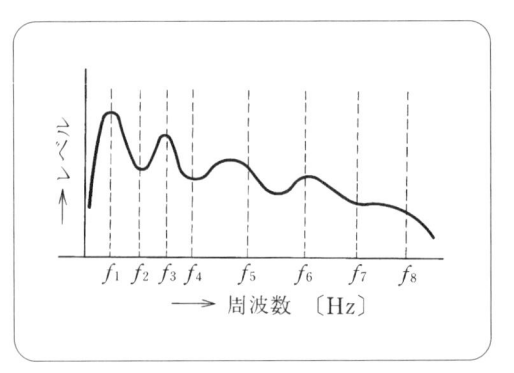

図 3.51 音声のスペクトル

声[†1]のスペクトル[†2]に示すように5kHzまでの帯域を8から16に分割し、各周波数帯域ごとのレベルを取り出す。取り出された値をもとに、登録されている音声パターンデータと比較する。一致したら音声パターンの意味に該当する結果をデコーダに出力し、電灯Gを点灯させている。

人の声は、アクセントの違いやイントネーションの違いがあるので、多数の音声パターンデータを必要とし、また正しく認識されるように、音声パターンを探し出すための検索方法に特別な工夫がされている。最近の技術では、異なる国の言葉をたがいに認識し、翻訳した言葉を音声に変換する**音声合成装置**[†3] (speech synthesizer) によって、自動同時通訳装置が開発されている。

2　画像処理技術 (image processing technology)　センサの種類と使い方の中で学習した視覚認識装置は、画像処理技術の一つであ

[†1] 人の音声は、数百Hzから5kHzまでの周波数帯域である。
[†2] 周波数帯域とその周波数における強さを示したもの。
[†3] 音声の基本要素を組み合わせて、文字コードに従った音声を発生させる装置。

る。画像処理技術は，2次元イメージセンサなどを用いて，物体を画像データとして取り扱い

① 物体の位置検出
② 形状の違いの検出
③ 距離の測定
④ 色の検出
⑤ 文字の判別・認識・照合・検査

などへの利用が考えられている。

画像は，白黒画像，濃淡画像，カラー画像に分類されるが，いずれも2次元の画像で，通常ディジタル量で扱われる。

画像処理とは，入力された画像データに処理を施して，目的とする結果を取得しやすくするための作業である。

例えば，画像データには，処理の目的から意味のない情報があったり，処理に有害な雑音が含まれていることがある。これらの不要な情報を取り除く処理を**平滑化処理**（smoothing）という。図3.52の（a）のように，一般に雑音は目的とする画像から離れていることが多い。したがって図（b）に示すように，**画素**[†1]（pixel）の周囲を参照して，他の画素がなければつながりのない不要のデータである。それを削除していくと雑音を取り除くことができる。

[†1] 画像を構成する最小要素。

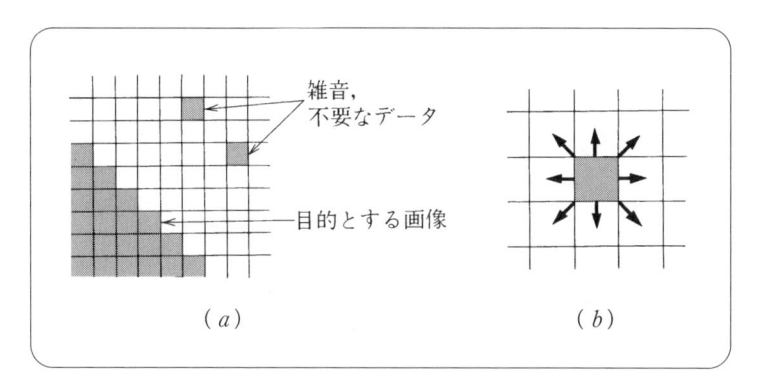

図3.52 平滑化処理

最近の技術では，2次元イメージセンサとマイクロコンピュータを組み合わせて一つのパッケージに納めた，人間の網膜の特性[†2]に近い人工網膜素子も登場してきている。

[†2] 見ているものが動いたときに応答する特性。

3.2 おもなアクチュエータとその活用

工場ではいろいろな機械が自動制御され，生産効率の向上や合理化が図られている。

アクチュエータは，いろいろなエネルギーを機械的なエネルギーに変換する装置であり，機械を制御するとき，操作動力源としてなくてはならない要素である。ここでは，機械の動力源となるいろいろなアクチュエータの種類と動作原理を理解し，目的によって使い分けるための基礎を学習する。

3.2.1 アクチュエータの種類

メカトロニクスを応用した機械は，単純化すれば，図3.53のように，センサ，コンピュータ，アクチュエータ，制御対象で構成される。

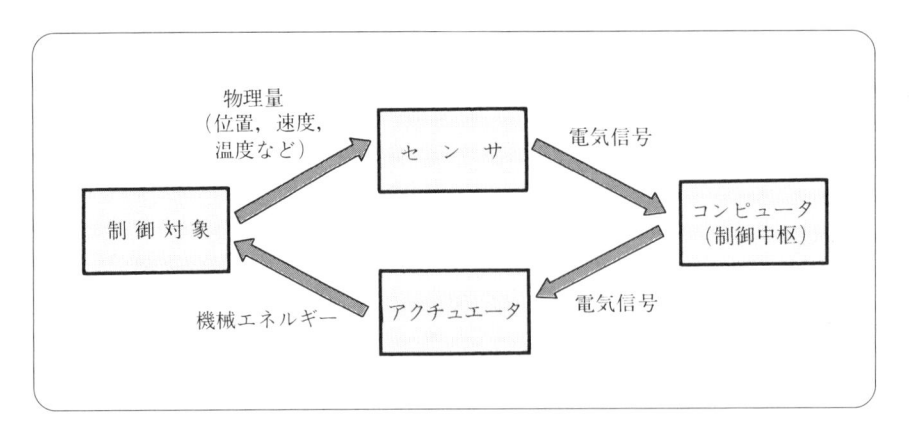

図3.53 メカトロニクスを応用した機械の構成

†1 油圧式アクチュエータは，電子機械応用で学習する。

アクチュエータ（actuator）は，空気圧，油圧[†1]，電気などのエネルギーを機械エネルギーに変換し，直線運動，回転運動のような単純

な動作をする装置である。具体的には空気圧シリンダ，油圧シリンダ，電動機，ソレノイドなどがある。ここでは，メカトロニクスに使用される代表的なアクチュエータの原理や特徴について調べてみよう。表3.8に運動形態によるアクチュエータの分類，図3.54にエネルギー源によるアクチュエータの分類を示す。

表 3.8 運動形態によるアクチュエータの分類

運動形態	アクチュエータ
直線運動	油圧シリンダ，空気圧シリンダ，プランジャ形ソレノイド，リニアモータ
回転運動	油圧モータ，空気圧モータ，直流サーボモータ，交流サーボモータ，ロータリソレノイド

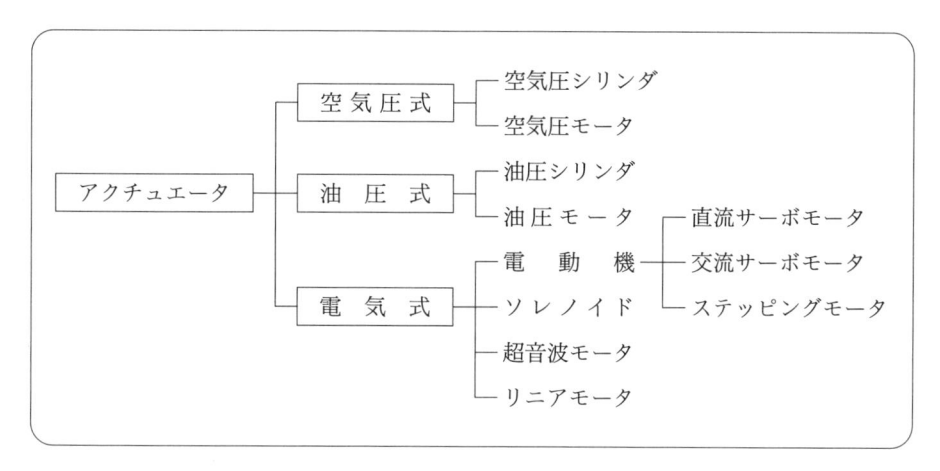

図 3.54 エネルギー源によるアクチュエータの分類

3.2.2 空気圧式アクチュエータ

空気圧式アクチュエータは，バスや電車の扉の開閉や電車の空気圧ブレーキなど，身近なところに利用されている。また，工場においては，加工物の分離，供給，搬送，取出し，さらにねじ締め，穴あけなど，自動機械，搬送機械に数多く用いられている。

空気圧を利用したアクチュエータには，**空気圧シリンダ**（pneumatic cylinder）や**空気圧モータ**[†1]（pneumatic motor）がある。ここでは，空気圧シリンダの原理，構造，特徴および利用方法について学ぶ。空気圧シリンダは，圧縮空気のエネルギーを直線運動に変換する機器である。構造的には**単動シリンダ**と**複動シリンダ**に大別される。

†1 ある圧力の空気を送入して，そのエネルギーを回転運動に変える機械。

単動シリンダは，図3.55（a）に示すように，一方向だけの空気圧で動作し，ばねの力で復帰する。複動シリンダは，図（b）に示すように，往復ともに空気圧で動作する。

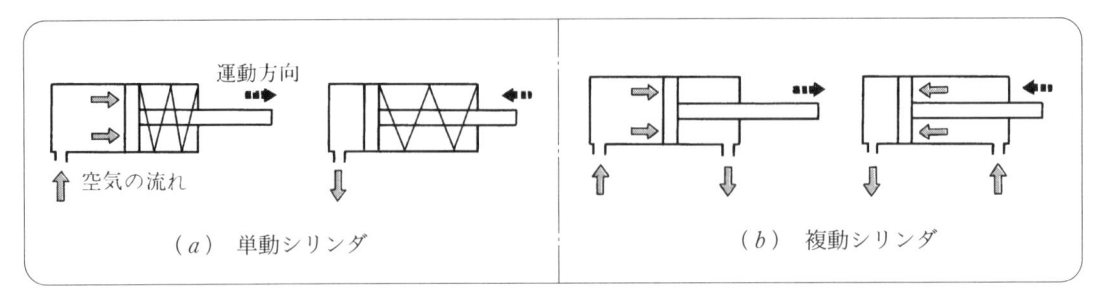

図3.55 空気圧シリンダ

図3.56は，ピストン形複動空気圧シリンダの構造例である。

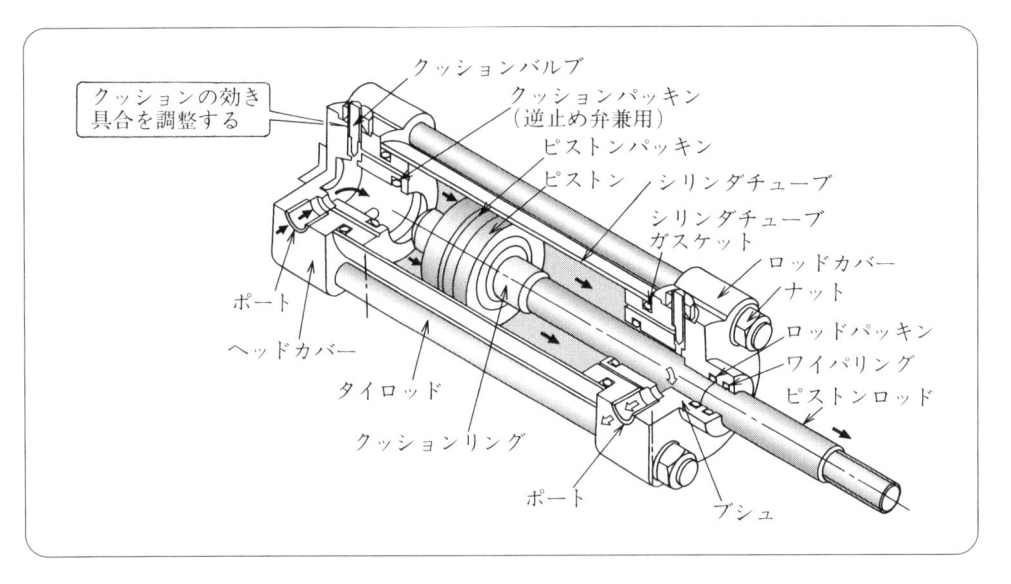

図3.56 複動シリンダの構造例

図3.57は複動シリンダを駆動する基本的な空気圧回路で，図3.58は同じ基本回路をJIS記号[†1]で表したものである。

[†1] JIS B 0125：1984〔油圧および空気圧用図記号〕

空気圧縮機で作られた圧縮空気は，大気中の水蒸気や目に見えないごみを含み，汚れた空気となっている。これらを取り除き，安定した圧力で使用できるように，フィルタ，減圧弁，ルブリケータが一組で用いられる。

図3.57の空気圧回路に使用されている機器の働きはつぎのとお

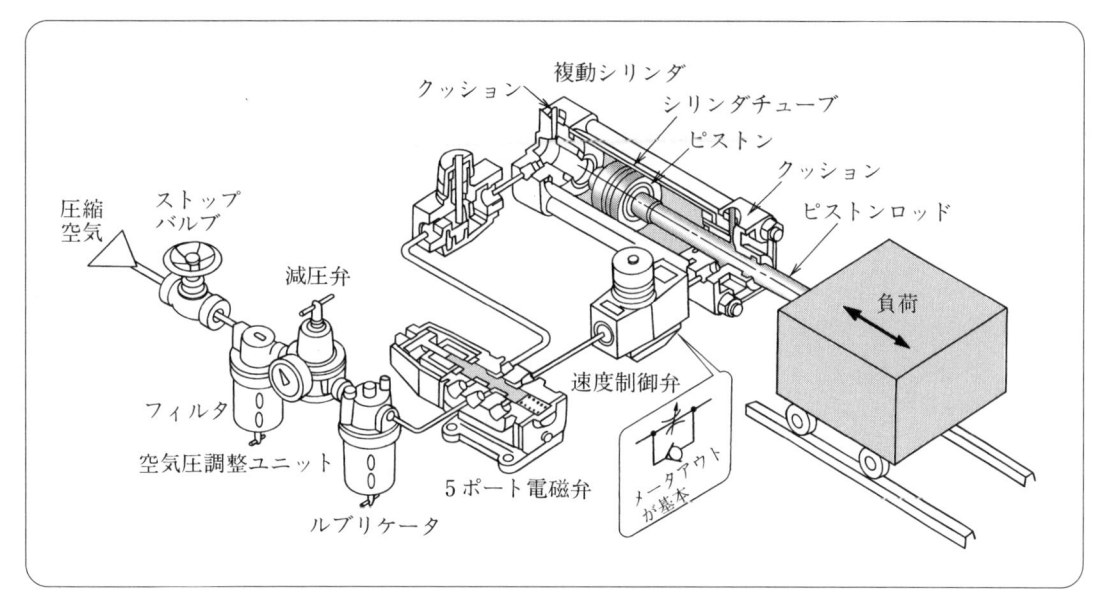

図 3.57　基本的な空気圧回路

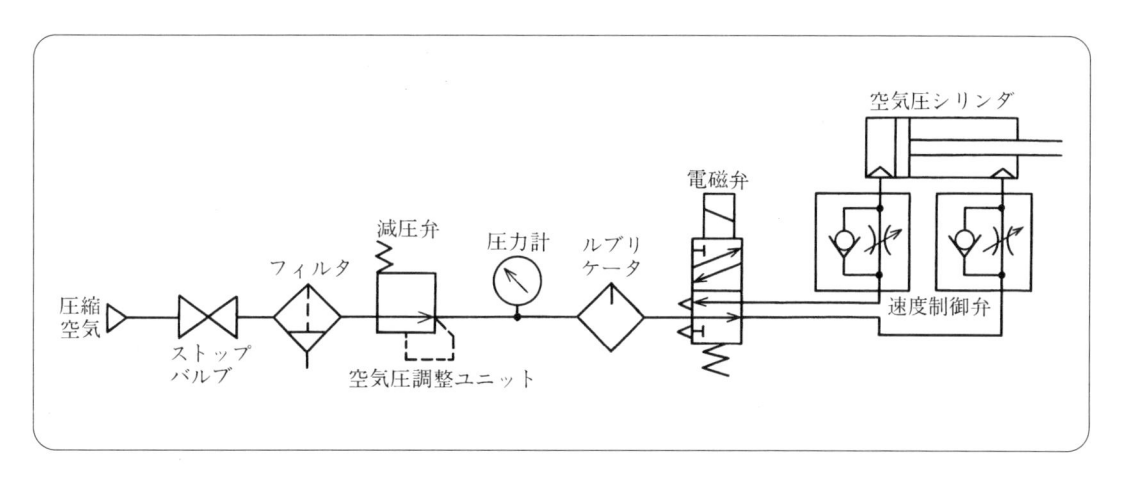

図 3.58　図記号による空気圧回路

りである。

① **フィルタ**（filter）は，空気中の水分やごみを取り除き，清浄な圧縮空気を空気圧機器に供給し，機器の故障を防ぐ。

② **減圧弁**（pressure reducing valve）は，回路全体の圧力を安定な状態に調整する。一般に，$(3〜5)\times10^5$ Pa に減圧する。シリンダの操作力の調整はこの弁で行う。

③ **ルブリケータ**（lubricator）は，潤滑油を霧状にして圧縮空気とともにシリンダに供給し，潤滑とさび止めの働きをする。

④ **電磁弁**（solenoid valve）は，空気の流れを切り換えてシリンダに往復運動をさせる。

⑤ **速度制御弁**（speed control valve）は，シリンダに流入する空気の流量を制御して，動作速度を変える。

〔1〕 **空気圧シリンダの制御**　空気圧機器を操作するには，表3.9のようにいろいろな方式がある。

表 3.9 空気圧機器の操作方法

操作方式	人力操作	指，手，足で操作するもので，押しボタン式やレバー式などがある
	パイロット操作	空気圧をパイロットとして操作するもので，直接式と間接式がある
	電気操作	ソレノイドの力により操作するもので，コイル式が多く使用される
	機械操作	カムなどにより操作するもので，ローラ式やばね式がある

注）パイロットとは案内，指針のことである

操作方式の図記号を図3.59に示す。コンピュータを使って，空気圧シリンダを動作させるには，一般に電気操作方式が用いられ，ソレノイドのON，OFFによって電磁弁を制御する。

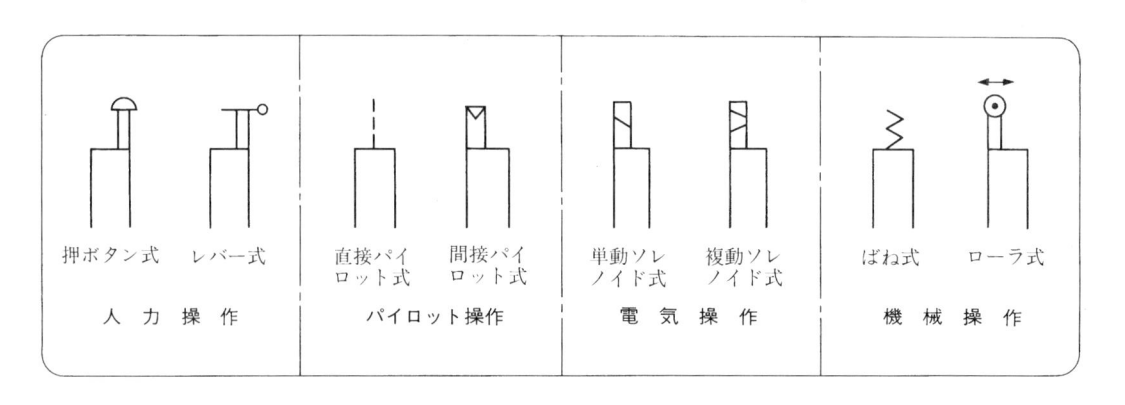

図 3.59 操作方式の図記号 （JIS B 0125：1984）

図3.60に直動形5ポート2位置電磁弁の構造を示す。また，この回路はつぎのように動作する。

① 押しボタンスイッチをONにすると，ソレノイドに励磁電流

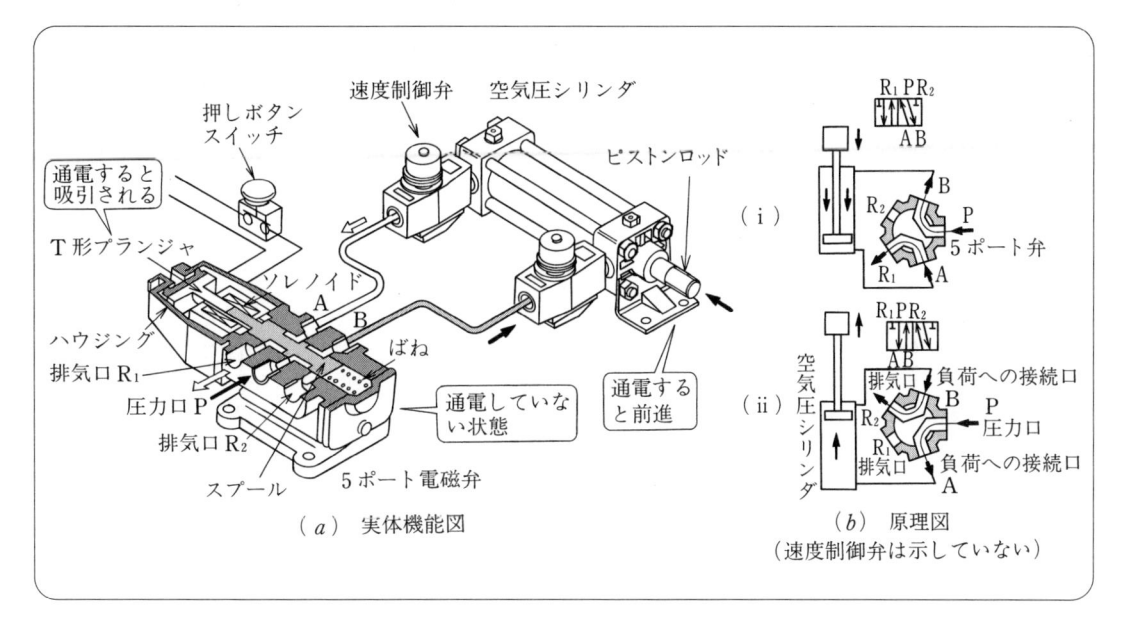

図3.60 電磁弁の構造

が流れ，T形プランジャが吸着され，スプールが移動して圧縮空気の通路が切り換えられる。

② 図(b)の(ⅱ)の状態となり，ピストンロッドが前進する。
③ 押ボタンスイッチをOFFにすると，ばねによってスプールがもとの位置に復帰して図(b)の(ⅰ)の状態となり，ピストンロッドは後退する。

コンピュータの出力ポート[†1]からの制御信号で，電磁弁を駆動するには，電磁弁の定格電圧，起動電流を確保するため，外部の出力インタフェース回路を介して電磁弁を駆動することが必要である。
一般的に用いられる電磁弁の電気的仕様を表3.10に示す。

[†1] コンピュータのデータが，これを介して出入りする節点。

表3.10 電磁弁の電気的仕様の例

項 目	仕 様			
定格電圧〔V〕	AC 100 V 50 Hz/60 Hz	AC 200 V 50 Hz/60 Hz	DC 24 V	DC 12 V
起動電流〔mA〕	約55	約20	75	15
保持電流〔mA〕	約25	約13		
消費電力〔W〕	約1.6		1.8	1.8
電圧変動範囲	±10 %以内			

図3.61(a)は，定格電圧が直流12Vの電磁弁を駆動するための出力インタフェース回路である．回路中のダイオードは，コイルの自己誘導起電力からトランジスタを保護するためのものである．

(a) 出力インタフェース回路　　(b) 空気圧回路

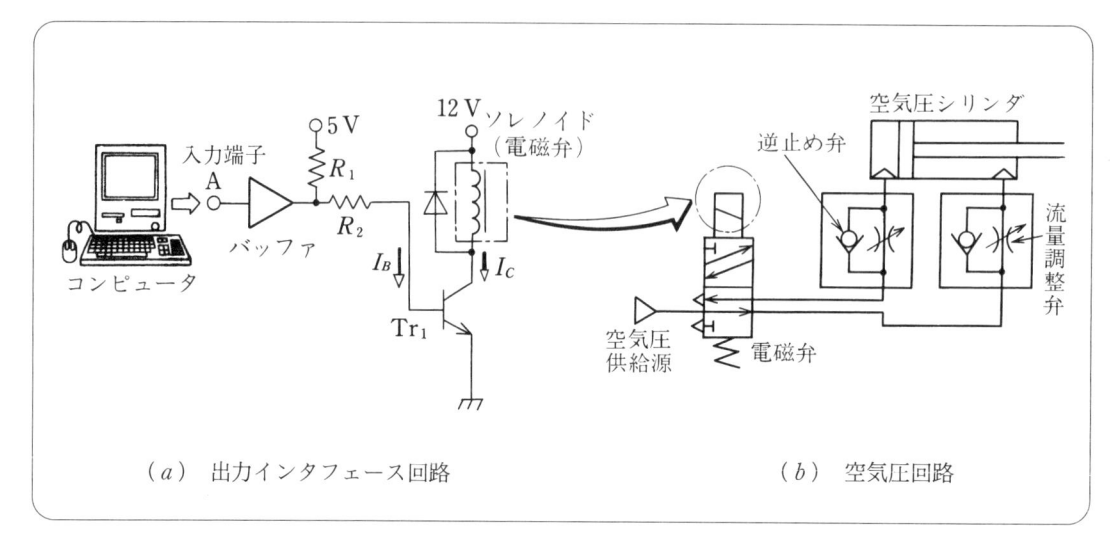

図3.61　直流電磁弁用出力インタフェース回路と空気圧回路

図3.61の回路の制御動作について考えてみよう．

① 図(a)の入力端子Aにコンピュータから"1"の信号が出力されると，バッファ[†1]の出力が"1"になり，トランジスタTr_1にベース電流I_Bが流れる．

[†1] 緩衝増幅器

② トランジスタはON状態になり，コレクタ電流I_Cが流れ，電磁弁のソレノイドが励磁される．

③ その電磁力によって図(b)の電磁弁が動作し，空気圧シリンダに流入する圧縮空気の方向が切り換わる．

④ ピストンロッドが前進する．

コンピュータからの出力を"0"にするとこの逆の動作をし，ピストンロッドは後退する．

図3.62は，この一連の制御動作のタイムチャートである．制御信号が出力されてから，ピストンロッドが前進または後退し終わるまでに多少の時間がかかる．

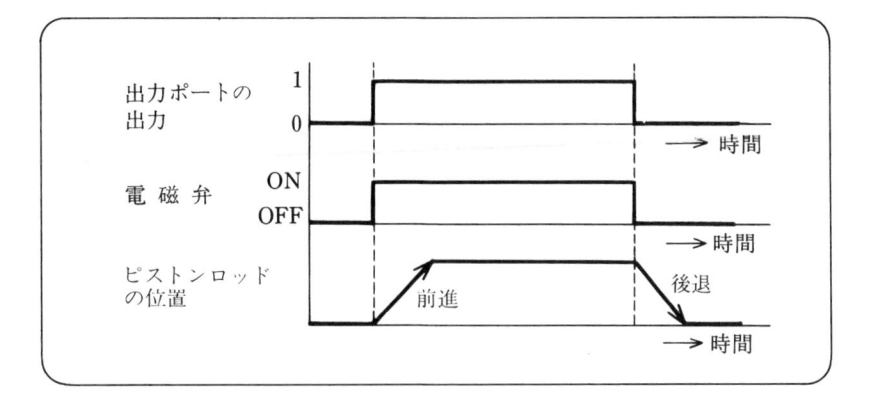

図3.62　空気圧シリンダのタイムチャート

3.2.3　電気式アクチュエータ

メカトロニクス分野でよく使用される電動機は，**サーボモータ**(servomotor)や**ステッピングモータ**(stepping motor)である。

サーボモータには，直流サーボモータと交流サーボモータがある。交流サーボモータには，誘導形や同期形などがある。

また，ステッピングモータは，パルス信号で駆動する電動機で，回転速度は入力パルスの周波数に比例する。

電気式アクチュエータは，電気エネルギーを直接，回転・直線運動の機械エネルギーに容易に変換できるので，コンピュータなどによる電気的制御によく用いられる。ここでは，メカトロニクス分野で広く利用されている電気式アクチュエータの原理と特徴について学ぶ。

1　サーボモータの特徴　サーボモータは，与えられた制御信号に従って，回転方向，回転速度，出力などを正確に変えることのできる電動機で，**サーボ機構**[†1](servomechanism)の出力要素として用いられる。一般の電動機に比べて，回転子の径を小さくして，長さを増し，トルク慣性比[†2]を大きくするなど，速応性，始動過負荷耐量などを考慮して設計してあり，つぎのような性能を備えている。

① 図3.63に示すように，加速・減速時の応答が速い。発生トルクが大きく，トルク慣性比が大きい。

② 頻繁な始動，停止，制動，正逆転および微速運転が連続に行え

[†1] 物体の位置，方位，姿勢などを制御量とし，目標値の任意の変化に追従するように構成された制御系で，フィードバック制御を行うのが普通である。
[†2] トルクと慣性モーメントの比。この値が大きいと応答性がよい。

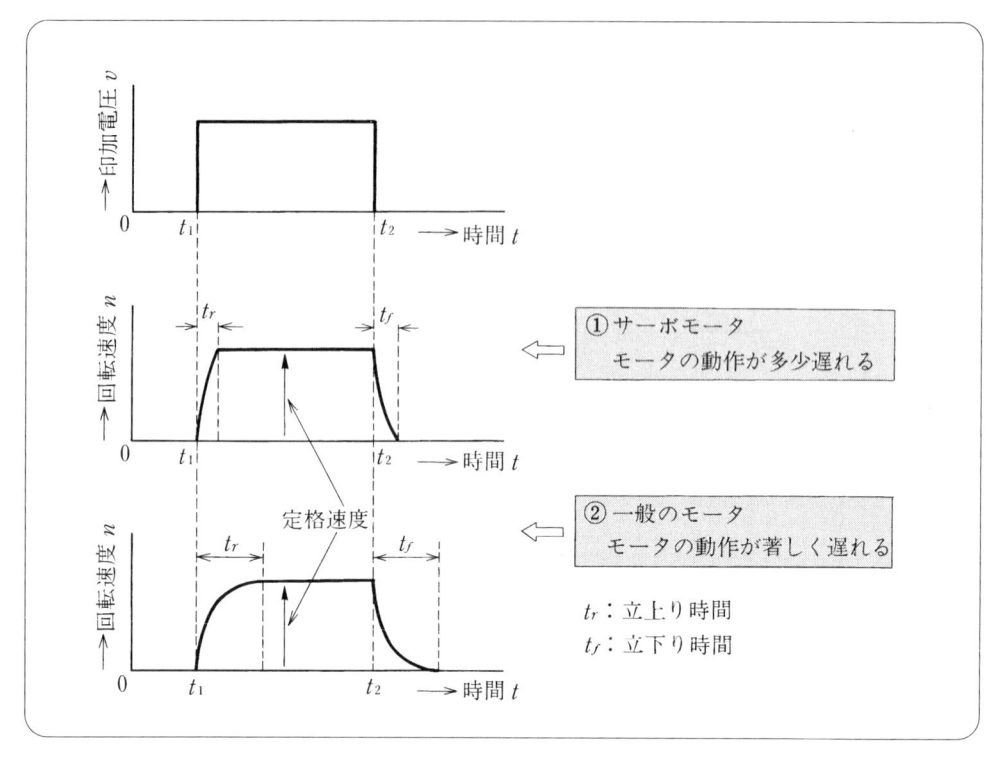

図 3.63 モータの応答特性

る。

③ 回転方向の特性に差がない。

2 直流サーボモータ　直流サーボモータ (DC servomotor) は，小形・軽量で，応答性がよく，大出力が得られるので，NC 工作機械，産業用ロボット，コンピュータ周辺装置，事務機器などの駆動部に用いられている。しかし，整流子とブラシがあるので，保守に手間がかかり，**3** で学ぶ交流サーボモータに代替される傾向にある。

(a) 直流サーボモータの動作原理　直流サーボモータの動作原理は汎用直流電動機と同じである。図 3.64 に直流サーボモータの動作原理を示す。

図 (a) で，電機子に流れる電機子電流は矢印の方向へ流れる。この電機子電流と磁束に対してフレミングの左手の法則を適用すれば，発生するトルクの方向は時計回りである。

図 (b) は，図 (a) の状態で発生する力 (F) の方向を示す。また，ブラシと整流子の働きによって，電機子電流は半回転ごとに切り

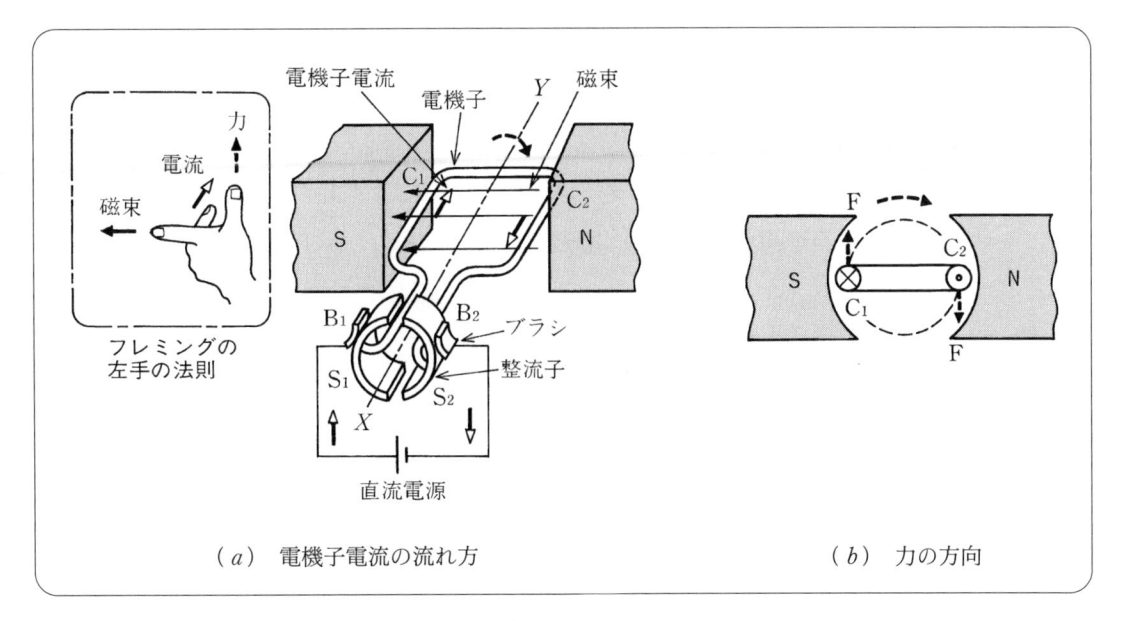

(a) 電機子電流の流れ方　　　　　　　　(b) 力の方向

図 3.64　直流サーボモータの動作原理

換えられて，つねに同一方向に流れる。したがって，発生するトルクも同一方向となり，電機子は連続して回転する。

(b) 直流サーボモータの構造　図 3.65 は直流サーボモータの構造である。その主要部分は，電機子（回転子），磁束を作る部分である界磁（固定子），整流子およびブラシからなる。モータの回転速度および回転角を制御するためにセンサが組み込んである。回転速

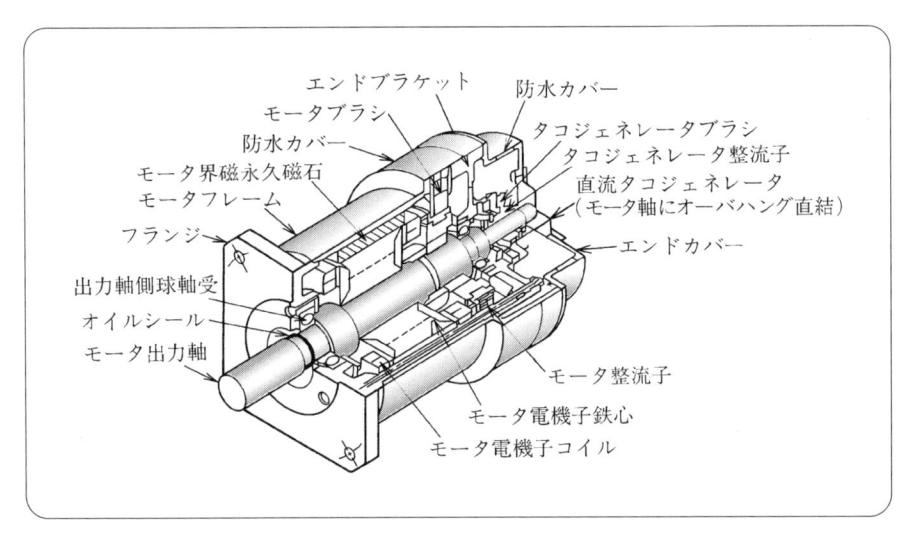

図 3.65　直流サーボモータの構造

度の検出には，速度計用発電機（タコジェネレータ），周波数発電機が用いられ，回転角の検出には，ロータリエンコーダなどのセンサが用いられる。

直流サーボモータでは，表3.11に示すように，界磁として永久磁石を用いたものと，電磁石を用いたものとがある。

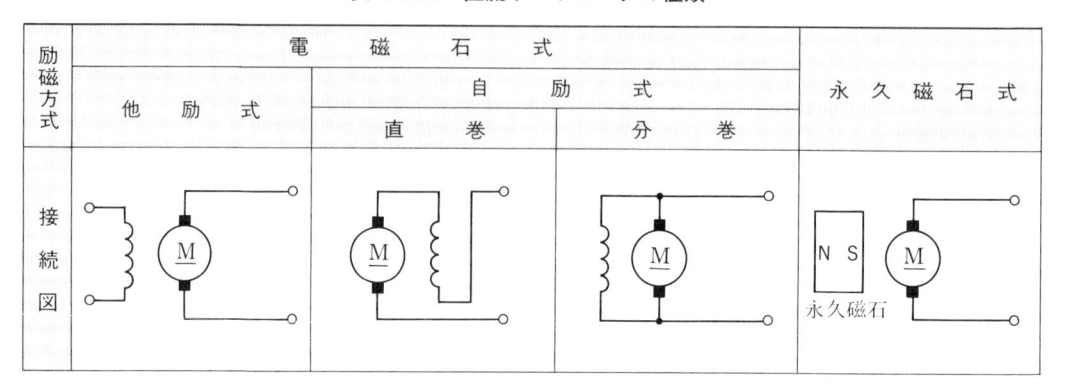

表 3.11　直流サーボモータの種類

励磁方式	電　磁　石　式			永 久 磁 石 式
	他 励 式	自 励 式		
		直　巻	分　巻	
接続図	（回路図）	（回路図）	（回路図）	（回路図）

電磁石を用いたものは，界磁巻線と電機子巻線の接続のしかたによって，他励，直巻，分巻に分類される。電磁石式は大容量機に使用される。小容量機は永久磁石材料の進歩に伴い，大部分が永久磁石式に置き換えられ，高効率，小形，軽量化が図られている。

図3.66に，直流サーボモータの回転速度-トルク特性と定格の例を示す。

図中の領域は，つぎのような範囲を示している。

① 連続定格領域　　連続運転したときのモータ各部の温度が上昇限度を超えないトルクと回転速度の範囲。

② 反復定格領域　　反復連続運転しても各部温度が限度を超えない領域。

③ 加速・減速領域　　加速・減速運転時のトルクと回転速度の限界。

このモータを 3 000 rpm で回転させるとき，連続定格内の最大トルクは 0.075 N·m であり，加減速時の最大トルクは 0.21 N·m まで許されることを示す。

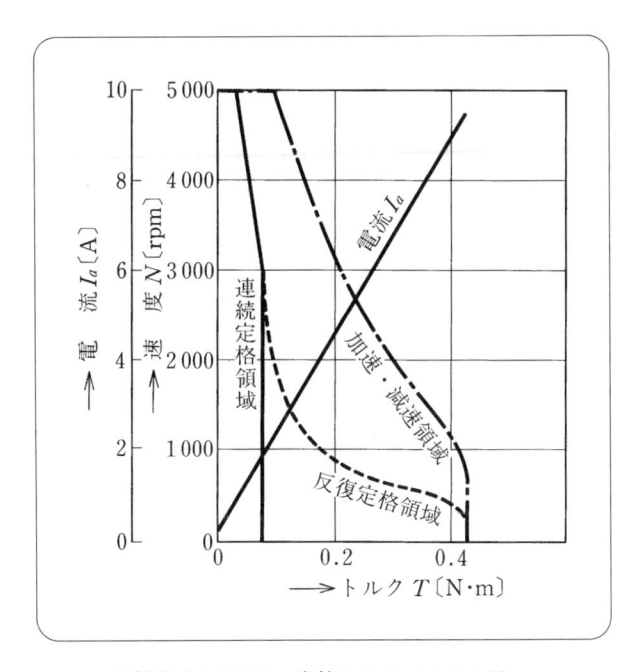

定格出力：23 W，定格トルク：0.075 N·m
定格回転速度：3 000 rpm，最高回転速度：5 000 rpm
図 3.66 直流サーボモータの特性例

(c) 直流サーボモータの制御　直流サーボモータは図 3.67 のような電気特性を持つため，制御方法としては，定電圧駆動による ON・OFF 制御と，可変速度制御がある。ここでは，定電圧駆動による ON・OFF 制御について考えてみる。

(a) 電圧-速度特性　　　(b) 電流-トルク特性

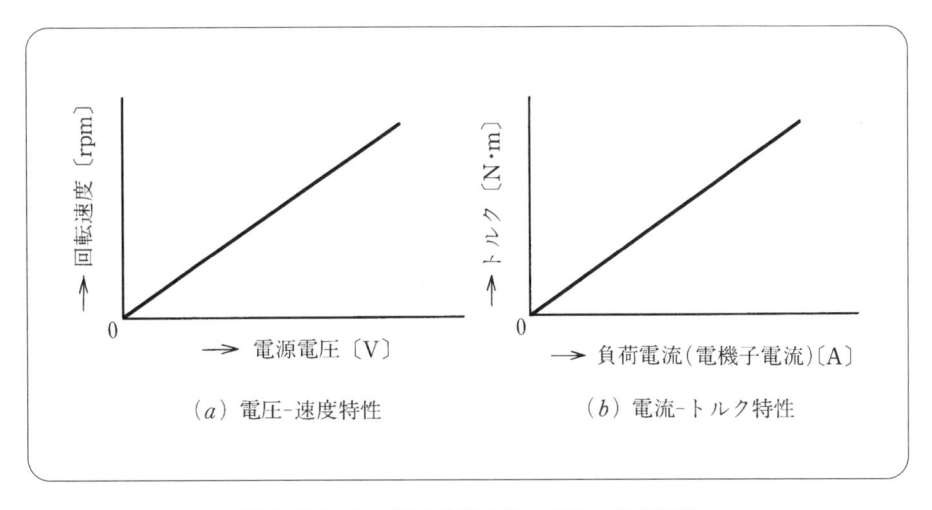

図 3.67 永久磁石式直流サーボモータの特性

1) 定電圧駆動によるON・OFF制御　ON・OFF制御するには，図3.68（a），（b）のような回路を用いる。

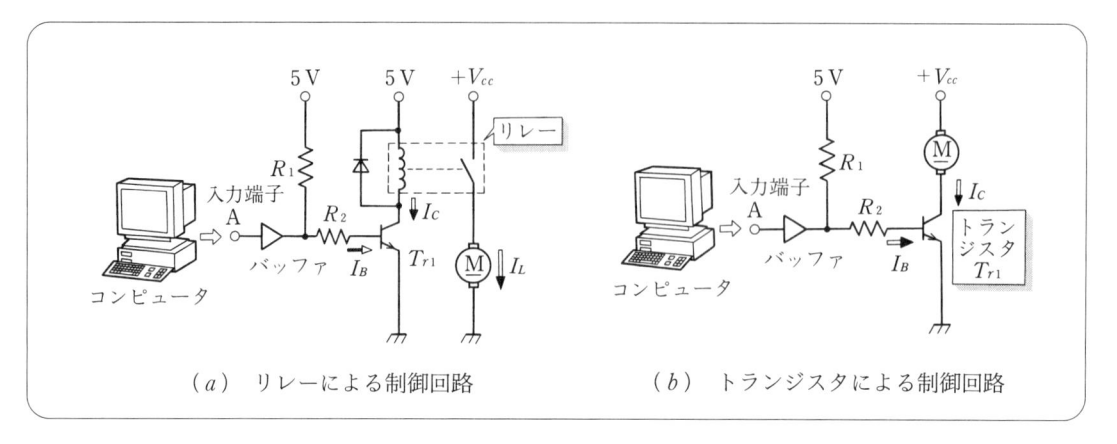

図3.68　直流サーボモータのON・OFF制御回路

図（a）ではつぎの動作が行われる。

① 図3.68（a）の入力端子Aにコンピュータから"1"の制御信号が出力されるとバッファの出力が"1"になり，トランジスタ Tr_1 にベース電流 I_B が流れ，Tr_1 はON状態になる。

② リレー[†1]のソレノイドに励磁電流が流れ，負荷接点が閉じる。

③ 直流サーボモータに負荷電流 I_L が流れ，直流サーボモータは回転する。

④ 入力端子Aに"0"の制御信号を出力すれば直流サーボモータは停止する。

図（b）ではつぎの動作が行われる。

① コンピュータから入力端子Aに"1"の制御信号が出力されると，バッファの出力が"1"となる。

② トランジスタ Tr_1 にベース電流 I_B が流れ，Tr_1 がON状態となる。

③ コレクタ電流 I_C が流れ，直流サーボモータは回転する。

④ 入力端子Aに"0"の制御信号を出力すれば直流サーボモータは停止する。

2) 正転・逆転　直流サーボモータの回転方向を正転・逆転させるには，直流サーボモータに加える電源電圧の極性を切り換えれば

[†1] 入力となる電気信号のON・OFF動作から，新たな電気信号のON・OFF動作をつくり出して出力する中継要素である。4章で詳しく学ぶ。

よい。図 3.69 は正転・逆転制御回路で，トランジスタを用いてブリッジ回路を構成している。回路中のダイオードは，正転・逆転の切り換え時に直流サーボモータの逆起電力によるトランジスタの破壊を防止するために必要である。

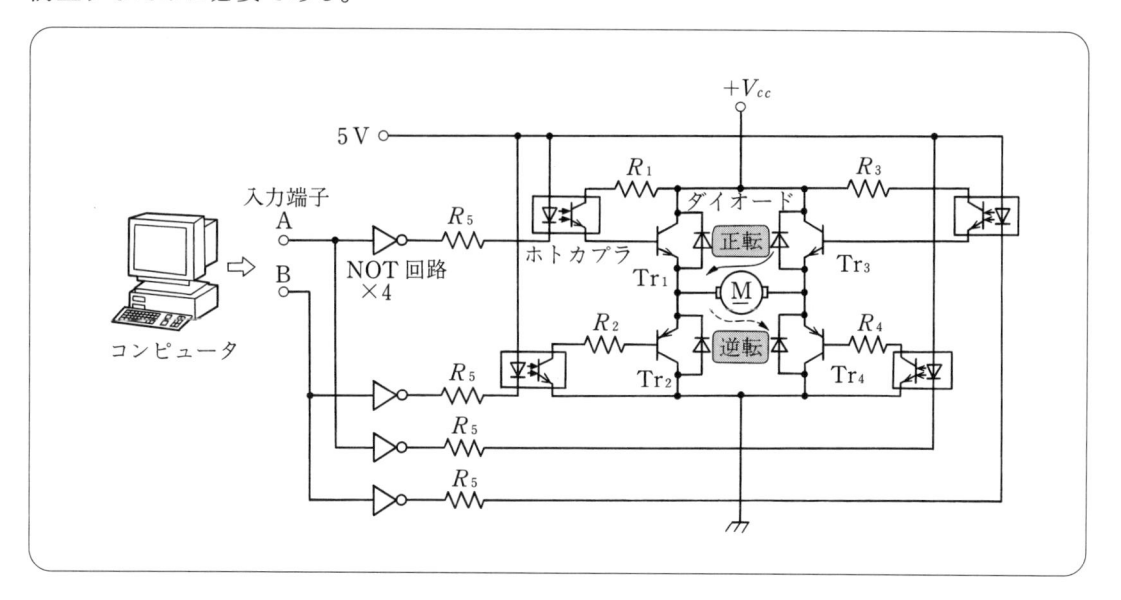

図 3.69　直流サーボモータの正転・逆転制御回路

この回路はつぎのように働く。

① コンピュータから入力端子 B に "1"，A に "0" の制御信号を出力すると，入力端子 B に接続された NOT 回路の出力が "0" になり，NOT 回路の出力端子はアースされ，トランジスタ Tr_2 と Tr_3 が ON になる。入力端子 A に接続された NOT 回路の出力は "1" となり，Tr_1 と Tr_4 が OFF となる。したがって，直流サーボモータは正転する。

② コンピュータから入力端子 B に "0"，A に "1" の制御信号を出力すると，トランジスタ Tr_1 と Tr_4 が ON，Tr_2 と Tr_3 が OFF となり，直流サーボモータは逆転する。

③ コンピュータから入力端子 A・B ともに "0" の制御信号を出力すると，すべてのトランジスタは OFF となり，直流サーボモータは停止する。

この回路でコンピュータから入力端子 A・B ともに "1" の制御信

号を出力すると，すべてのトランジスタが同時に ON となり，回路が短絡し，制御回路を壊してしまう。したがって，端子 A・B ともに "1" となる制御信号は使用禁止とする。

[3] **交流サーボモータ**　交流サーボモータ（AC servomotor）には，**誘導形サーボモータ**と**同期形サーボモータ**があり[†1]，前者は三相かご形誘導電動機，後者は三相同期電動機を基本構造とするものである。

[†1] 誘導形サーボモータは IM（induction motor）形サーボモータ，同期形サーボモータは SM（synchronous motor）形サーボモータと呼ばれることが多い。

誘導形サーボモータは，小形では効率が低いため数 kW 以上の大形機に多く用いられる。1kW 以下の交流サーボモータでは，高効率の永久磁石式同期形サーボモータが一般的となっている。

交流サーボモータは，直流サーボモータに比較して，ブラシによる粉塵や火花がなく，保守や点検が容易であるため，産業用ロボットの各軸の駆動用として腕の中にはめ込んだり，NC 工作機械の各軸の制御に用いられている。

（a）誘導電動機の動作原理　図 3.70 に誘導電動機の原理を示す。外側の永久磁石を時計方向に回転させると，静止している回転子のコイルを磁束が切っていく。ここにフレミングの右手の法則を適

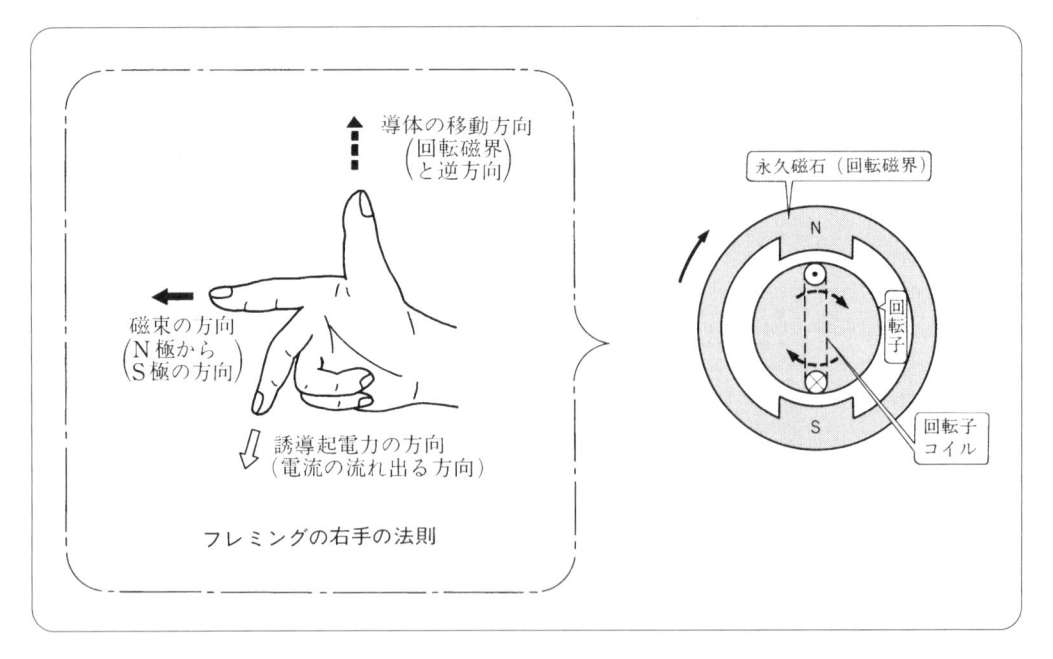

図 3.70　誘導電動機の原理

用すれば，回転子のコイルには図の方向に電流が流れる。

　この電流と磁束に対して，フレミングの左手の法則を適用すると，回転子には時計方向に回転する力が発生する。すなわち，回転子は外側の磁極の回転方向と同じ方向に回転する。ここで，回転する磁石によって得られる磁界のことを**回転磁界**（rotating magnetic field）という。

　このように，永久磁石によりコイルに回転力を発生させることはできるが，永久磁石を機械的に回転させるのでは，電動機として成り立たない。回転磁界を電気的に作り出して実用化したものが誘導電動機である。誘導電動機には，三相誘導電動機と単相誘導電動機がある。

（b）　単相誘導電動機

1）　単相誘導電動機の動作原理　　単相誘導電動機は単相電源で手軽に使用できるため，家庭用機器に多く使われている。単相交流による磁界は交番磁界のため，回転子は回転しない。すなわち，単相誘導電動機を回転させるためには適当な始動装置が必要である。

　始動トルクを発生させる一般的な方法は，単相巻線を2組設け，各巻線の電流に位相差をつけ，回転磁界を作ることである。

2）　コンデンサモータ　　図3.71に**コンデンサモータ**（capacitor motor）の回路を示す。固定子に巻かれた2組の励磁巻線 $\overline{AA'}$，$\overline{BB'}$ に流れる電流を I_a，I_b とする。I_a は，巻線に直列にコンデンサが入っているため，I_b に対して $\pi/2$〔rad〕位相の進んだ電流になる。この電流によって，図3.72の回転磁界ができ，回転子は回転磁界の方向に回転する。

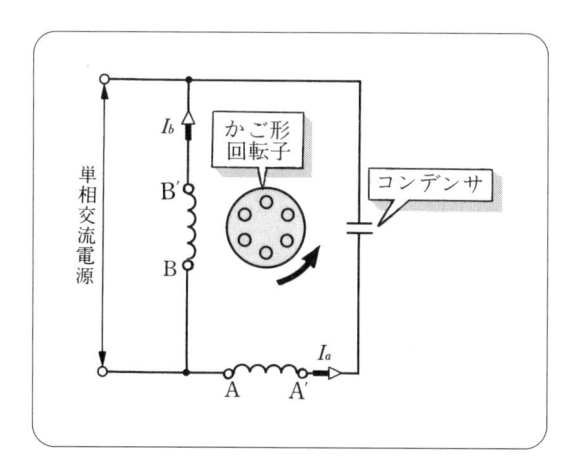

図3.71　コンデンサモータ

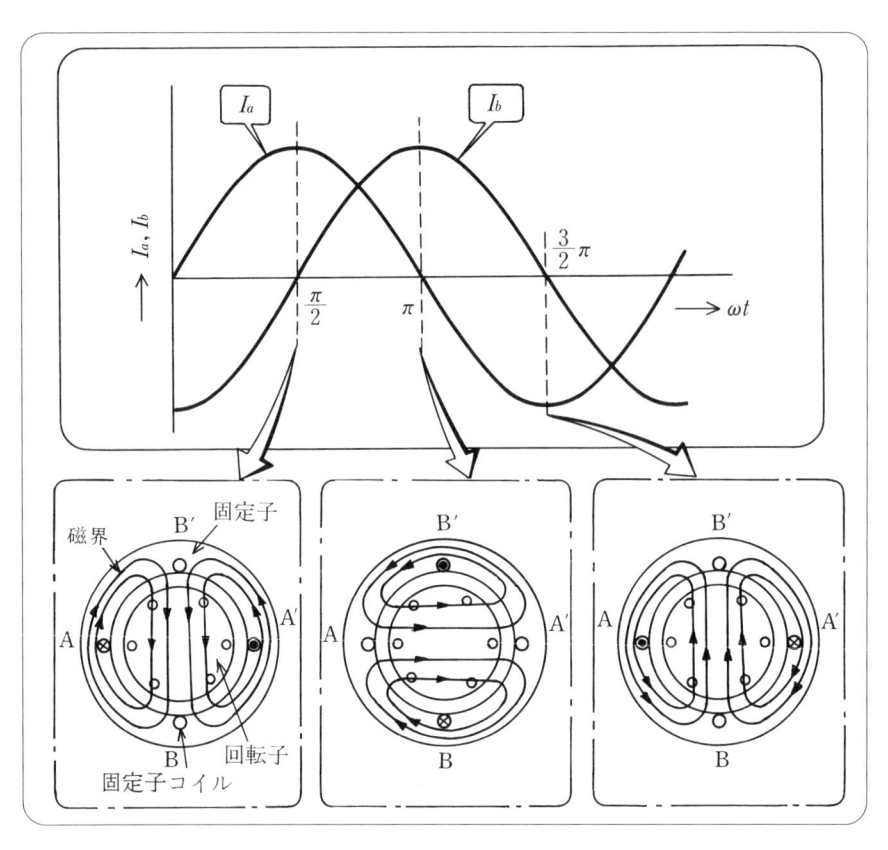

図 3.72 二相交流による回転磁界

3） コンデンサモータの制御　コンデンサモータは，2組の単相巻線のうち，一方の巻線にコンデンサを直列に接続することにより回転させることができる。

図3.73（a），（b）のように，コンデンサをどちらの巻線に接続

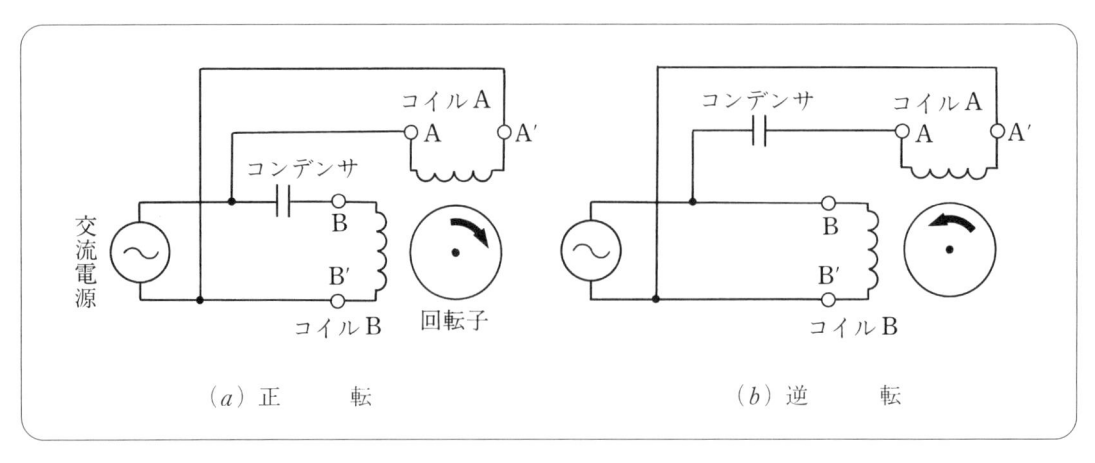

図 3.73 コンデンサモータの正転・逆転の結線

するかで，回転方向を切り換えることができる。

　正転・逆転させるには，図3.74のように，リレーを利用したコンデンサの切換回路を付加する。図において，コンピュータから入力端子Bへの出力信号はコンデンサモータの正転・逆転，入力端子Aへの出力信号は回転・停止の制御信号とする。

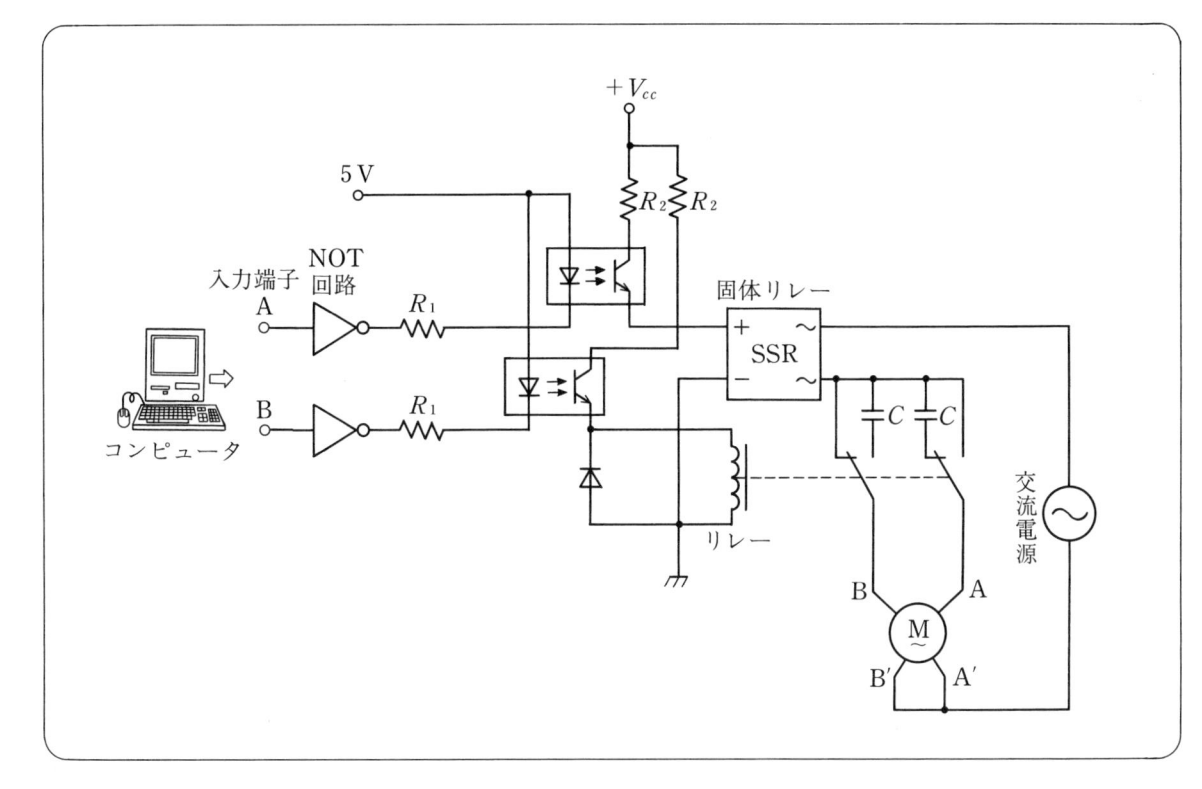

図3.74　コンデンサモータの正転・逆転制御回路

この回路はつぎのように動作する。

　a）　いま，コンピュータから入力端子Bに"0"，入力端子Aに"1"の制御信号を出力したとき，固体リレー[†1]はON状態，リレーはOFF状態となり，コンデンサモータは正転する。

　b）　コンピュータから入力端子Bに"1"，入力端子Aに"1"の制御信号を出力すると，固体リレーはON状態，リレーもON状態となり，コンデンサモータは逆転する。

　c）　停止させるときは，電源電圧がコンデンサモータに印加されなければよいので，コンピュータから入力端子Aに"0"の制御

[†1] ソリッドステートリレー (solid state relay，略してSSR) とも呼ばれ，ダイオードやトランジスタなどの半導体を用いて，無接点でリレー動作を行うものである。

信号を出力し，固体リレーを OFF 状態にする。

4 ステッピングモータ　ステッピングモータは，入力パルスの信号数に比例した角度だけステップ状に回転して，停止する。このため，おもにフィードバックを含まない**開ループ制御**に用いられる。

（a）**ステッピングモータの種類**　ステッピングモータは，トルクを発生する方法により，PM 形（永久磁石形），VR 形（可変リラクタンス形），HB 形（複合形）に大別できる。それらの構造を図 3.75 に示す。

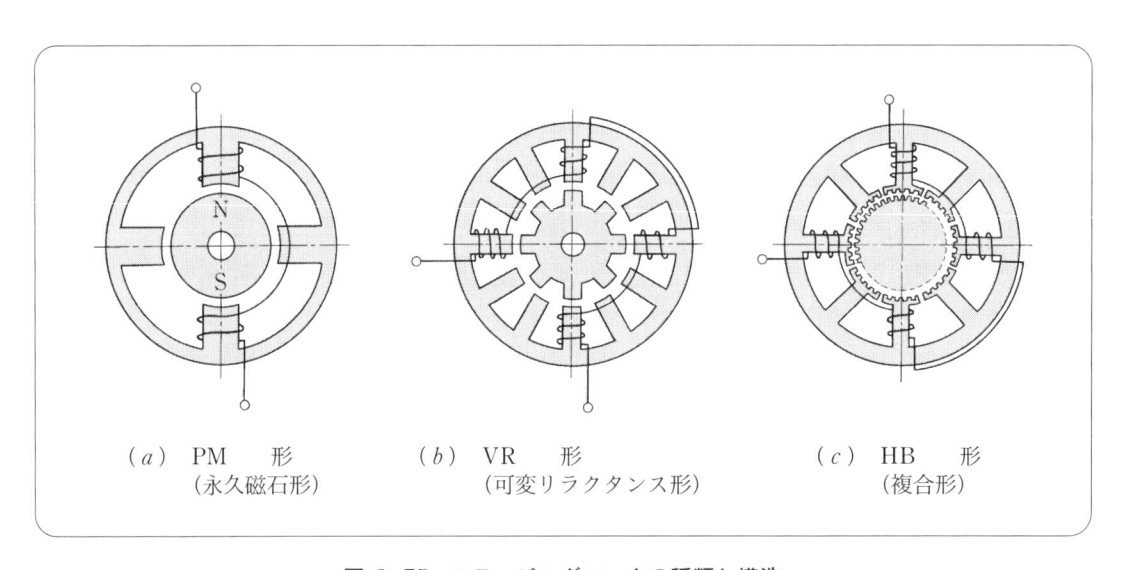

(a) PM 形　　　　(b) VR 形　　　　(c) HB 形
（永久磁石形）　（可変リラクタンス形）　（複合形）

図 3.75　ステッピングモータの種類と構造

1）**PM 形**　円周方向に磁化された円筒形の永久磁石を回転子とし，その外側に固定子を配置したもので，電磁石の固定子と永久磁石の回転子間に生じる反発力と吸引力の相互作用でトルクを発生し，回転子が回転する。ステップ角は 7.5～90° で，発生トルクは小さく，コンピュータ周辺機器や OA 機器に多く用いられている。

2）**VR 形**　軟鋼（鉄心）を歯車状に加工した回転子と固定子があり，電磁石の固定子が鉄心の回転子を吸引することを利用してトルクを発生する。固定子の磁界により，磁気抵抗が最小となる位置まで回転子が回転する。ステップ角は 0.9～15° で，発生トルクは中くらいである。

3）**HB 形**　VR 形と PM 形を複合したものである。ステップ

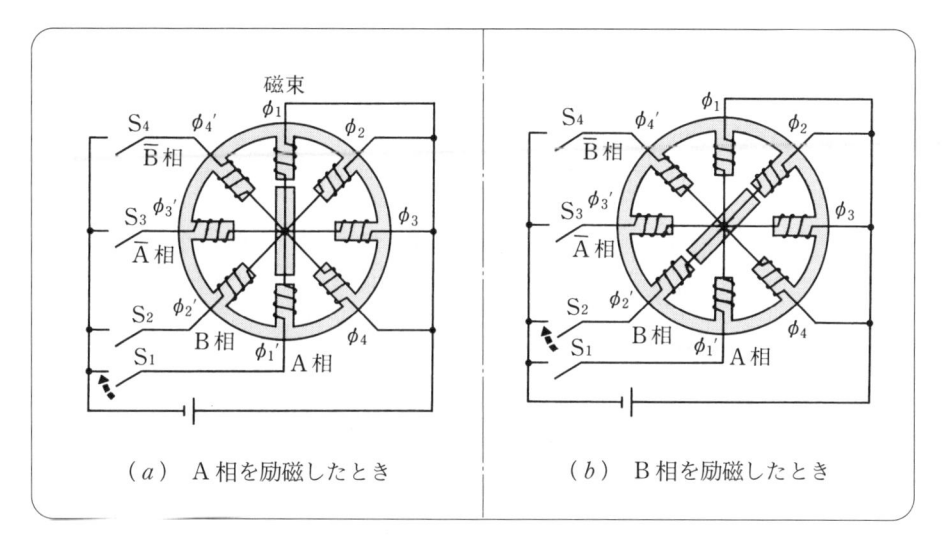

(a) A相を励磁したとき　　　(b) B相を励磁したとき

図3.76　ステッピングモータの動作原理

角は0.9～7.5°で，発生トルクは大きいので広く用いられている。

（b）**ステッピングモータの動作原理**　　図3.76に**VR形（可変リラクタンス形）ステッピングモータ**の動作原理を示す。図に示すように，固定子には四組のコイルA相，B相，$\overline{\mathrm{A}}$相，$\overline{\mathrm{B}}$相が巻いてある。

図（a）において，スイッチS_1をONにすると，A相のコイルが励磁され，回転子は磁力に引き付けられて，図に示す位置で停止する。つぎに，図（b）のように，スイッチを切り換えると，B相のコイルが励磁されて，回転子は図のように時計方向に45°回転した位置で停止する。

このように，順次スイッチを切り換えて，各コイルに電流を流す代わりに，位相をずらしたパルス電流を各コイルに流しても，ステッピングモータは同様の動作をする。

1回のスイッチの開閉によって回転する回転角度を**ステップ角**（step angle）といい，ステップ角を小さくするには，相数と回転子の歯数を増やせばよい。

相数をm，回転子の歯数をnとすれば，ステップ角θ〔°〕は式(3.7)になる。

$$\theta = \frac{360}{mn} \quad [°] \tag{3.7}$$

図3.76 (b) では相数4, 歯数2であるので, ステップ角は45°となる。

|||||||||| 例 題 1. |||||||||||||||||||||||||||||||||||||||||||||||||||||||||||||||||||||

相数4, 回転子の歯数が50枚のステッピングモータのステップ角は何度か。

[解答] 式(3.7)から

$$\theta = \frac{360}{mn} = \frac{360}{4 \times 50} = 1.8 \,[°]$$

(c) ステッピングモータの制御

1) 励磁方式 図3.77のように, 励磁方式には, 1相励磁方式, 2相励磁方式, 1・2相励磁方式がある。ステッピングモータを回

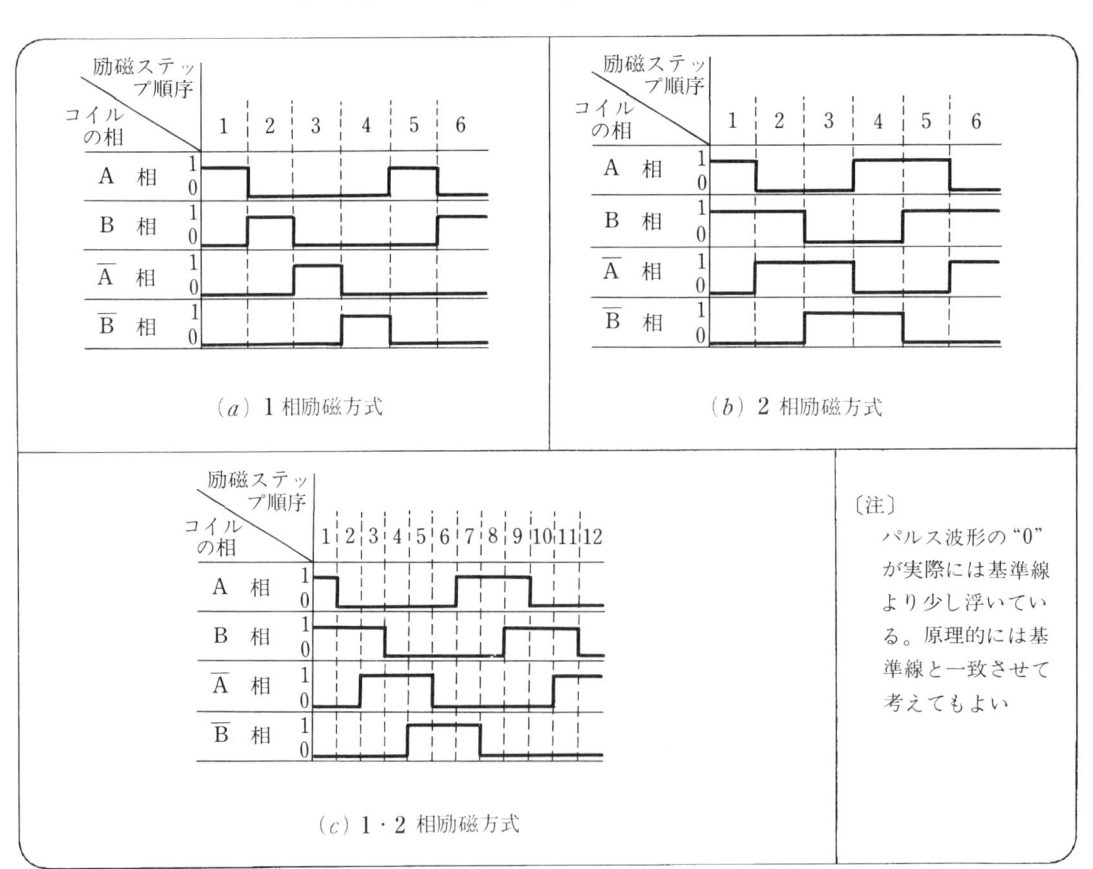

(a) 1相励磁方式

(b) 2相励磁方式

(c) 1・2相励磁方式

〔注〕
パルス波形の"0"が実際には基準線より少し浮いている。原理的には基準線と一致させて考えてもよい

図3.77 励磁方式の種類

転させるには，各相のコイルに励磁ステップ順序 $1 \to 2 \to 3 \to 4 \to \cdots$ の順に励磁電流を流せばよい。また，逆転させる場合は，励磁ステップ順序 $4 \to 3 \to 2 \to 1 \to \cdots$ の順に励磁電流を流せばよい。

2）励磁パルス分配用 IC を利用した制御 図 3.78 の励磁パルス分配用 IC は，4 相ステッピングモータ用と 5 相ステッピングモータ用とがあり，どちらの IC も使い方により，1 相励磁方式，2 相励磁方式，1・2 相励磁方式が設定できる。

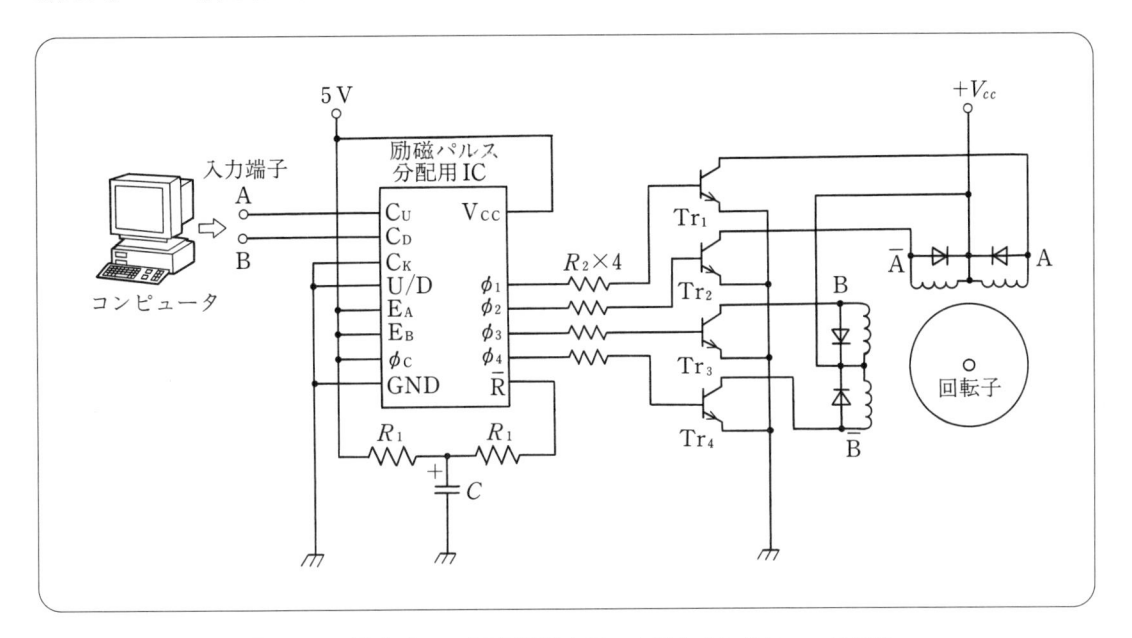

図 3.78 励磁パルス分配用 IC を用いた出力インタフェース回路

図 3.78 は，4 相ステッピングモータ用 IC を用いた出力インタフェース回路である。この IC では，表 3.12 に示すように C_U，C_D の入力端子への入力の組合せで正転・逆転ができる。したがって，この指令データを一定時間間隔で連続的に入力端子 C_U，C_D に加えると，ステッピングモータは回転し続ける。

図 3.78 の回路でステッピングモータを正転させるには

① 図 3.79 に示す制御パルス信号を C_U，C_D に加える。
② 励磁パルス分配用 IC の出力 ϕ_1 から ϕ_4 は図 3.80 の順序で出力される。
③ トランジスタ $Tr_1 \sim Tr_4$ は励磁パルス分配用 IC の出力に対応して，$Tr_1 \to Tr_2 \to Tr_3 \to Tr_4 \to \cdots$ の順序で ON・OFF の動作をする。

表 3.12 ステッピングモータの回転指令データ

C_U	C_D	回転方向
0	0	停　止
0	1	正　転
1	0	逆　転
1	1	入力禁止

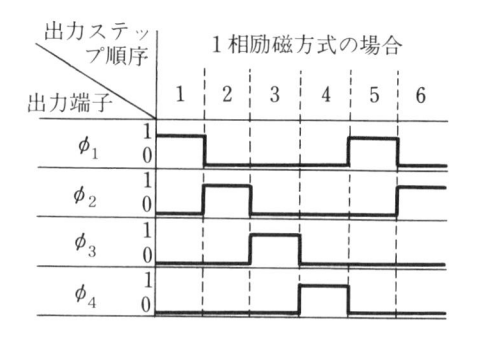

図 3.80　励磁パルス分配用 IC の出力

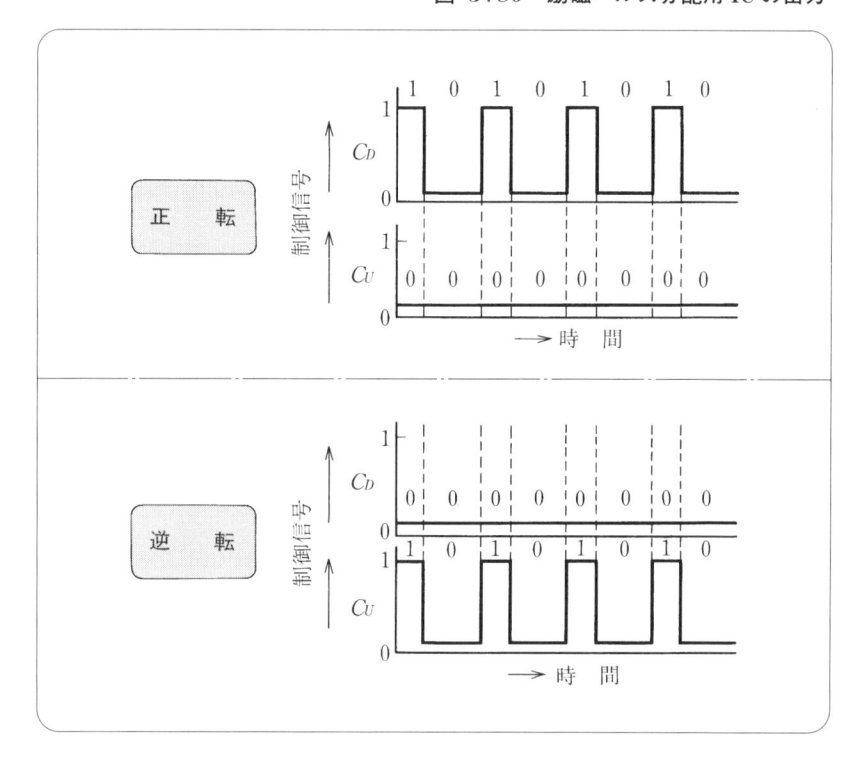

図 3.79　制御パルス信号のタイムチャート

④ Tr_1〜Tr_4 の動作に対応して図 3.77 のように各相のコイルに励磁電流が流れ，ステッピングモータは正転する。

図 3.79 は正転と逆転の二つのパルス信号の様子であり，パルス周波数に応じた回転速度でモータが回転する。

したがって，パルス速度を f〔pps〕[†1]，ステップ角を θ とすれば，ステッピングモータの回転速度 n〔rpm〕は式（3.8）となる。

$$n = 60 \times \frac{f\theta}{360} \ \text{〔rpm〕} \tag{3.8}$$

[†1] パルス毎秒 (pulse per second)。

例題 2.

ステップ角 $0.75°$ のステッピングモータに，$2\,000\,\text{pps}$ のパルスを入力した。このときの回転速度を求めなさい。

解答 式(3.8)から

$$n = 60 \times \frac{f\theta}{360} = 60 \times \frac{2\,000 \times 0.75}{360} = 250 \quad [\text{rpm}]$$

問 5. ステップ角 $1.8°$ のステッピングモータに $2\,000$ パルスを加えたとき，回転軸は何回転するか。

(d) ステッピングモータの特性

1) パルス速度-トルク特性 図 3.81 に，ステッピングモータを駆動したときのパルス速度とトルクの関係を示す。図のように，高速になるほど固定子が励磁される時間が小さくなるため，トルクは小さくなる。

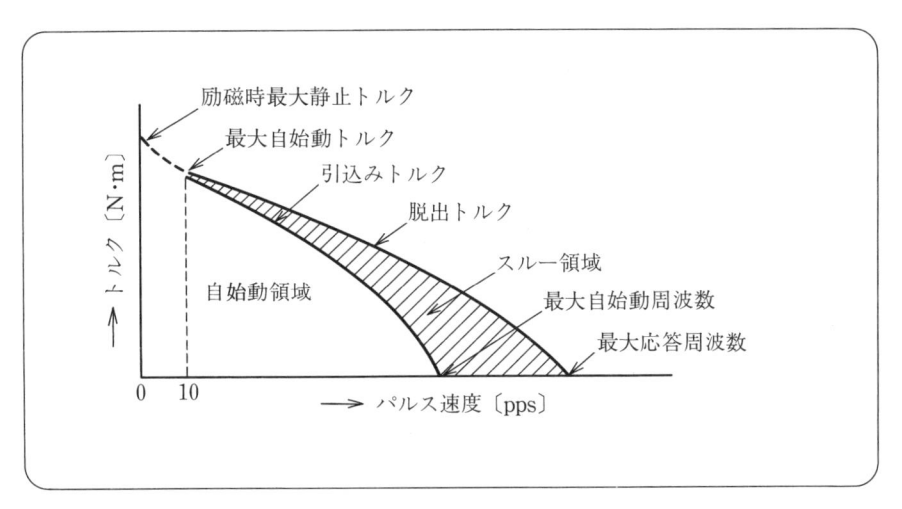

図 3.81 ステッピングモータのパルス速度-トルク特性

2) パルス速度-トルク特性上の各点の意味

① **励磁時最大静止トルク** ステッピングモータの停止状態において，定格で励磁し，回転軸に外部からトルクを加えたとき，静止を保ちうる限界の最大トルクをいう。したがって，この最大トルクを超える大きなトルクが外部から加わると，静止状態を維持

できない。

②　**自始動領域**　入力パルスに同期して始動・停止・逆転できる領域をいう。

③　**最大自始動トルク**　ステッピングモータが動かすことのできる最大のトルクをいう。

④　**引込みトルク**　入力パルスに同期して始動・停止できる最大トルクをいう。

⑤　**脱出トルク**　自始動領域からパルス速度を上げていった場合，または負荷トルクを増した場合，同期を失わずに回転できる限界のトルクをいう。

⑥　**スルー領域**　自始動領域を超え，入力パルスの周波数を上げていったとき，同期を失わずに応答できる領域をいう。

⑦　**最大自始動周波数**　無負荷のときに，入力パルスに同期して始動できる最大の周波数をいう。

⑧　**最大応答周波数**　自始動後，徐々にパルス速度を上げていった場合，無負荷のときに同期回転できる限界の最大のパルス速度をいう。

　ステッピングモータを自始動領域内で運転する場合は，瞬時にしかも正確に始動・停止・逆転ができる。速度を徐々に上げていく場合，あるいは負荷を徐々に増加していく場合は，脱出トルク直前まで運転することができる。

　ステッピングモータは，プリンタの紙送りなどに用いられている。

図3.82　フロッピーディスクドライブ

図3.82に，フロッピーディスクドライブのヘッド位置決め用として使用されている例を示す。

いままで学んだ，直流サーボモータ，交流サーボモータ，ステッピングモータの特徴とおもな用途をまとめると，表3.13のようになる。

表3.13 サーボモータ，ステッピングモータのまとめ

種類		特徴	おもな用途
直流サーボモータ		・高応答性 ・小形軽量で大出力が得られる ・整流子の保守が必要	NC工作機械，産業用ロボット，コンピュータ周辺装置，事務機器，音響・映像機器
交流サーボモータ	SM形サーボモータ（ブラシレスサーボモータ）	・整流子，ブラシのない位置制御用モータ ・磁極位置検出器が必要 ・直流サーボモータなみの性能	NC工作機械（送り用），産業用ロボット
	IM形サーボモータ	・構造が頑丈 ・保守が簡単	NC工作機械（主軸駆動用）
ステッピングモータ		・回転角が入力パルス数に比例 ・開ループ制御	コンピュータ周辺装置，事務機器

5 ソレノイド ソレノイド（solenoid）は，電磁石の吸引力を利用したアクチュエータであり，リレーや電磁弁などの駆動力源として用いられる。

ソレノイドには，利用する電源により，直流ソレノイドと交流ソレノイドがある。使用電圧は，直流では数Vから100V程度，交流では100Vまたは200Vである。

図3.83にその動作原理を示す。

コイルに電流を流すと，固定鉄心と可動鉄片のたがいに向き合った面がそれぞれN極とS極になって，吸引力が生じる。その結果，矢印の向きに力を発生し，可動鉄片が移動する。

電流を遮断すると，内部または外部のばねの力でもとの位置に戻る。吸引力は電圧の2乗に比例し，ストロークの2乗に反比例するの

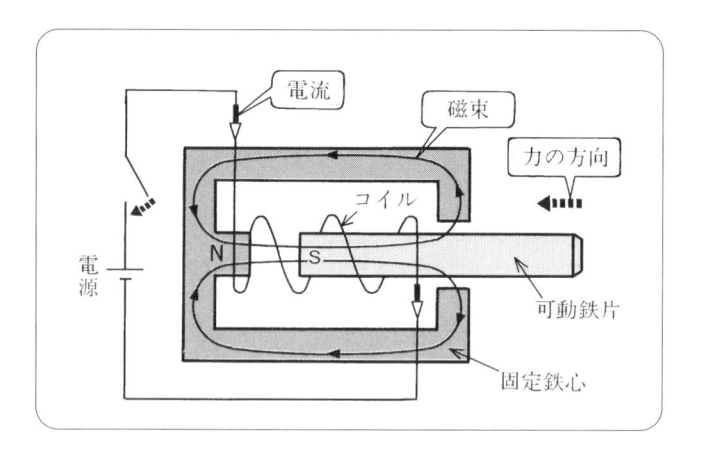

図 3.83　ソレノイドの動作原理

で，ストロークが小さいほど大きい吸引力が得られる。

図 3.84 にソレノイドの構造を示す。

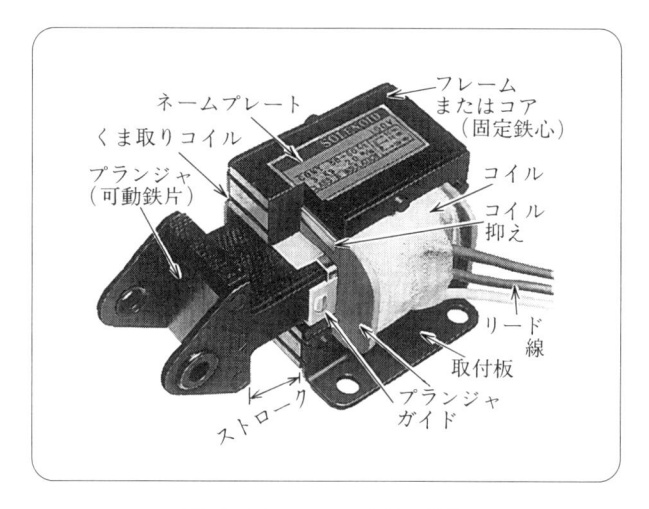

図 3.84　ソレノイドの構造

（**a**）　**ソレノイドの制御**　　図 3.85 の回路は，ソレノイドを作動させる出力インタフェース回路である。

この回路はつぎのように動作する。

① コンピュータから入力端子 A に "1" の制御信号を出力すると，NOT 回路の出力が "0" となり，NOT の出力端子はアースされ，ホトカプラが ON 状態となる。

② トランジスタ Tr にベース電流 I_B が流れ，Tr が ON 状態となり，コレクタ電流 I_C が流れる。

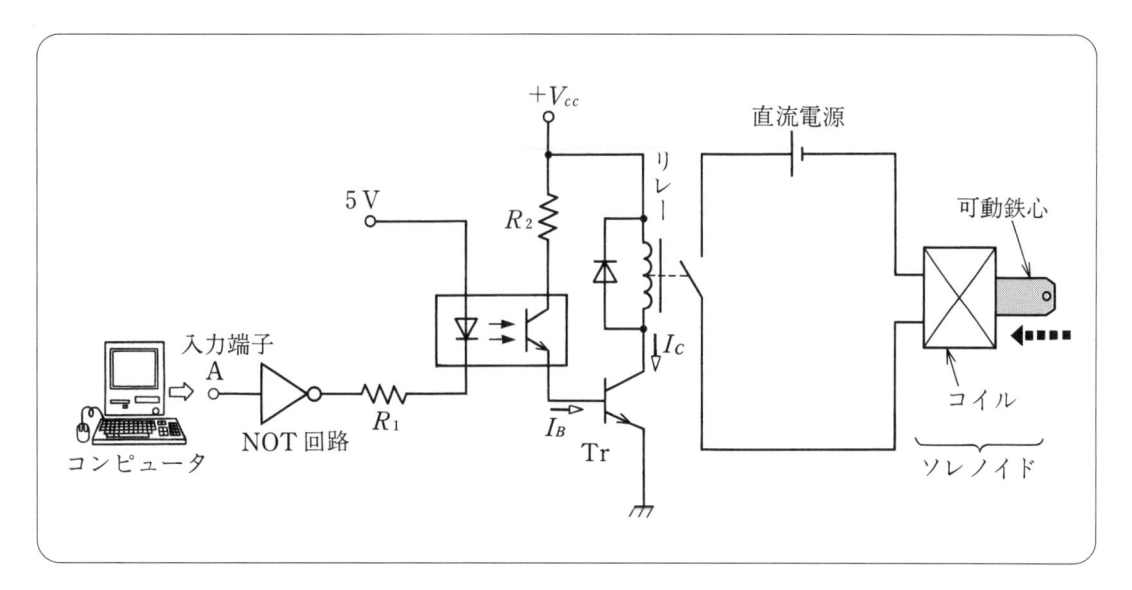

図 3.85　直流ソレノイド用出力インタフェース回路

③　リレーはコレクタ電流により励磁され，作動する。
④　直流電源から負荷電流が流れ，可動鉄心が動作する。

6 超音波モータ　超音波モータ (ultrasonic motor) は，図 3.86 (a) のように，セラミックスの圧電素子と，リング状に並んだ凸部のある金属製円板の振動体を張り合わせ，それに回転子を加圧接触させて配置した構造になっている。

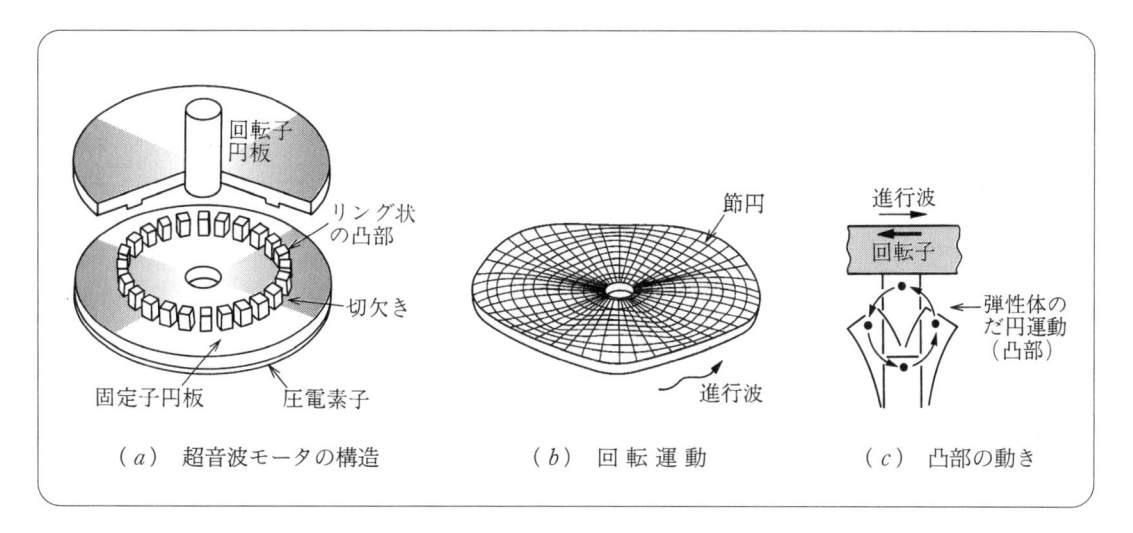

(a) 超音波モータの構造　　(b) 回転運動　　(c) 凸部の動き

図 3.86　超音波モータの原理

超音波モータはつぎのように動作する。

① 圧電素子に数十kHzの電圧を加えると，超音波振動が発生し，それにより固定子円板は図（b）のように変形し，進行波が生じる。

② 振動体の凸部は，図（c）に示すような弾性変形を起こし，その先端は進行波の方向とは逆のだ円運動をする。

③ 回転子は振動体に加圧接触しているため，凸部の弾性変形によるだ円運動により，進行波とは逆の方向に回転する。

回転速度は500～600rpmで，同一体積を持つ従来の電動機と比較してつぎの特徴を持つ。

① 5～10倍のトルクが得られる。

② 応答性が高い（ミリ秒単位）。

③ 回転むらがない。

④ コイルが不要で，構造が簡単になると同時に，磁界を生じないので磁束漏れによるノイズがない。

超音波モータは，自動焦点カメラ，フロッピーディスク装置，テープレコーダなどに用いられる。

３　練習問題

❶ つぎの距離を測定するセンサに関する説明はどのような特性を表したものか。①～⑦から選びなさい。

（a） どの程度短い距離まで区別して検出できるか。

（b） 真の値と測定値との差や，測定ごとのばらつきの大小。

（c） 距離が1m変化したときの出力電圧。

（d） どの程度の速度変化に追従できるか。

（e） 距離の変化に対する出力電圧の変化が一定かどうか。

（f） 最大何mmまたは何mまで測定可能か。

（g） 時間や年が経過しても特性が変化しないか。また，温度や湿度

の影響はどうか。

> ① 検出範囲　② 精　度　③ 分解能　④ 応答性
> ⑤ 感　度　⑥ 直線性　⑦ 安定性

❷ 図 3.87 示すように，センサの出力信号が 0～200 mV のとき，出力電圧が 0～5 V となるように R_2 の値を求めなさい。

❸ 図 3.88 の回路で，NOT 回路の入力が "H" および "L" のとき，ホトカプラの発光ダイオードに流れる電流 I_D を求めなさい。

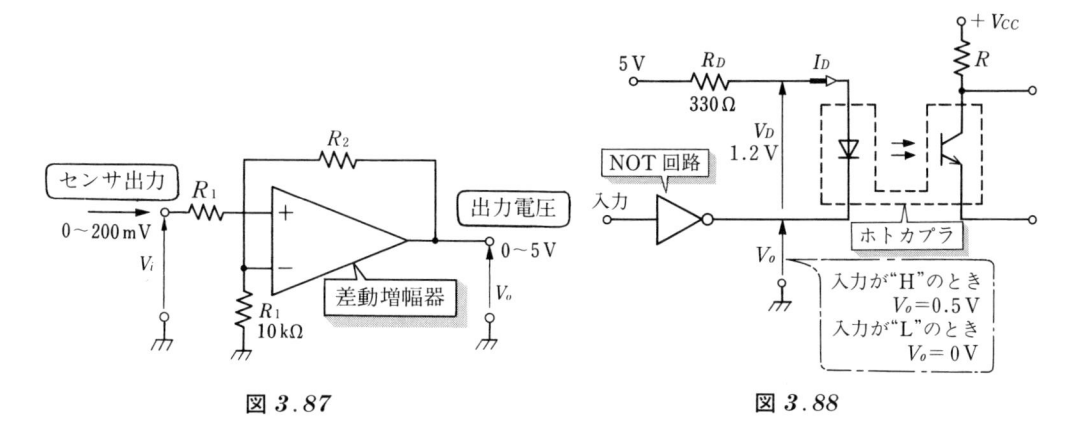

図 3.87

図 3.88

❹ インクリメンタル方式ロータリエンコーダの 1 パルスあたりの回転角が 6°である。10 回転での出力パルス数を求めなさい。

❺ アブソリュート方式ロータリエンコーダにおいて，符号化ビット数 8 ビットで回転角が 225°のとき，出力値（2 進数）を求めなさい。

❻ 図 3.89 の超音波センサによる距離測定で，送波から受波までの時間 T が 12 ms で，気温が 25 ℃であった。距離 L を求めなさい。また，同じ距離を測定して，T が 12.2 ms であったときの気温は何度であるか求めなさい。

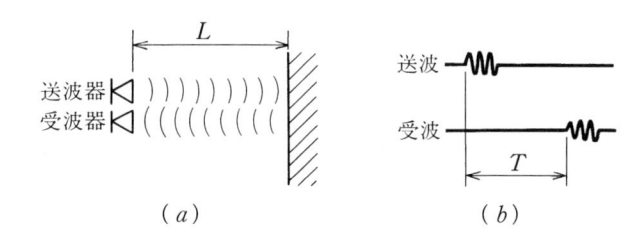

図 3.89

❼ ゲージ率を1.2，抵抗値120Ωの金属線を引っ張ったら，抵抗値が0.1Ω増加した。ひずみεを求めなさい。ただし，有効けた数を3けたとして答えなさい。

❽ ホール素子を用いて0.2Tの磁束密度を加えたら，出力電圧V_Hが200mVであった。いま，別の磁束密度を測定したら500mVが得られた。磁束密度を求めなさい。

❾ 近接スイッチにはどのような種類のものがあるか。また，どのような検出物に使われるか。

❿ 高周波形近接スイッチで検出できないものはつぎのうちどれか。また，それらを検出するにはどのようなセンサを用いればよいか。
（a）ダンボール箱　（b）アルミニウム缶　（c）ガラス瓶
（d）鋼鉄ブロック　（e）プラスチック製バケツ
（f）ペットボトル

⓫ 空気圧式アクチュエータはどのようなところに使用されているか例を挙げなさい。

⓬ 図3.61の回路において，バッファの代わりにNOT回路を使用し，コンピュータの出力を"1"から"0"に変化させたとき，シリンダはどのような動作をするか。

⓭ 直流サーボモータの回転方向を変えるにはどうすればよいか。

⓮ 図3.69の直流サーボモータの正転・逆転制御回路において，コンピュータから入力端子A，Bともに"1"となる制御信号を使用してはならない理由はなにか。

⓯ 単相誘導電動機にはなぜコンデンサが必要か。

⓰ コンデンサモータの回転方向を切り換えるにはどうすればよいか。

⓱ ステップ角1.8°のステッピングモータに1000ppsのパルスを入力した。このときのモータの回転速度を求めなさい。

⓲ 前問のステッピングモータに6000パルスを加えたとき，回転軸は何回転するか。

⓳ サーボモータにおいて，追従性をよくするために構造上どのような工夫がなされているか。

⓴ 各種の電動機の中で，制御が簡単と思われるのはどれか。また，その理由を挙げなさい。

㉑ 超音波モータと電動機の相違点を挙げなさい。

シーケンス制御の基礎

4

　工場では，加工，組立，選別，検査，運搬など，さまざまな生産工程でシーケンス制御を利用した省力化や自動化が進められている。シーケンス制御は，工場ばかりでなく，日常生活の中にも，自動販売機やエレベータ，さらに家庭電化製品に至るまで，広い範囲に活用されている。この章では，電磁リレーを活用したリレーシーケンス制御と，プログラマブルコントローラを活用した制御を学習する。

4.1 自動制御の種類

機械，装置および製造ラインの運転や調整などを，制御装置によって行うことを**自動制御**（automatic control）という。

自動制御は図 4.1 のように大別される。

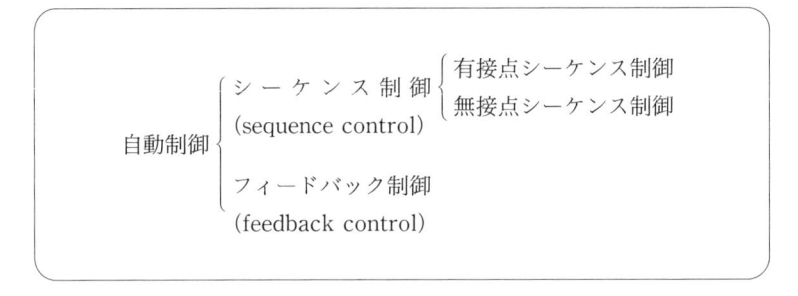

$$
\text{自動制御} \begin{cases} \text{シーケンス制御} \\ \text{(sequence control)} \end{cases} \begin{cases} \text{有接点シーケンス制御} \\ \text{無接点シーケンス制御} \end{cases} \\ \text{フィードバック制御} \\ \text{(feedback control)} \end{cases}
$$

図 4.1　自動制御の種類

4.1.1　シーケンス制御

あらかじめ定められた手順や判断によって，制御の各段階を順に進めていく制御をシーケンス制御という。例として図 4.2 の水位制御

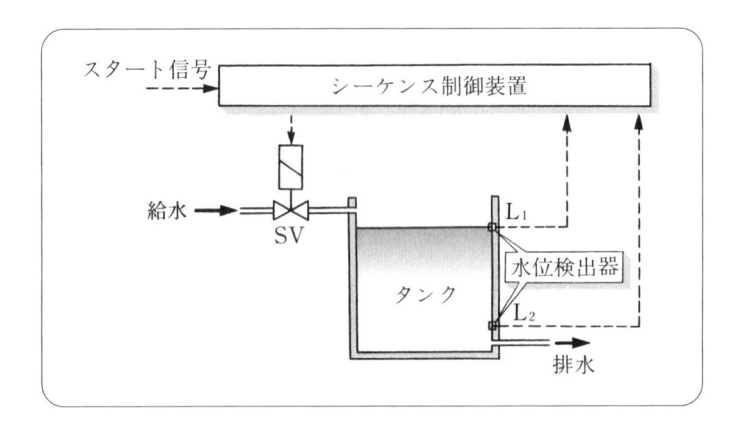

図 4.2　タンクの水位制御

について考えた場合，この動作はつぎのように行われる。

① シーケンス制御装置にスタート信号が入力される。
② 制御バルブ SV が ON となり，給水が行われる。
③ タンク内の水位が水位検出器の L_1 の位置まで上昇すると，SV が OFF となり，給水が停止する。
④ タンク内の水が使用され，タンク内の水位が L_2 の位置まで下がると，SV が ON となり，給水が行われ，以後③，④の動作が繰り返される。

4.1.2 有接点シーケンス制御と無接点シーケンス制御

スイッチの ON・OFF を，「有接点のスイッチを用いる場合」を有接点シーケンス制御といい，「ダイオードなどの半導体スイッチを用いる場合」を，接点を持たないということから無接点シーケンス制御という。

表 4.1 に，有接点シーケンス制御と無接点シーケンス制御のおもな違いを示す。

表 4.1 有接点シーケンス制御と無接点シーケンス制御のおもな違い

	有接点シーケンス制御	無接点シーケンス制御
入力信号の有無	電流の有無により判断する	電圧の高低により判断する
動作電源	交流または直流	直流
入力スイッチの寿命	機械的な可動部を持つため，スイッチの種類に応じて定期的に交換が必要	機械的な可動部を持たないため寿命が長い
電流容量	大きい	小さい
応答速度	遅い	速い
大きさ	大きい	小さい
出力回路	負荷を直接駆動することができる	大きな電力を取り出すことはできないため，負荷を駆動する出力回路が必要となる

4.1.3 フィードバック制御

フィードバック制御とは，制御量を，あらかじめ設定した目標値と比較して，差があればこれを自動的になくすように訂正動作を行う制御をいう。

図4.2のタンクの水位制御では，タンク内の水がなくならないようにすることはできるが，タンク内の水の量を一定に保つことはできない。

これを図4.3に示すように，水位の変化を電圧（これをフィードバック電圧という）に換算し，その値と目標水位を電圧に換算した値と比較して，差があれば，差の大きさに応じて電動機の回転数を制御させ，流量を調節することによって，目標の水位をつねに一定に保つことができる。このような制御がフィードバック制御である。

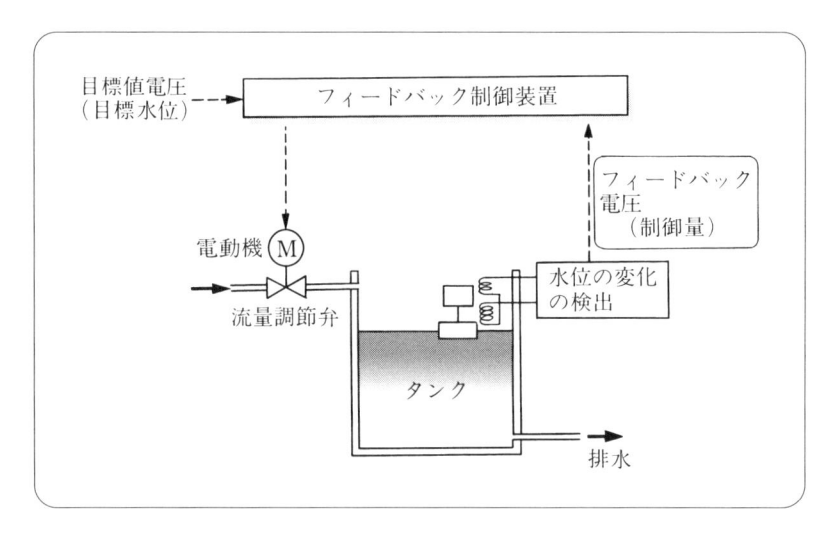

図4.3 タンクの液面制御

4.2 リレーシーケンス

　それぞれの動作をさせるスイッチのON・OFFを，定められた順序で自動的に行うことにより，各種の自動化が達成できる。例えば，ロボットアームを伸ばす，回転する，ロボットハンドでつかむなどの動作をスイッチのON・OFFで順次行わせることにより，自動的に製品を移動させることができる。

　このように，スイッチのON・OFFによって行われる制御を「ON-OFF制御」または「2位置制御」といい，シーケンス制御の基本となる。

　この「2位置制御」を自動的に行うための機器として，電磁リレー[†1]がある。電磁リレーを用いた有接点シーケンス制御を，リレーシーケンスという。本章ではこのリレーシーケンスについて学習する。

[†1] 132ページに記述する。

4.2.1　接点の種類と図記号

1　接点の種類

（a）**a接点**（a contact）　通常，接点は開いているが，スイッチを押したり電磁コイルに電流を流すと閉じる接点をa接点，または**メーク接点**（make contact）という。

（b）**b接点**（b contact）　通常，接点は閉じているが，スイッチを押したり電磁コイルに電流を流すと開く接点をb接点，または**ブレーク接点**（break contact）という。

2　おもな接点の図記号　表4.2におもな接点の図記号を示す。

3　文字記号　接点の図記号でJIS規格に定めていないもの

表 4.2 おもな接点の図記号

名　称	接点の図記号 a接点	接点の図記号 b接点	摘　要
一般用接点			一般の接点や電磁リレー接点に用いる 例：一般保持形スイッチ，電磁リレー接点，光電スイッチ，近接スイッチ
手動操作自動復帰接点（押し形）			手を離せば復帰する接点に用いる 例：押しボタンスイッチ
機械的接点			接点の開閉が物体やアクチュエータの力によって行われるものに用いる 例：リミットスイッチ
限時動作接点			限時動作瞬時復帰[1)]をする接点に用いる 例：タイマ接点

注1) コイルに定格電圧が加えられた後，設定時間 t が経過すると可動接点が動作し，コイルの定格電圧が切られると瞬時にもとに戻る動作を行うもの

は，接点の基本図記号の組合せによるものとし，文字記号の併記によって表す。また，シーケンス図において，制御機器との関連を明らか

表 4.3 おもな文字記号

機器名称	文字記号	文字記号に対応する外国語	機器名称	文字記号	文字記号に対応する外国語
電動機（モータ）	M	motor	配線用遮断機	MCCB	molded case circuit breaker
変圧器（トランス）	T	transformer	電磁接触器	MC	electromagnetic contactor
ヒューズ	F	fuse	電磁リレー	R	electromagnetic relay
スイッチ	S	switch			
押しボタンスイッチ	PBS	pushbutton switch	熱動リレー	THR	thermal relay
ナイフスイッチ	KS	knife switch	限時リレー（タイマ）	TLR	time-lag relay time limit relay
リミットスイッチ	LS	limit switch	ベル	BL	bell
			ブザー	BZ	buzzer
光電スイッチ	PHS	photoelectric switch	表示灯（ランプ）	L	lamp
近接スイッチ	PXS	proximity switch	電磁弁	SV	solenoid valve
温度スイッチ	THS	thermo switch			

にするために図記号に文字記号を併記する。表 4.3 におもな文字記号[†1]を示す。

[†1] 文字記号は機器または装置を表す機器記号と，機器または装置の果たす機能などを表示する機能記号の 2 種類ある。ここでは機器記号を取り上げた。

4.2.2 制御機器

1 手動操作スイッチ 手動操作スイッチは多くの種類があるが，動作機能から，自動復帰形スイッチと保持形スイッチに大別され

表 4.4 押しボタンスイッチの実体図と図記号

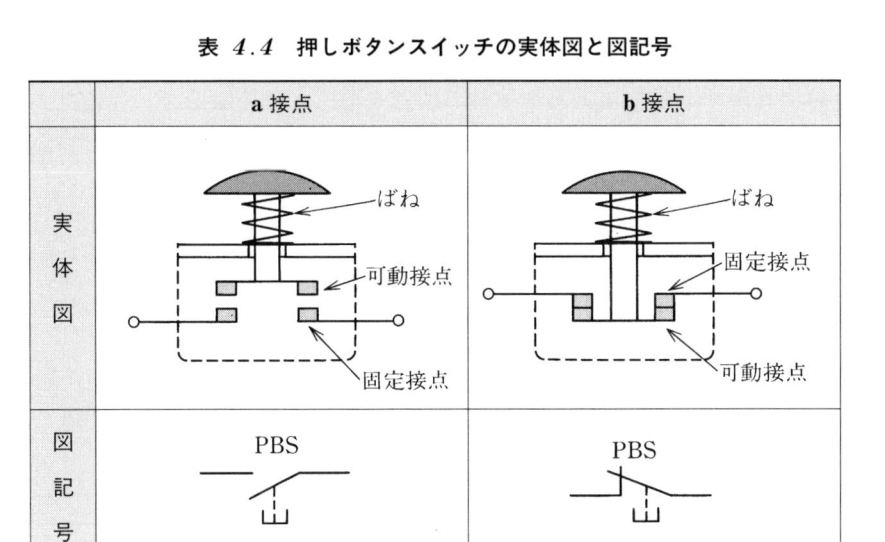

	a 接点	b 接点
実体図	ばね／可動接点／固定接点	ばね／固定接点／可動接点
図記号	PBS	PBS

表 4.5 スナップスイッチの実体図と図記号

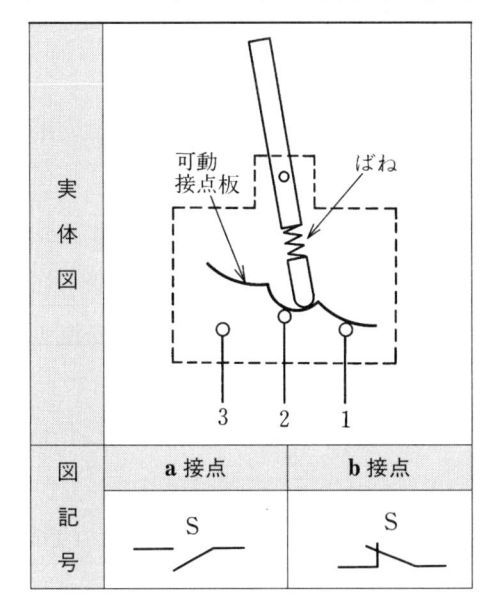

実体図	可動接点板／ばね／3 2 1	
図記号	a 接点	b 接点
	S	S

る。自動復帰形スイッチは手を離すともとの状態に戻るスイッチで，保持形スイッチは手を離してもそのままの状態が保たれるスイッチである。

表 4.4 は，よく使われる自動復帰形押しボタンスイッチの実体図と図記号である。また表 4.5 に保持形スイッチの一つであるスナップスイッチ[†1]の実体図と図記号を示す。

[†1] トグルスイッチともいう。

2 検出スイッチ 検出スイッチは，物体の位置や温度，光などを自動的に検出するスイッチである。リミットスイッチのように物体に接触することによって物体の位置を検出する接触形と，光電スイッチや近接スイッチのように物体に接触せずに位置を検出する非接触形がある。

リミットスイッチの接点の図記号は，表 4.2 に示す機械的接点の図記号を用いる。また，光電スイッチなどは一般用接点の図記号に文字記号を併記して，表 4.6 のように表す。

表 4.6 光電スイッチの図記号

a 接点	b 接点
PHS	PHS

3 電磁リレー 電磁リレーは図 4.4 のようにコイルと可動接点で構成されており，リレーシーケンス制御に使用される重要な機器である。

図 4.5 にその外観例を示す。コイルに定格電圧が加えられ，電流が流れると，固定鉄心が電磁石となって鉄片を吸引し，可動接点を移動させて回路の開閉を行う。このコイルに電流を流すことを，リレーを励磁するという。

図 4.6 は，コイルに電流が流れ，リレーが励磁されたときの状態を示す。通常，COM 端子と NC 端子が接続されていたものが，コイルが励磁されると COM 端子と NC 端子が離れ，COM 端子と NO 端子が接続される。

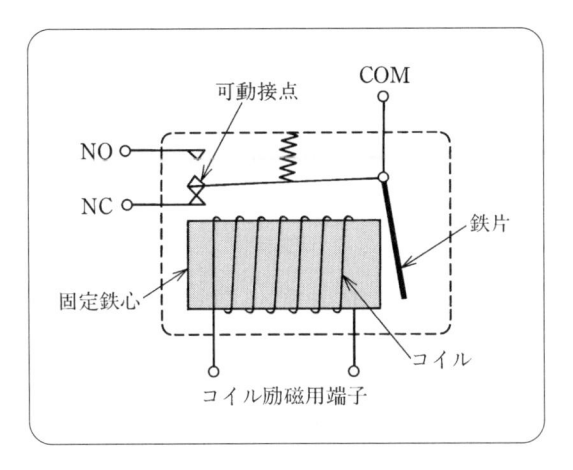

図 4.4　電磁リレー

図 4.5　電磁リレーの外観例

図 4.6　リレーが励磁されたとき

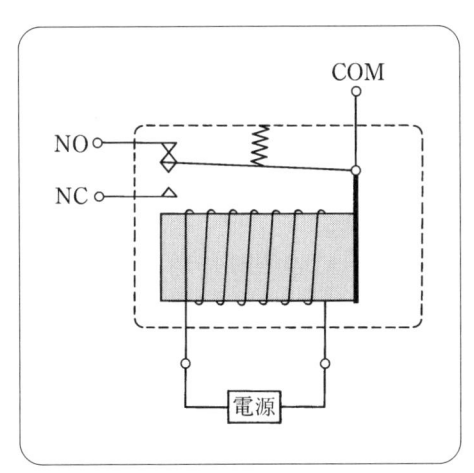

表 4.7　電磁リレーの図記号

コイル部	a接点	b接点
R	R-1a	R-1b
	R-2a	R-2b

　そのため，電磁リレーは，コイルに電流を流すことで，押しボタンスイッチのスイッチを押すという動作と同じことができる。また，電磁リレーのCOM端子とNO端子はa接点として，COM端子とNC端子はb接点として動作させることができる。

　ただし，実際の回路で同じCOM端子を持つa接点，b接点をともに使用すると，回路図上はa接点，b接点が離れていても，COM端子は共通であるため正常に動作しないことになる。したがって回路図を作成する際は，同じCOM端子を持つa接点，b接点をともに使用しないよう留意する必要がある。

　電磁リレーの図記号は，表4.7のようにコイルと接点は別々に描

く。電磁リレーは一般的に一つのコイルで2個以上の接点を動作させるため，接点にはコイル部の文字記号，何番目の接点かを示す接点番号，およびa接点かb接点かを示す記号を付ける。また，一つの回路に複数の電磁リレーを用いる場合は，コイル部の文字記号にもリレー番号を付記し，R_1-1a，R_2-1aなどのように表す。

4 **その他の機器** 機器の動作の状態表示や異常信号を発するものとして，ランプ，ブザー，ベルなどが用いられる。表4.8にそれぞれの図記号と文字記号を示す。

表 4.8 ランプ，ブザー，ベル

ランプ	ブザー	ベル
⊗ L	BZ	BL

5 **押しボタンスイッチおよび表示灯の色別** JIS B 6015：1996では表4.9，表4.10のように色が指定されている。

表 4.9 押しボタンの色と意味

色	意 味	説 明	適 用 例
赤	非 常	危険な状態または非常の場合に作動させる	非常停止 非常機能の開始
黄	異 常	異常な状態の場合に作動させる	異常状態を抑制するための介在 自動サイクルの中断を再開するための介在
緑	安 全	安全な状態の場合または正常な状態にするときに作動させる	
青	指 令	指令の実施に必要な状態の場合に作動させる	リセット機能
白	特別な意味はない	非常停止以外の機能の一般的開始	始動（入）（優先） 停止（切）
灰			始動（入） 停止（切）
黒			始動（入） 停止（切）（優先）

表 4.10　表示灯の色および工作機械の状態（状況）に関するそれらの意味

色	意味	説明	操作者の行動	適用例
赤	非常	危険状態	危険状態を処理する即時の行動 （例　非常停止操作）	圧力／温度の安定限度逸脱 電圧低下 破損 停止位置のオーバラン
黄	異常	異常状態 危険が差し迫った状態	監視かつ／または介在 （例　目的とする機能の再設定）	正常の限界を超えた圧力／温度 保護危機のトリップ
緑	正常	正常状態	任意	圧力／温度の正常な作業限界の表示
青	指令	操作者が行うべき状態表示	指令の行動	事前選択値のインプット指示
白	特定の意味なし （中立）	その他の状態 赤，黄，緑，青の使用で疑念が生じた場合	モニタリング	一般的な情報

4.2.3　シーケンス図

　シーケンス図とは，シーケンス制御を行うための電気回路を示す配線図である．基本的には通常の電気回路と同じであるが，使用する機器には決められた図記号を用いる．

　1　シーケンス図の書き方　シーケンス図では電源を省略して，上下または左右に制御母線[†1]を引き，この間にスイッチなどの接点を決められた図記号を使って記入する．電源が交流のときはR，T，直流のときはP，Nの記号を制御母線に付ける．

　図4.7（a）のように上下に制御母線を引いて書いたものを縦書きシーケンス図といい，図（b）のように左右に制御母線を引いて書いたものを横書きシーケンス図という．動作の順序や信号の流れは，原則として，縦書きシーケンス図は左から右に，横書きシーケンス図は上から下になるように配置する．

　2　タイムチャート　横軸に時間を表し，縦軸にコイルや接点の動作状態を表したものをタイムチャートといい，動作内容の確認や

[†1] シーケンス図では電源線を制御母線という．

(a) 縦書きシーケンス図　　　　(b) 横書きシーケンス図

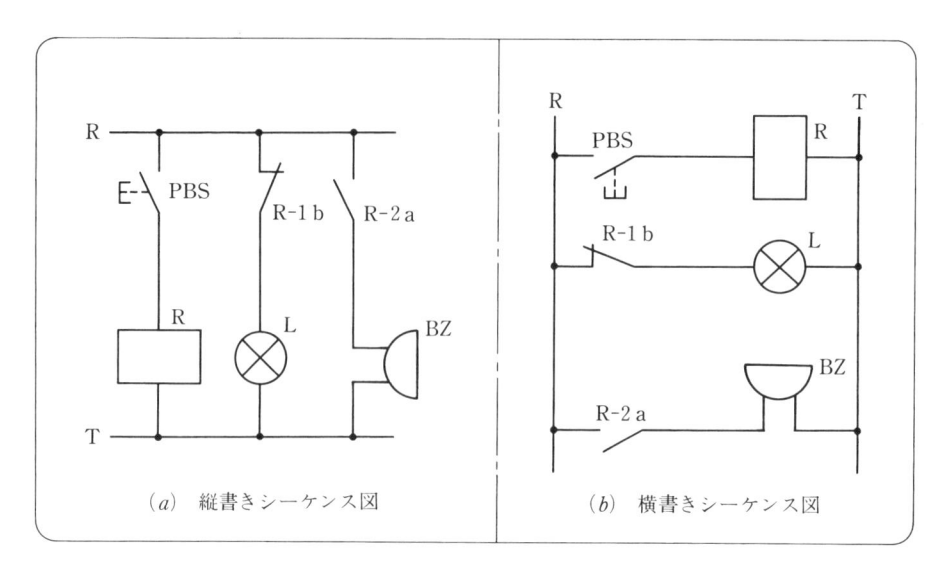

図 4.7　シーケンス図の例

シーケンス回路を設計する際の手助けとする。

　タイムチャートの縦軸は動作状態を"1"と"0"で表す。コイルが励磁されている状態を"1",励磁されていない状態を"0"とし,また接点が閉じている状態を"1",開いている状態を"0"として表現する。

4.2.4　リレーシーケンスの基本回路

　シーケンス制御回路は,入力スイッチや検出器からの信号を受けて論理回路で処理し,操作機器にあらかじめ定められたとおりの出力を与える。ここでは,このリレーシーケンスの基本回路を学習する。

1　AND 回 路　プレス機械では,片方の手でプレス機械の中にある製品を取りながら,もう片方の手でスイッチを押してしまい,指先が挟まれる恐れがあるため,両手で二つのスイッチを同時に操作しない限り運転できないようにしてあるものが多い。

　このように,入力スイッチがともに"1"とならない限り出力が"1"とならない回路を AND 回路という。

　図 4.8 に AND 回路のシーケンス回路例を,図 4.9 にこのタイムチャートを示す。

図4.8 AND 回 路

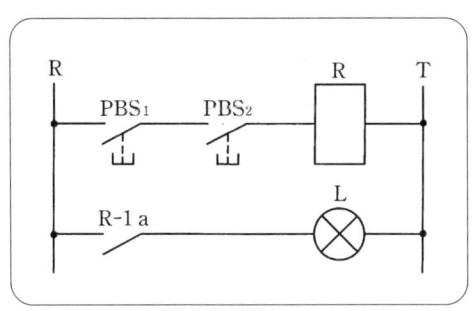

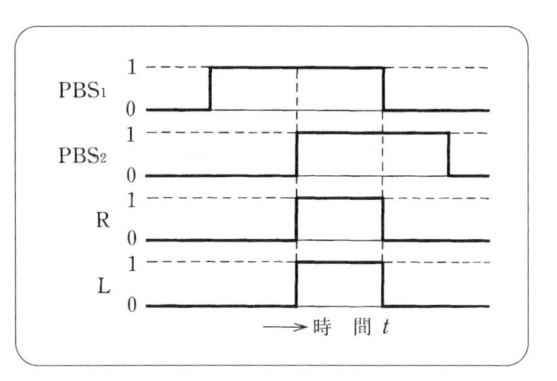

図4.9 AND回路のタイムチャート

〔回路の動作〕

1. PBS_1 と PBS_2 がともに ON となるとリレー R が励磁される。
2. 接点 R-1 a が閉じる。
3. ランプ L が点灯する。
4. PBS_1 または PBS_2 のどちらかのスイッチが OFF になるとリレー R が励磁されなくなる。
5. 接点 R-1 a が開く。
6. ランプ L が消灯する。

2 OR 回 路 電動シャッタの開閉は，外と内にそれぞれ設けられた開閉のスイッチを操作することにより，どちらからでもシャッタの開閉ができるようになっている。

このように，どれか一つの入力スイッチが ON になると出力が1

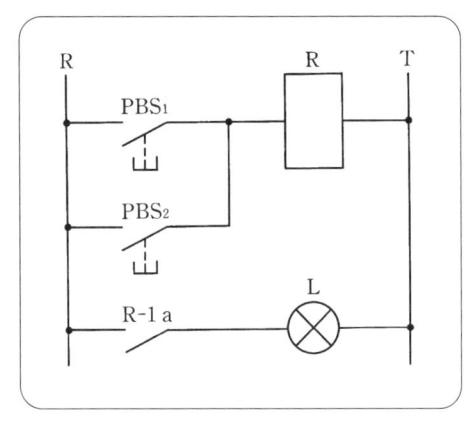

図4.10 OR 回 路

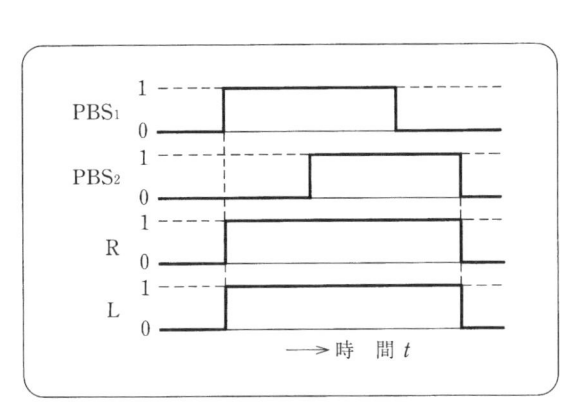

図4.11 OR回路のタイムチャート

となる回路を OR 回路という。図 4.10 に OR 回路の回路例を，図 4.11 にこのタイムチャートを示す。

〔回路の動作〕

1. PBS$_1$ または PBS$_2$ のいずれか一つ以上のスイッチが ON となるとリレー R が励磁される。
2. 接点 R-1 a が閉じる。
3. ランプ L が点灯する。
4. PBS$_1$ と PBS$_2$ がともに OFF になるとリレー R が励磁されなくなる。
5. 接点 R-1 a が開く。
6. ランプ L が消灯する。

3 NOT 回路　制御回路では，スイッチを押すことにより，すべてが停止する（非常停止する）ような動作が必要である。このように，出力値が入力値の反対になる回路を NOT 回路という。図 4.12 に NOT 回路の回路例を，図 4.13 にこのタイムチャートを示す。

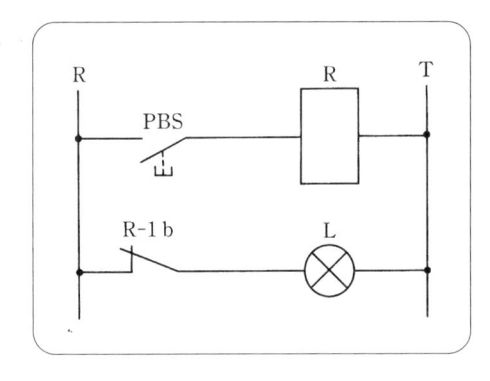

図 4.12　NOT　回　路

図 4.13　NOT 回路のタイムチャート

〔回路の動作〕

1. 押しボタンスイッチ PBS が ON となるとリレー R が励磁される。
2. 接点 R-1 b が開く。
3. 点灯していたランプ L が消灯する。
4. PBS が OFF となるとリレー R が励磁されなくなる。
5. 接点 R-1 b が閉じる。

⑥ ランプLが点灯する。

(問) *1*. 図4.14のシーケンス図を見て，図4.15のタイムチャートを完成させなさい。

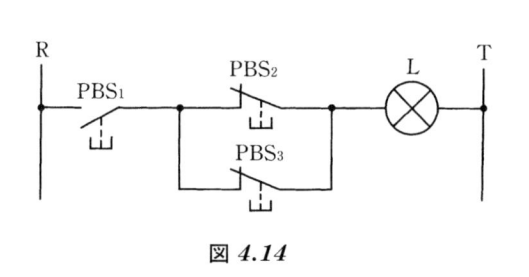

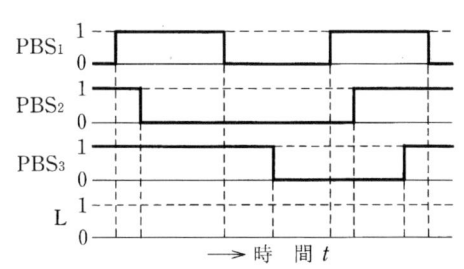

図4.14

図4.15

④ **自己保持回路**　バスから降りたいとき，降車用押しボタンスイッチを押すと降車ランプが点灯する。そのとき，押しボタンスイッチから手を離してもランプは点灯し続ける。これはスイッチが押されたことを記憶しているからである。この記憶しておく回路を自己保持回路という。

バスのドアが開くと降車ランプが消灯する。これはドアの開閉を行う油圧シリンダに近接センサが付いていて，この近接センサのb接点が自己保持回路の閉回路を切ってしまうからである。

図4.16にこの回路図を，図4.17にタイムチャートを示す。

〔回路の動作〕

① PBS_1 から PBS_9 までのいずれかのスイッチがONとなると，リレーRが励磁される。

② 接点 R-1 a，接点 R-2 a が閉じる。

③ ランプ L_1〜L_9 が点灯する。

④ PBS_1 から PBS_9 のすべてのスイッチがOFFになっても，リレーRと自己保持接点であるR-1 a とで閉回路が作られ，リレーRは励磁され続ける。同時に接点 R-2 a も閉じているため，ランプ L_1〜L_9 は点灯し続ける。

⑤ 近接スイッチのb接点PXSが開いて"0"となると，自己保持が解除され，リレーRが励磁されなくなる。

⑥ ランプ L_1〜L_9 が消灯する。

140   4. シーケンス制御の基礎

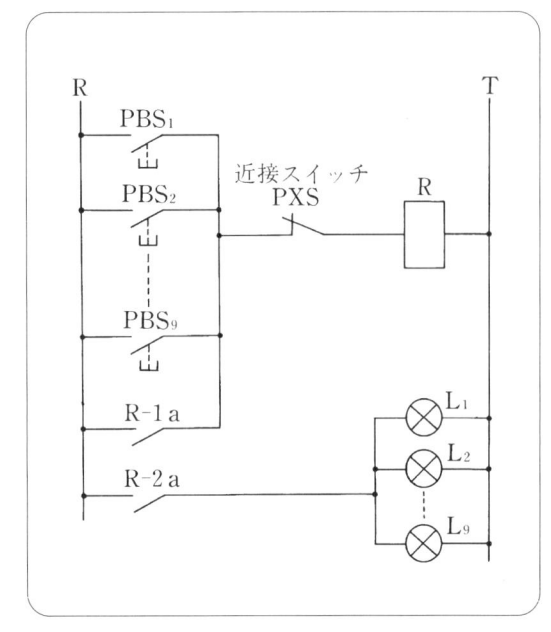

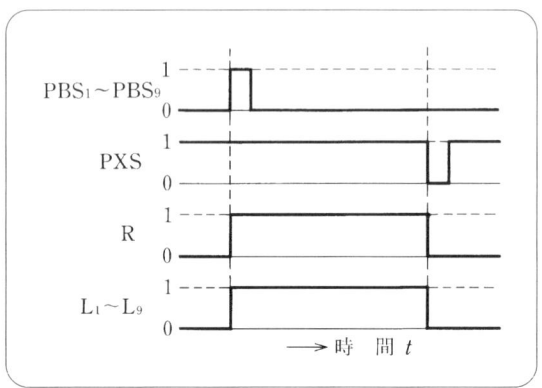

図 4.16 自己保持回路

図 4.17 自己保持回路のタイムチャート

[問] **2.** 図 4.18 は図 (a), 図 (b) とも自己保持回路であるが, 自己保持を解除するための b 接点 PBS$_2$ の位置が異なる。PBS$_1$ と PBS$_2$ を同時に押した場合の図 (a) と図 (b) の違いを述べなさい。

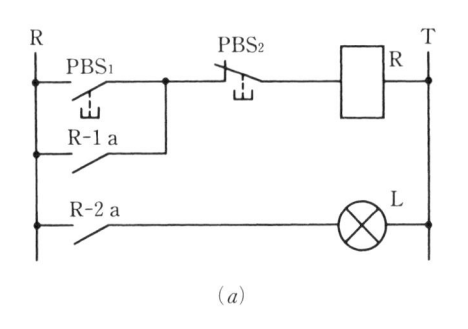

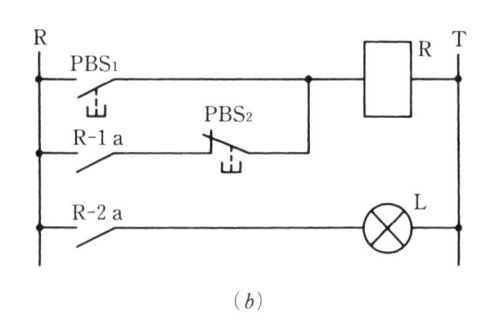

図 4.18

[5] **タイマ**　タイマは設定した時間に応じた接点の開閉を行うもので, 限時動作をするリレーと考えることができる。図 4.19 にその外観例を示す。動作形式により, 限時動作形と限時復帰形[†1]とがあるが, 図 4.20 では最もよく使われる限時動作形タイマのタイムチャートを示す。図中の t はタイマの設定時間である。

†1 コイルに定格電圧が加えられると瞬時に可動接点が動作し, コイルの定格電圧が切られてから設定時間 t が経過すると, 可動接点がもとに戻る動作を行うもの。

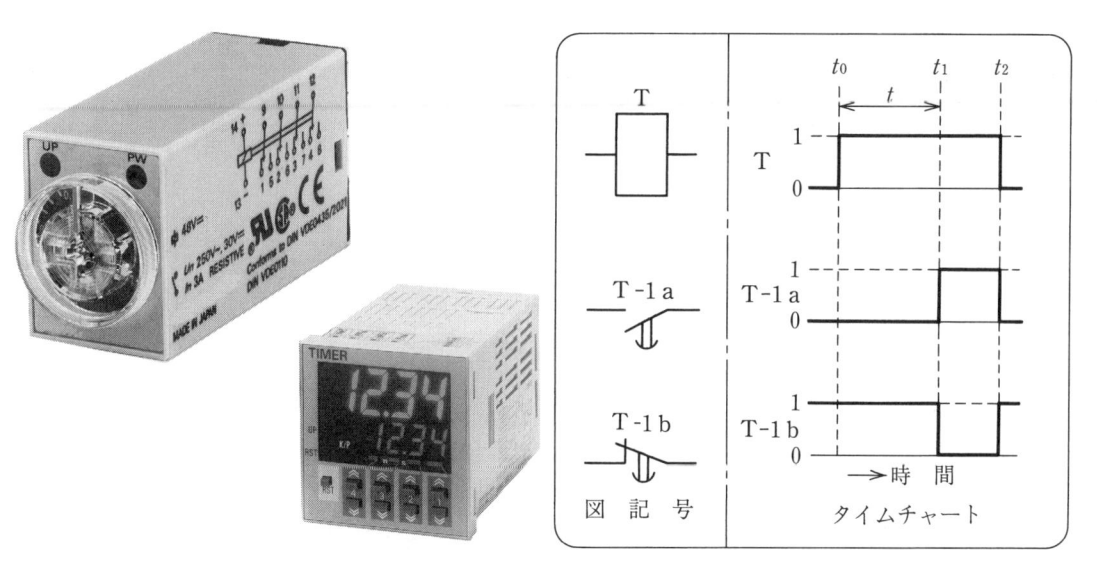

図 4.19 タイマの外観例

図 4.20 限時動作タイマ

6 タイマ回路 スイッチを ON にした後，3 分経つとブザーが鳴るという回路を考える。

この回路が図 4.21 であり，図 4.22 にタイムチャートを示す。

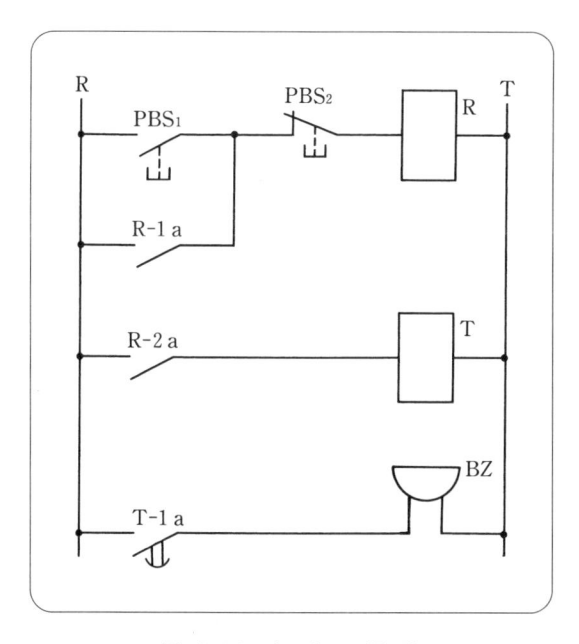

図 4.21 タイマ回路

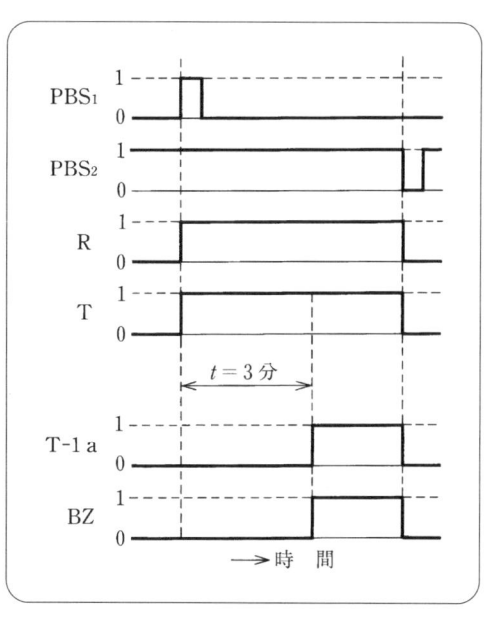

図 4.22 タイマ回路のタイムチャート

〔回路の動作〕

1. PBS_1 を ON にすると，リレー R が励磁される。
2. リレー R の接点である R-1 a，R-2 a が閉じる。
3. 接点 R-1 a が閉じることにより，PBS_1 が OFF になってもリレー R は励磁されたままになる（自己保持回路）。
4. 接点 R-2 a が閉じることにより，タイマ T が励磁される。
5. 設定時間 3 分が経過すると，タイマの接点 T-1 a が閉じる。
6. タイマ接点 T-1 a が閉じたことにより，ブザー BZ が鳴る。
7. b 接点である PBS_2 を ON にすると，自己保持が解除され，リレー R が励磁されなくなる。
8. リレー R の接点 R-1 a，R-2 a がそれぞれ開く。
9. 接点 R-2 a が開くことによりタイマ T が励磁されなくなる。
10. タイマ接点 T-1 a が開く。
11. ブザーが停止する。

〔問〕**3.** 図 4.21 において，リレー R の接点 R-2 a を使用しないで R-1 a を利用して同じ動作ができるように回路を書き直しなさい。

7 インタロック回路 一方の電磁リレーが動作しているときに，他方の電磁リレーが動作しないように，それぞれのリレーのコイルに直列に相手の b 接点を入れて，両者が決して同時に働かないよ

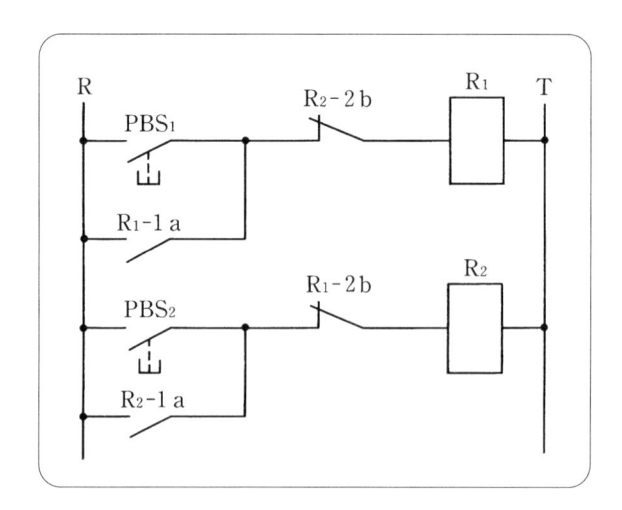

図 4.23 インタロック回路

うにし，ある条件が満足するまで動作を阻止することを**インタロック**（interlock）という。図 4.23 にインタロック回路の例を示す。

〔回路の動作〕

1. PBS$_1$ を ON にすると，リレー R$_1$ が励磁される。
2. リレー R$_1$ の a 接点 R$_1$-1 a が閉じて自己保持される。
3. 同時にリレー R$_1$ の b 接点 R$_1$-2 b が開く。
4. このとき PBS$_2$ を ON にしてもリレー R$_2$ は励磁されない。
5. 電源を一度切って回路を初めの状態に戻した後，再度 PBS$_2$ を ON にすると，リレー R$_2$ が励磁される。
6. リレー R$_2$ の a 接点 R$_2$-1 a が閉じて自己保持される。
7. 同時にリレー R$_2$ の b 接点 R$_2$-2 b が開く。
8. このとき PBS$_1$ を ON にしてもリレー R$_1$ は励磁されない。

〔問〕 4. 図 4.23 では，リレー R$_1$ またはリレー R$_2$ のどちらかが一度励磁されると，電源を切らない限りその状態が保持される。この回路に押しボタンスイッチ PBS$_3$ とリレー R$_3$ を加えて，自己保持が解除できるように回路を書き直しなさい。

4.2.5 リレーシーケンスの応用例

1 空気圧回路への応用 空気圧シリンダは，手軽で，しかも比較的大きな力が得られるため，工場の生産ラインを自動化したり，組立効率を向上させるのに利用される。

図 4.24 に空気圧回路と制御回路を，図 4.25 にこのタイムチャートを示す。

〔回路の動作〕

1. 押しボタンスイッチ PBS を ON にすると，リレー R が励磁される。
2. R の接点 R-1 a，R-2 a が閉じる。
3. 接点 R-1 a が閉じることにより自己保持されるので，PBS が OFF になっても R は励磁されたままになる。
4. 接点 R-2 a が閉じることにより，ソレノイド SOL が ON とな

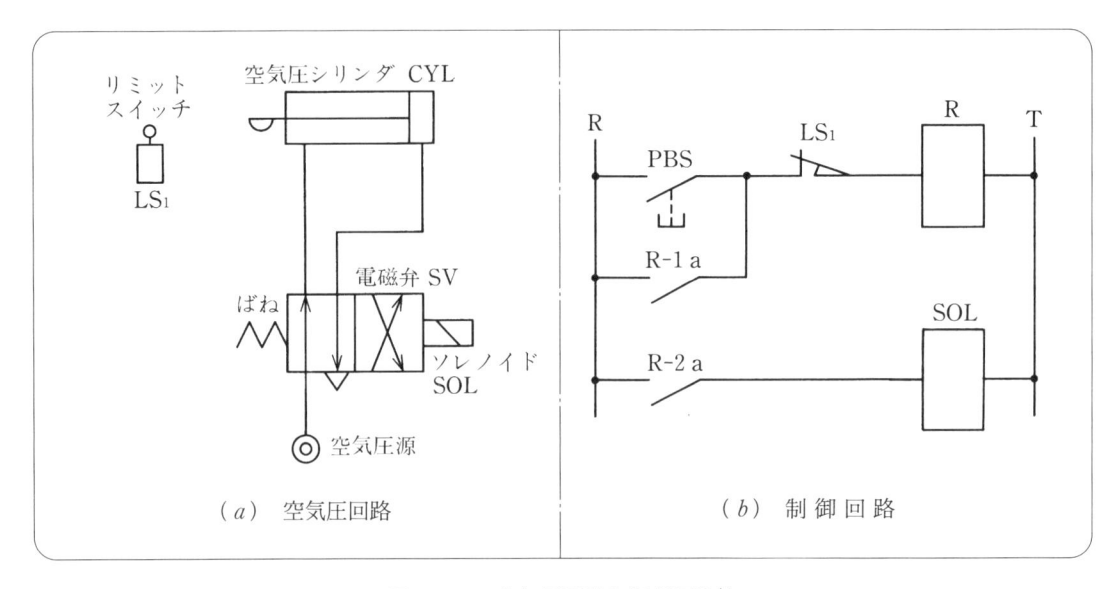

144   4. シーケンス制御の基礎

(a) 空気圧回路

(b) 制御回路

図 4.24　空気圧回路と制御回路[†1]

†1　図 4.24 (a) はシーケンス図の作成に関係する部分のみを示し，速度制御弁などは省略している。

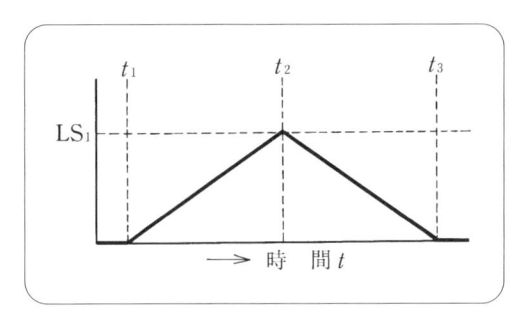

図 4.25　空気圧シリンダのタイムチャート

る。

5　空気圧シリンダのピストンが左へ動く。

6　ピストンが左へ動いてリミットスイッチ LS_1 に触れると，自己保持が解除されて，R が励磁されなくなる。

7　R の接点 R-1 a，R-2 a がそれぞれ開く。

8　SOL が OFF となり，空気圧シリンダのピストンが右へ動く。

【例題】 1.

図 4.24 (b) の空気圧シリンダの制御回路では，PBS を ON にするとピストンが1往復して停止する。ピストンが右端にあるときを検出するためのリミットスイッチ LS_2 を図 4.26 のように追加して，

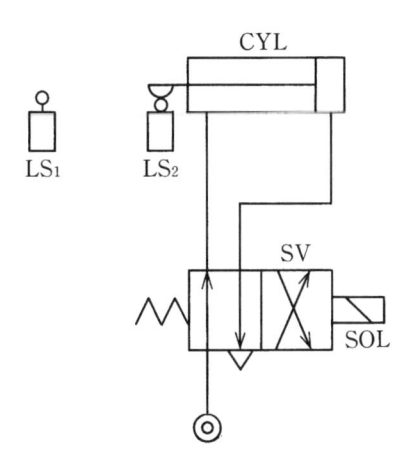

図 4.26 空気圧回路

一度 PBS$_1$ が押されたならば，PBS$_2$ が押されるまで，ピストンの往復運転が連続して繰り返されるように回路を書き直しなさい。

[解答] 図 4.24 (b) の PBS の代わりに LS$_2$ の a 接点を置けば，連続運転をすることになる。つまり 1 往復して戻ってくると LS$_2$ に当たるため，リレー R が励磁され，ソレノイド SOL が ON となって再び動きはじめる。このようにしてピストンの往復運転が連続して行われるが，これでは電源を入れただけでピストンが動いてしまうことになる。

したがって，図 4.27 のように始動スイッチ PBS$_1$ と停止スイッチ

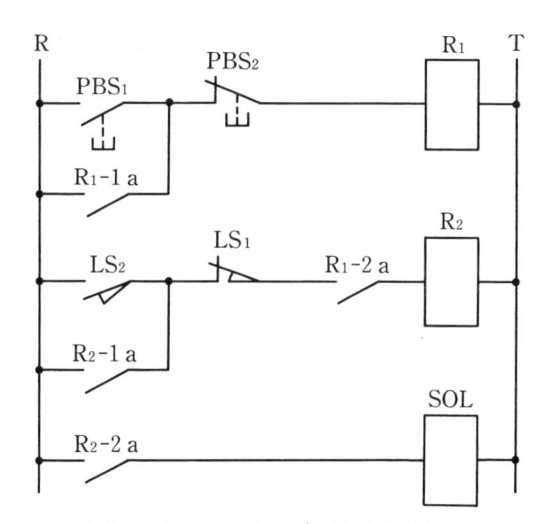

図 4.27 空気圧シリンダの連続往復運転回路

PBS$_2$ を加え，PBS$_1$ を押すことにより，R$_2$ に直列に接続された R$_1$ の a 接点が ON となり，LS$_2$ の動作によって R$_2$ が励磁し，始動できる。

[2] 三相誘導電動機の正逆転回路　三相誘導電動機は 3 本の電源線のうち 2 本を入れ換えることによって電動機の回転方向を変えることができる。図 4.28 はこのシーケンス回路図である。

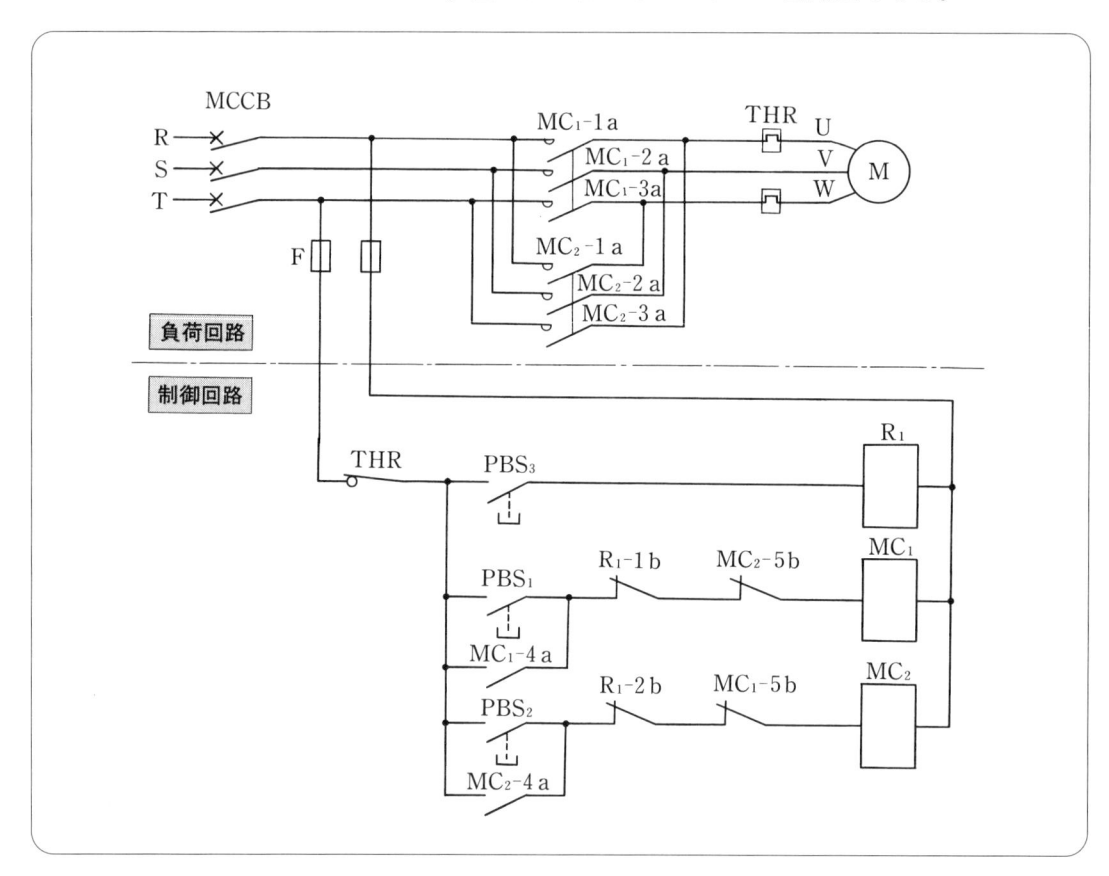

図 4.28　三相誘導電動機の正・逆転回路

大きな電力を扱う場合は，この図のように，電動機などの大きな電力を消費する負荷の回路（主回路）と，スイッチや電磁リレーなどにより構成する操作回路とに分けて表す。また，この図では，主回路の三相回路から 2 本を取り出して操作回路の電源としている。

図 4.28 の MCCB は配線用遮断器で，一般にノーヒューズブレーカが使用される。正常の負荷状態のときは手動で開閉ができるが，過電流，短絡時には自動的にすべての線路を同時に遮断する。また F

はヒューズで，過電流が流れると溶断して操作回路を保護する。

　MCは電磁接触器といわれ，電磁リレーを大形にしたもので，大きな接点容量や耐圧を持つ。おもに主回路に用いられる。

　THRは熱動リレーで一般にサーマルリレーといわれる。構造的には，バイメタルにヒータが巻き付けてあり，過負荷や異常電流が流れるとヒータが加熱し，バイメタルが変形することによってb接点が開くようになっている。配線する際には，ヒータ部は電動機と直結させ，接点部は操作回路の中に配置される。これにより電動機の焼損を防ぐことができる。サーマルリレーの接点は手動復帰形が一般的であり，電磁リレーやリミットスイッチなどの接点と図記号が異なる。

　サーマルリレーと電磁接触器は組み合わせて使用することが多く，これらを一体化したものを電磁開閉器という。

〔回路の動作〕

1. 押しボタンスイッチPBS_1をONにすることにより，電磁接触器MC_1のコイルが励磁される。
2. MC_1が励磁されることにより，MC_1のa接点（負荷回路の三連式のa接点）が閉じ，MC_1が自己保持して電動機が正転する。
　このとき押しボタンスイッチPBS_2をONにしても，インタロック回路を構成しているので電磁接触器MC_2は励磁されない。
3. 押しボタンスイッチPBS_3をONにすることにより，電磁リレーR_1が励磁され，MC_1の自己保持が解除されて電動機が停止する。
4. PBS_3をONにした後，PBS_2をONにするとMC_2のコイルが励磁され，2と同様の考え方で電動機は逆転する。

3 繰り返し点灯回路　「日」「本」と，それぞれの文字を形どった箱の中にランプが入っている。これを図4.29で示すようなタイムチャートを作成し，「日」，「本」，「日本」と順次繰り返し点灯できるようなシーケンス回路を考える。

　図4.30の繰り返し点灯回路は，押しボタンスイッチPBS_1をONにすることにより，図4.29のタイムチャートに従って「日」のラ

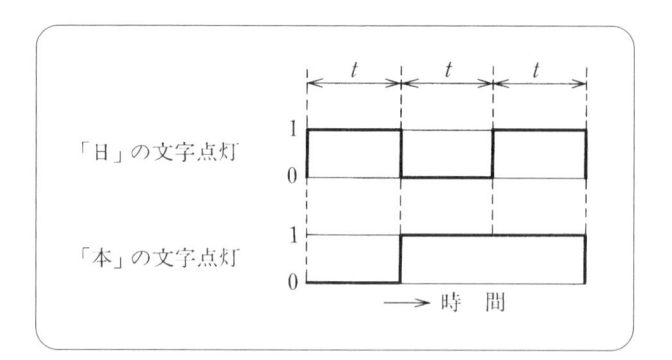

図 4.29 繰り返し点灯回路のタイムチャート

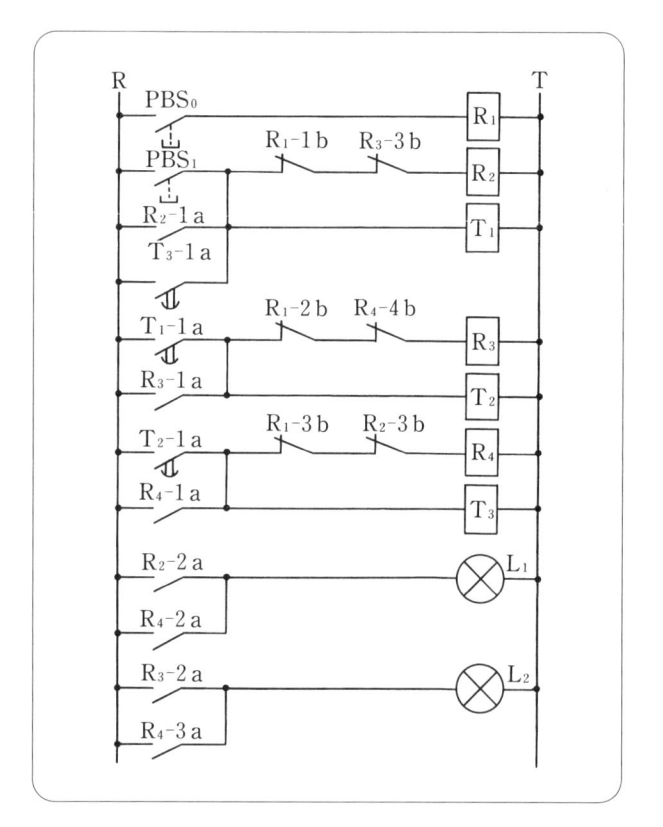

図 4.30 繰り返し点灯回路

ンプ L_1,「本」のランプ L_2 が「日」,「本」,「日本」と表示させるように,L_1,L_2,L_1 と L_2 の点灯を順次繰り返す。点灯している時間はタイマ T_1,T_2,T_3 の設定時間 t となる。また,押しボタンスイッチ PBS_0 を ON にすることにより,すべてが消灯する。

〔動作の概要〕

1. 押しボタンスイッチ PBS_1 を ON にすることにより，R_2 が励磁され，自己保持されて，「日」のランプ L_1 が点灯するとともにタイマ T_1 が励磁される。

2. タイマ T_1 の設定時間 t が経過すると，T_1 の a 接点が閉じ，R_3 が励磁され，自己保持されて，「本」のランプ L_2 が点灯するとともにタイマ T_2 が励磁される。同時に R_3 の b 接点が開き，R_2 が励磁されなくなり「日」のランプ L_1 が消灯する。

3. タイマ T_2 の設定時間 t が経過すると，2と同様な過程で，R_4 と T_3 が励磁され，R_3 が励磁されなくなる。L_1，L_2 ともに R_4 の a 接点と接続されているため，L_1，L_2 が点灯し，「日本」と表示されることになる。

4. タイマ T_3 の設定時間 t が経過すると，タイマ T_3 の a 接点が R_2 と接続されているため，R_4 が励磁されなくなり，ランプ L_2 が消灯する。この動作は1の押しボタンスイッチ PBS_1 を ON したことと同じことになり，L_1 は消灯しない。このようにして1〜3までのサイクルが連続して繰り返される。

5. この連続サイクルを中止させるスイッチが押しボタンスイッチ PBS_0 である。PBS_0 を ON にすると R_1 が励磁され，R_2，R_3，R_4 に R_1 の b 接点が直列接続されているため，ランプ L_1，L_2 が消灯し，動作が終了する。

〔問〕5. 上記のような装置で，L_1，L_2，L_3 の三つのランプを点灯させることにより，「学」，「校」，「祭」の文字を，図 4.31 のようなタイム

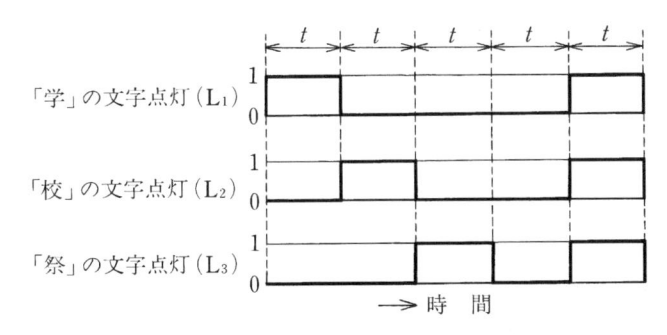

図 4.31 学校祭を表示するタイムチャート

チャートのサイクルで連続繰り返しさせるためのシーケンス図を考えなさい。

4.2.6 シーケンス制御回路の配線

シーケンス制御回路は一般的には制御盤内に組み込まれる。その際，必要な規格や注意事項などを十分に理解しておくことは，組立や配線作業に必要なだけでなく，仕様の変更や故障診断するうえでも大切となる。

1 端子番号 各機器の接続部には番号が刻印されている。また，電磁リレーやタイマは，一般的にその機器に合ったソケットを使用して配線する。図 4.32 にその一例を示す。

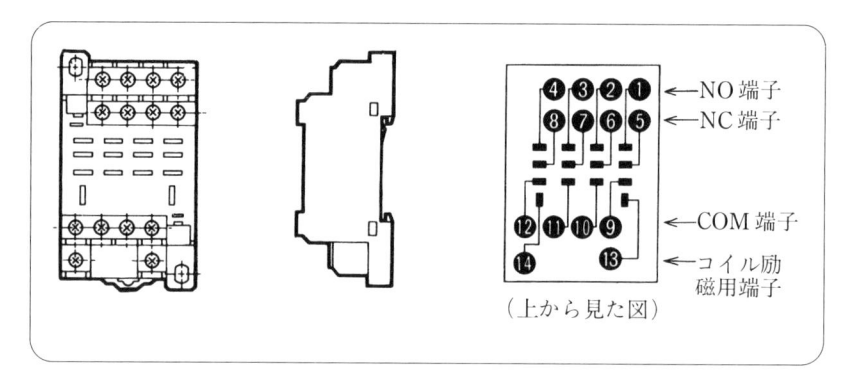

図 4.32 電磁リレーに付けられた端子番号

2 配線電線 制御盤内に用いられる電線は，600 V ビニル絶縁電線または電気機器用ビニル絶縁電線が使用され，その太さは負荷の容量により定める。また，被覆の色は黄色を使用する。線の端部にビニル絶縁テープなどを用いて線番号を付ける。

図 4.33 のように電線を機器に取り付ける際は，圧着端子を用いる。

3 配線 誤配線が生じないように，各器具や接続端子の位置を実際に近い形で描き，端子番号や線番号などをこれに図示して，配線ルートを明確にする。

一つの端子に 3 本以上の線が集まると確実に固定できないため，端

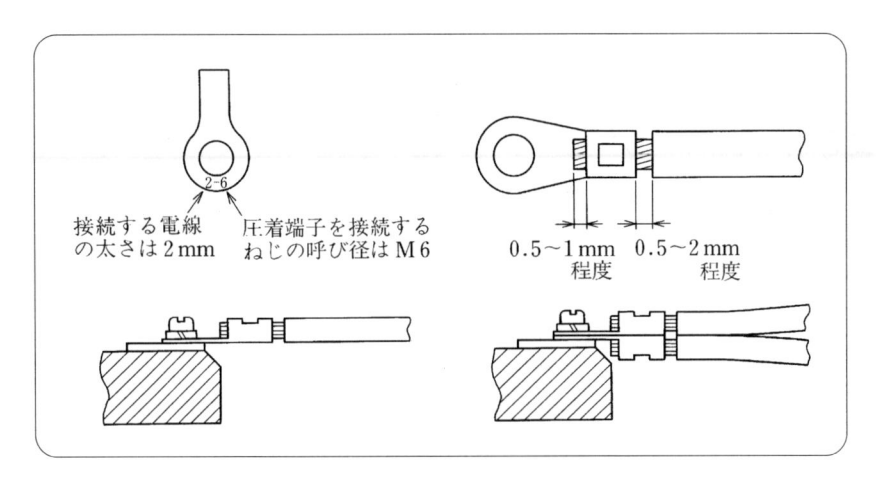

図 4.33　圧着端子の取り付け

子への固定は，必ず1本か2本となるようにする。

4　試　　験　装置の組立・配線が終了したら，再度，図面どおりに器具が取り付けられているか，誤配線はないかを厳重にチェックし，問題なしと判断された後，電源を投入し電気的な機能試験を行う。

また，無接点リレーやICを使用している場合は，ノイズによる誤動作が生じやすいので，ノイズ試験も行う必要がある。

4.3 プログラマブルコントローラ

プログラマブルコントローラ（programmable controller，略してPC）は，入力機器からの信号を読み取り，プログラムに従ってCPUで演算し，出力部に付けられた出力機器を制御するものであり，産業用ロボットなどの自動機械や工場全体のFAの制御機器として，さらに自動販売機や遊戯施設まで幅広く利用されている。ここではPCを使いこなすための基礎的知識およびPCの扱い方を学習する。

4.3.1　PCの構成

PCは図4.34のように，演算・制御部（CPU），記憶部（メモ

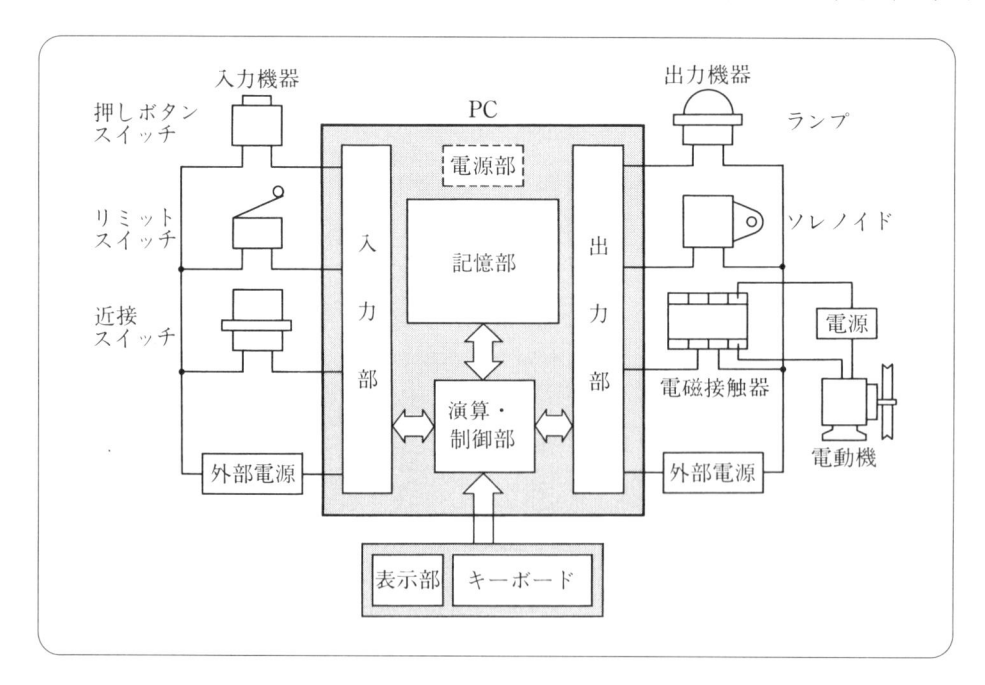

図4.34　PCの構成

リ），入出力部および電源部で構成されている。これらの構成部分が一体となった小規模なシステムと，図4.35のように用途に応じて拡張できるようにユニット化され，ベース[†1]に組み込めるようになっているユニット組合せ型のシステムがある。

[†1] システムを構成するための各種ユニットをコネクタで接続できるようにしたもの。

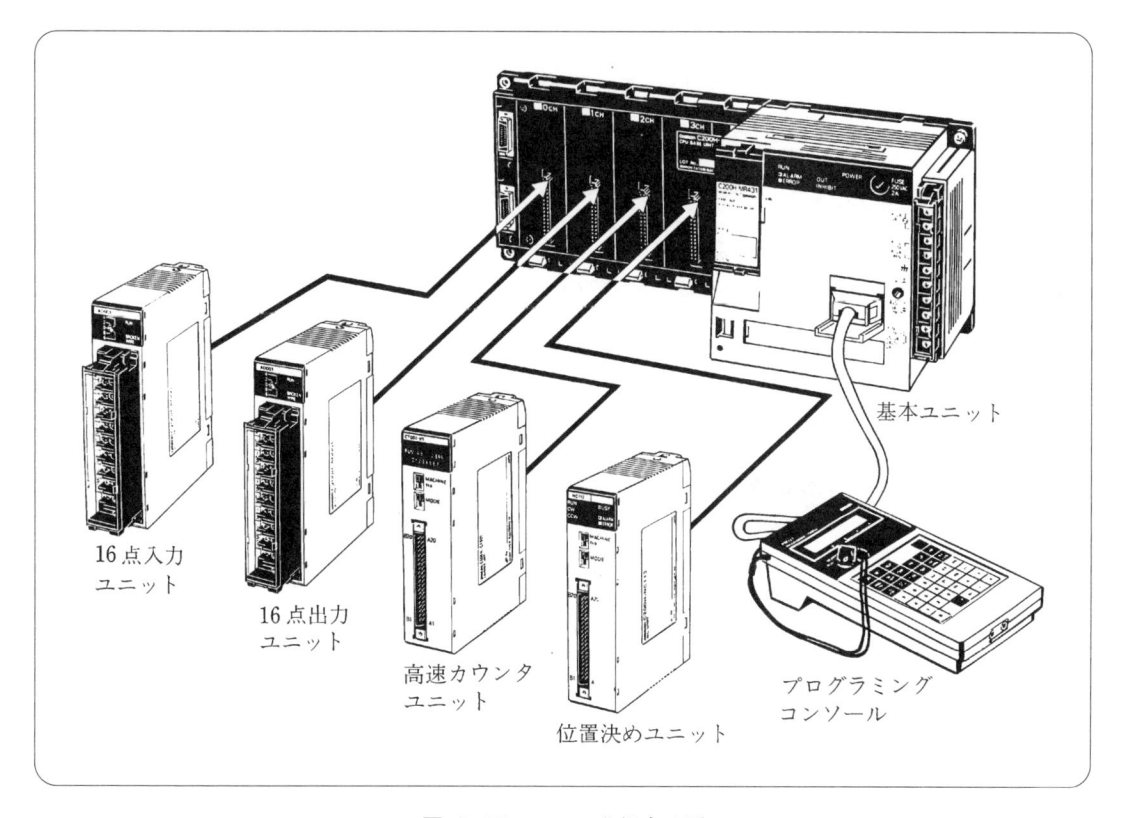

図4.35 ユニット組合せ型

(図中ラベル：16点入力ユニット、16点出力ユニット、高速カウンタユニット、位置決めユニット、基本ユニット、プログラミングコンソール)

ユニットとしては基本ユニット（CPUとメモリ），入力ユニット，出力ユニットのほか，A-D変換ユニット，D-A変換ユニット，位置決めユニット，高速カウンタユニット，コンピュータと接続できる計算機ユニット，PC間の情報の伝達に用いるリンクユニット，ネットワークを構成することができるネットワークユニットなどがある。

つぎにPCとマイクロコンピュータの相違点，PCとリレーシーケンスの相違点を列記する。

［1］ PCとマイクロコンピュータの相違点

① マイクロコンピュータは一般のエレクトロニクス部品で構成されているため，ノイズや温度，塵埃(じんあい)などに弱い。しかしPCは，

厳しい工場の環境下でも使用できるようになっている。

② PCは，専用のCPUで組み立てられており，シーケンス回路がわかれば簡単な**コマンド**[†1] (command) でプログラムできるように工夫されている。

③ PCは，入出力部がリレー盤と同様に入出力機器を接続すればよい仕様になっている。

[2] **PCとリレーシーケンスの相違点**

① 入出力部を除けば，PCは配線する必要がなく，複雑な制御もプログラムによって簡単にできる。また制御内容の変更もプログラムの変更だけでできる。

② PCはリレーやタイマ，カウンタが集合した電子回路と考えればよく，入出力部以外の制御機器は不要である。

> [†1] PCをシーケンスどおりに実行させるためのプログラム命令で，PCメーカによって異なる。

4.3.2 入　力　部

入力部の役割は，押しボタンスイッチやリミットスイッチ，各種検出スイッチのON・OFFの信号をCPUに確実に伝達することである。入力信号の種類に応じてつぎのようなインタフェースが準備されている。

[1] **DC，AC接点入力**　入力機器は，押しボタンスイッチやリミットスイッチなどの接点を使用する機器に限られる。接点のON・OFFは，外部電源を用いホトカプラを通してCPUに伝えられる。図4.36，図4.37にPCと接点入力の接続を示す。

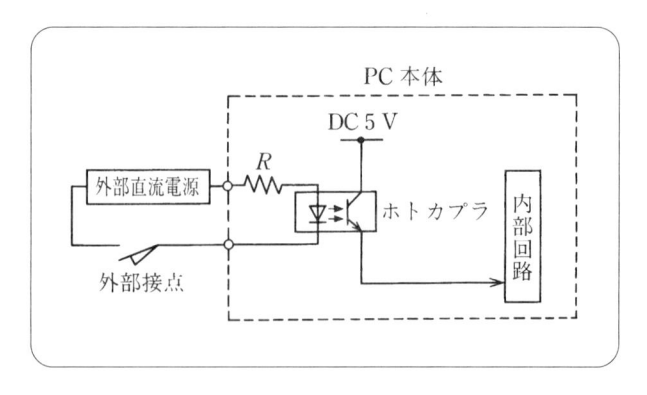

図4.36　DC接点入力

外部入力電源は直流用と交流用があり，図 4.36 は外部電源が直流用の場合，図 4.37 は外部電源が交流用の場合を示す。

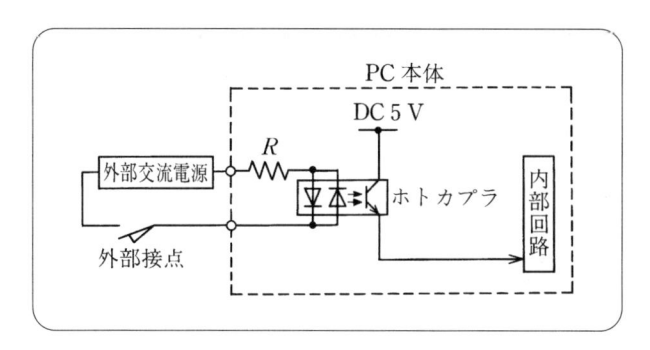

図 4.37　AC 接点入力

2　トランジスタ入力　　光電スイッチや近接スイッチなどの無接点スイッチを使用する機器から得られる信号や，微少な無接点信号を入力したい場合には，外部トランジスタで増幅し，ホトカプラを通して入力の有無を CPU に伝える。

図 4.38 に PC とトランジスタ入力の接続を示す。

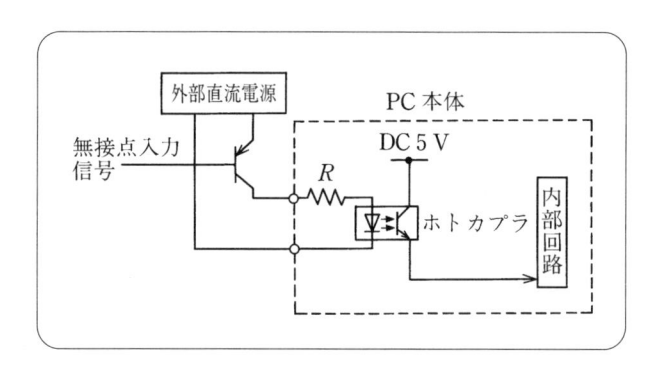

図 4.38　DC トランジスタ入力

4.3.3　出　力　部

PC の出力部の役割は，外部機器を動作させるのに必要な電圧レベルに変換したり電力増幅することである。

1　DC，AC 接点出力　　PC からの出力信号でリレー接点を ON・OFF し，出力信号として利用する。

図 4.39 に PC のリレー接点出力と外部機器の接続を示す。リレー

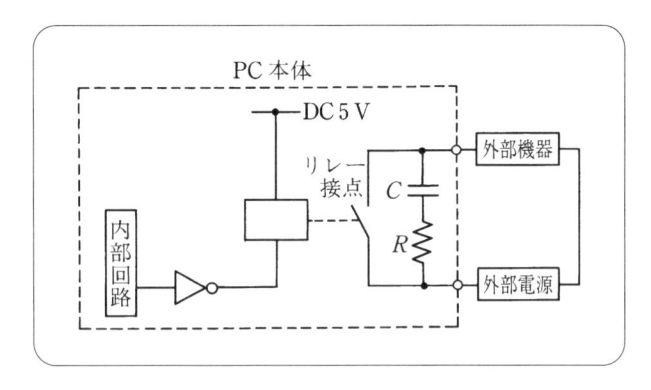

図 4.39　接 点 出 力

接点に並列接続されている C と R は，出力リレー接点の開閉によるノイズを吸収するためのもので，**火花消し**（spark killer）という。出力回路がリレー接点であることから，電流の流れの方向に制約がない。

したがって，外部電源は使用機器に応じて交流でも直流でもどちらでも接続できる。

　2　**トランジスタ出力**　　図 4.40 のように PC からの出力信号は，ホトカプラを通してトランジスタを ON・OFF する。これを利用して，外部機器と外部電源を接続すれば，外部機器が ON・OFF 制御できる。

ただし，外部電源は直流でなければならない。

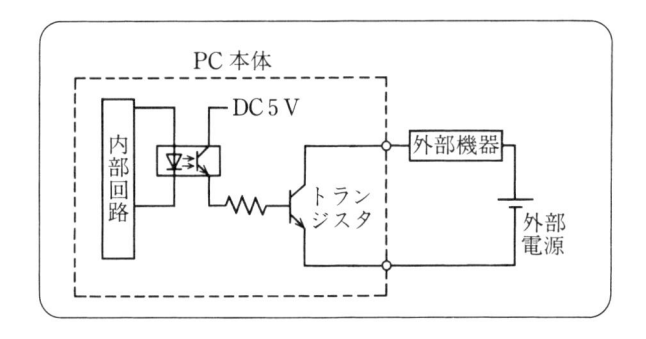

図 4.40　トランジスタ出力

　3　**トライアック出力**　　この回路ではホトカプラとトライアック[†1]を組み合わせて構成され，PC からの出力信号によってトライアックが導通する。

[†1] 双方向三端子制御整流素子と訳され，この場合はホトダイオードに電流が流れると，極性に関係なく ON にすることができる。

図 4.41 に PC のトライアック出力と外部機器の接続を示す。外部電源は交流でなければならない。1 のリレー接点出力の場合でも交流機器を駆動できるが，リレー接点の開閉を頻繁に繰り返すと，発生する火花で接点が摩耗したり，溶着する恐れがある。これに対してトライアック出力では，火花が発生しにくく，機械的疲労もない。

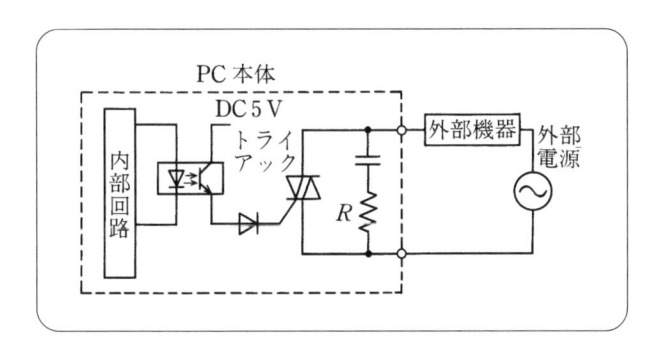

図 4.41 トライアック出力

4.3.4　PC 活用の手順

1　入出力リレーの割り付け　入出力機器を PC の入出力リレー番号に割り付ける。割り付けとは，入出力機器を PC が判断できる番号に置き換えることである。実際には PC の入出力端子番号が入出力リレー番号となる。PC の CPU は，入力リレー番号の信号の状態をつねに監視することにより入力機器の状態を知ることができる。また，出力リレー番号に信号を送ることで出力機器を操作することができる。

入出力リレー番号は PC の種類や機種によって異なる。ここでは入力リレー番号として 00 から 15 までの計 16 点，出力リレー番号として 100 から 115 まで計 16 点が使用できるものとする。

2　内部リレー，タイマの割り付け　内部リレーとは PC 内部で信号の受け渡しをするための一時記憶メモリのことで，プログラム上でのみ使用できる。この内部リレーも入出力リレーと同様に指定された番号を持つ。ここでは，内部リレー番号として 50 から 73 まで計

24点が使用できるものとする。

PC内部のタイマにも番号が割り振られており，その番号を利用することで，内部リレー同様外部と接続されずにPC本体の中で利用できる。ここではタイマ番号として90から97まで計8点が使用できるものとする。

表4.11に入出力リレー，内部リレー，タイマに本書で割り付けた番号を記す。

表 4.11 番号の割り付け

名　称	点数	割り付け番号
入力リレー	16	00〜15
出力リレー	16	100〜115
内部リレー	24	50〜73
タ イ マ	8	90〜97

〔3〕 **PC用シーケンス回路図の作成**　PCにプログラムやデータをキーボードから打ち込むためには，PCに適したシーケンス回路図を作成する必要がある。ここではPC用シーケンス回路図として一般に多く用いられている**ラダー図**（ladder diagram）を用いて記述する。

ラダー図での接点の扱いは，押しボタンスイッチ，リミットスイッチおよび電磁リレーなど，検出機器の種類に関係なく，その接点がa接点かb接点かだけで処理していく。そのため，接点の図記号は図4.42（a）のように表す。また，コイルや表示灯などの入出力機器の図記号は図（b）のように表す。

†1　PCのラダー記号はPCの慣用に従った。

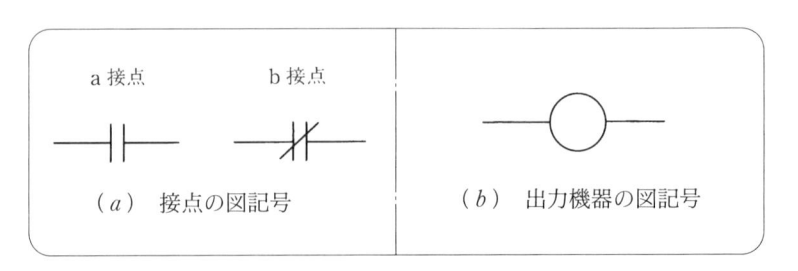

図 4.42 ラダー記号[†1]

PCでは，シーケンス回路図で使用している機器などに付けられている文字記号は用いず，PCの入力部および出力部に割り付けられている番号を使用する。しかし，本書では，わかりやすくするため，PCの割り付け番号だけでなく，いままで使用していた機器の文字記号も付して記述する。

ラダー図を書くにはつぎの点に注意しなければならない。

① 各制御機器の動作状態は電源を切った状態で表す。

② コイルは片側の制御母線にそろえ，コイルの後に接点がきてはならない。

③ プログラムの実行順序は，ラダー図では上から下および左から右の順番で実行されるが，プログラムの最終に書き込まれるEND命令によりもとに戻り，繰り返し実行される。

④ リレーシーケンス回路では一つの電磁リレーの接点数に限りがあったが，PCの入出力リレーや内部リレー，タイマなどの接点数には制限がない。

図4.21のタイマ回路[†1]をラダー図で表すと図4.43になる。この図では，PCに割り付けられている内部リレー番号を50，タイマ番号を90，ブザー番号を100としている。

[†1] 141ページに記載されている。

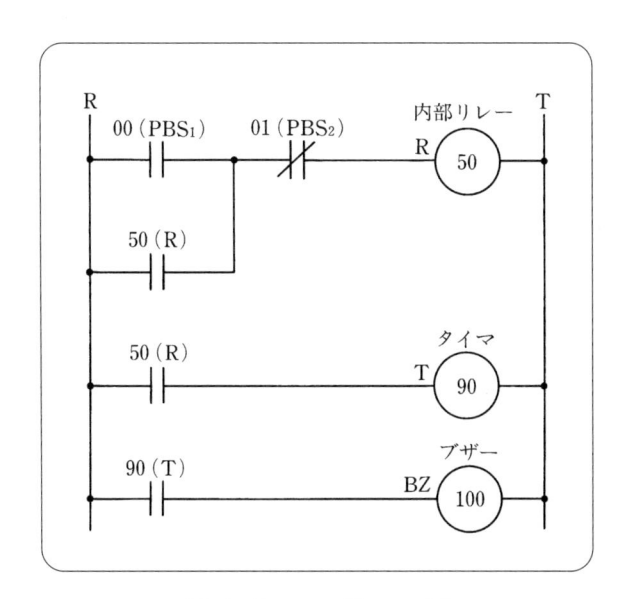

図4.43 ラ ダ ー 図

[4] プログラミング　プログラムに必要な基本命令の一例を表 4.12 に示す。ここではこの命令を使いプログラミング[†1]する。

[†1] PC の基本命令は PC の慣用に従った。

表 4.12　PC の基本命令

命令語	ラダー記号	機　能
LD（ロード）	─┤├─	論理演算を a 接点で開始する
LD NOT（ロードノット）	─┤╱├─	論理演算を b 接点で開始する
AND（アンド）	─┤├─	論理積の a 接点で直列接続する
AND NOT（アンドノット）	─┤╱├─	論理積否定の b 接点で直列接続する
OR（オア）	─┤├─┘	論理和の a 接点で並列接続する
OR NOT（オアノット）	─┤╱├─┘	論理和否定の b 接点で並列接続する
ANB（アンドブロック）	(図)	論理ブロックを直列接続する
ORB（オアブロック）	(図)	論理ブロックを並列接続する
OUT（アウト）	─○─	論理演算処理結果を出力リレー，内部リレーへ出力する
TIM（タイマ）	─○─	限時動作タイマ（内部タイマ）を駆動する設定時間を 0.1 秒を 1 とする
END（エンド）		プログラムの終了

表 4.12 の基本命令を用い，図 4.43 のラダー図をプログラムするとつぎのようになる。

〔タイマ回路のプログラム〕

行番号	命　　令	
1	LD	0 0
2	OR	5 0
3	AND　NOT	0 1
4	OUT	5 0
5	LD	5 0
6	TIM　9 0	1 8 0 0
7	LD　TIM	9 0
8	OUT	1 0 0
9	END	

〔プログラムの説明〕

(行番号) 　　　　　　　(説　　明)

1　入力リレー00番のa接点の信号を取り込む。

2　内部リレー50番のa接点の信号とORにする。

3　入力端子01番のb接点の信号とANDにする。

4　1行目から3行目までの結果を内部リレー50番に出力する。

5　内部リレー50番のa接点の信号を取り込む。

6　内部タイマ90番を動作させる。
　　つぎの1800はタイマの設定時間を表す。0.1秒を1とするため，1800では3分を意味する。

7　内部タイマ90番のa接点の信号を取り込む。
　　タイマの接点の命令はLD, AND, OR, LD　NOT, OR NOTの後にTIMを付けて表す。

8　5行目から7行目までの結果を出力リレー100番に出力する。

9　プログラムを終了する。

―――― **例題** *2.* ――――

図4.44，図4.45のラダー図をそれぞれプログラムしなさい。
ただし，00〜03は入力リレー番号，100は出力リレー番号とする。

図 4.44   図 4.45

解 答

〔図 4.44 のプログラム〕

行番号	命　　令
1	LD　　　　　0 0
2	OR　NOT　　0 1
3	LD　NOT　　0 2
4	OR　　　　　0 3
5	ANB
6	OUT　　　　1 0 0
7	END

〔**プログラムの説明**〕

(行番号)　　　　　　(説　明)

1　入力リレー 00 番の a 接点の信号を取り込む。

2　入力リレー 01 番の b 接点の信号と OR にする。

3　入力リレー 02 番の b 接点の信号を取り込む。

4　入力リレー 03 番の a 接点の信号と OR にする。

5　ブロック A (1 行目, 2 行目) とブロック B (3 行目, 4 行目) を直列にまとめる。

6　結果を出力リレー 100 番に出力する。

7　プログラムを終了する。

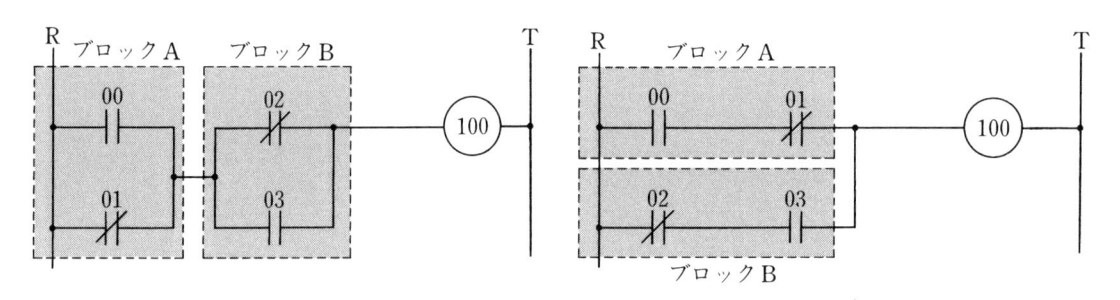

〔図 4.45 のプログラム〕

行番号	命　　令
1	LD　　　　　0 0
2	AND　NOT　　0 1
3	LD　NOT　　0 2

4	AND	0 3
5	ORB	
6	OUT	1 0 0
7	END	

〔プログラムの説明〕

(行番号)　　　　　　　(説　明)

1　入力リレー00番のa接点の信号を取り込む。

2　入力リレー01番のb接点の信号とANDにする。

3　入力リレー02番のb接点の信号を取り込む。

4　入力リレー03番のa接点の信号とANDにする。

5　ブロックA（1行目，2行目）とブロックB（3行目，4行目）を並列にまとめる。

6　結果を出力リレー100番に出力する。

7　プログラムを終了する。

[5] **プログラムの入力**　プログラムを入力するためにはプログラミングコンソール[†1]を使用する。計算機ユニットを接続すれば、コンピュータでプログラム開発やプログラムの転送、PROM[†2]の作成

[†1] PC本体と接続してプログラムを入力するもので、表示部とキーボードを備えている。

[†2] programmable read-only memoryの略で、使用者がプログラムやデータをメモリに書き込むことのできる読出し専用のメモリ。

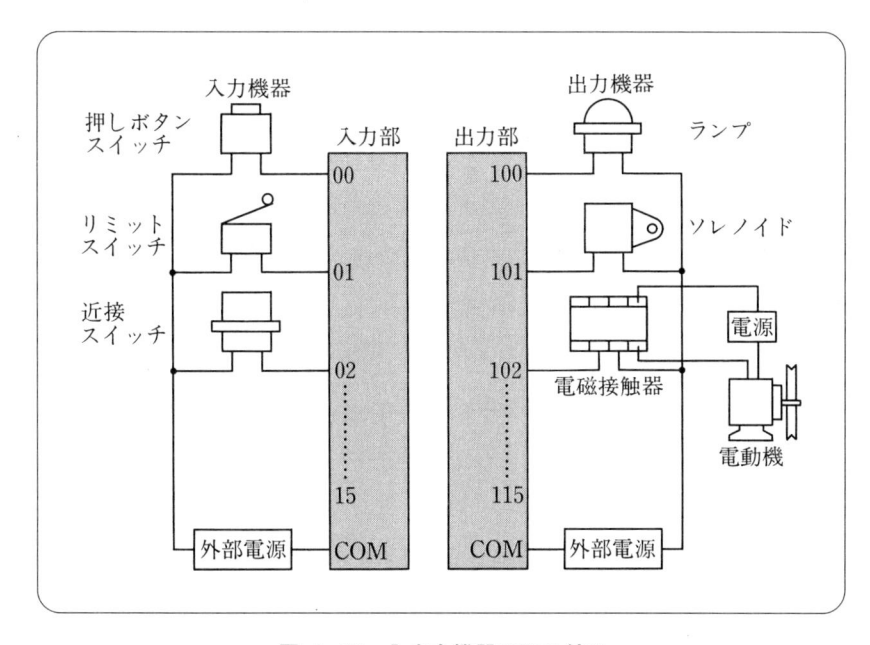

図4.46　入出力機器の取り付け

164　4. シーケンス制御の基礎

などができる。

[6] **入出力機器の取り付け**　入出力機器は片方を割り付けられた入出力端子へ，他方を外部電源に接続する。外部電源端子は共通とし，片方をCOM端子に接続し，他方を入出力機器に接続する。

入出力部への入出力機器の取り付けを図4.46に示す。

4.3.5　プログラマブルコントローラの　シーケンス制御への応用

この項ではPCを利用したシーケンス制御の応用を学ぶ。

[1] **電動機の正逆転回路**　図4.47に示すテーブルは，直流電動機を正転・逆転することによって左右に移動する。LS_2とLS_3はテーブルの移動時に左端と右端を検出するもので，LS_1とLS_4はテーブルのオーバランを検出するものである。

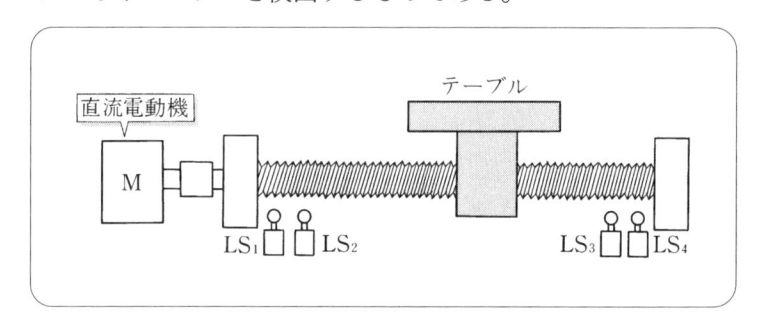

図4.47　移動テーブル

初期状態でテーブルはLS_2のみが検出されているものとして，PBS_1をONにすると直流電動機が正転し，テーブルは右に移動する。LS_3に当たると直流電動機が逆転し，LS_2に当たるまで移動し停止する。ただし，LS_1とLS_4はオーバラン防止用リミットスイッチである。

主回路を図4.48に，外部接点および外部機器とPCとの結線図[1]を図4.49に示したように行うものとして，ラダー図およびプログラムを作成するとつぎのようになる。

ただし，R_1がONで電動機は正転し，テーブルは右へ移動するものとする。

[1] PCとの結線図とは，図4.46のようなPCと入出力機器の取り付けを図記号で示したものである。ただし，PCと直接接続される機器との結線図であるため，電動機などは記入しない。

4.3 プログラマブルコントローラ 165

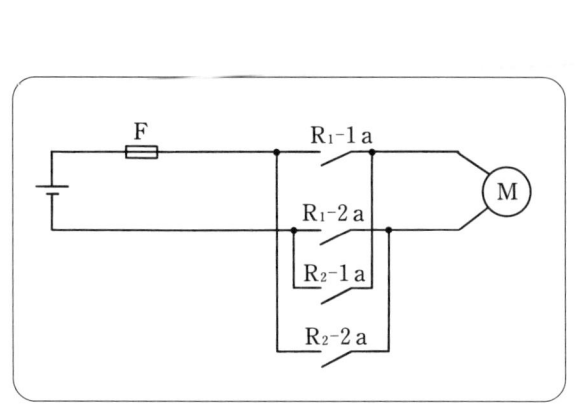

図 4.48 移動テーブルの主回路

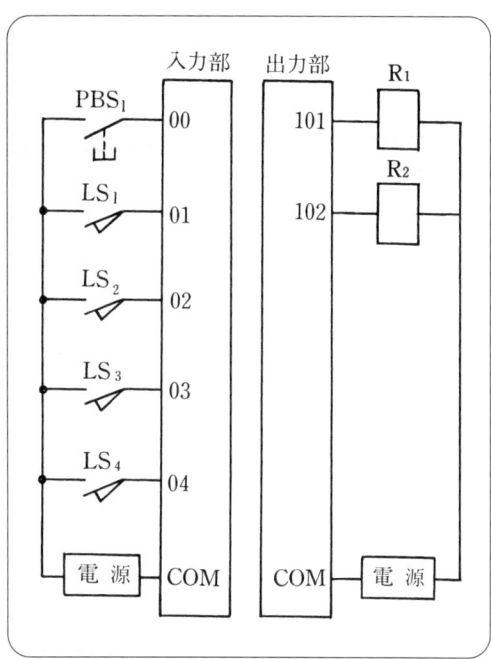

図 4.49 PC との結線図

〔移動テーブルのラダー図〕図 4.50 に示す。

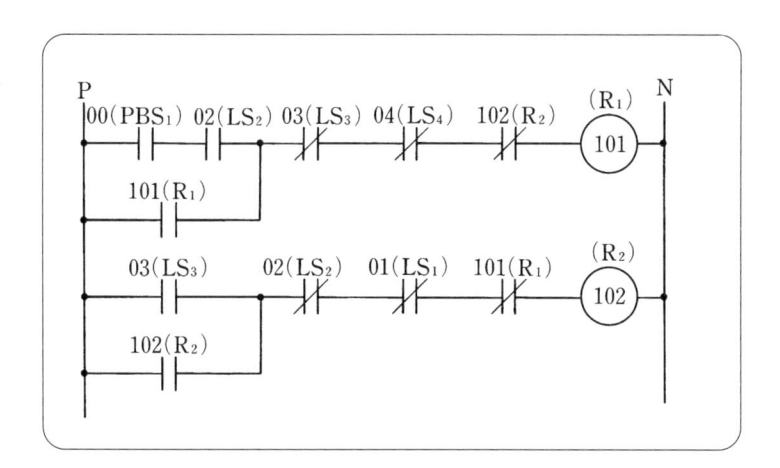

図 4.50 移動テーブルのラダー図

〔回路の動作〕

1. 初期状態は LS_2 が ON であるから，LS_2 が ON でしかも PBS_1 が ON となったとき，R_1 が励磁され，自己保持されて電動機が正転し，テーブルが右に移動する。

2 LS₃ が ON になると LS₃ の b 接点が R₁ に直列に接続されているため，R₁ の自己保持が解除される．また同時に LS₃ の a 接点が ON となって，R₂ が励磁され，自己保持されて電動機が逆転し，テーブルが左へ移動する．

3 LS₂ が ON になると LS₂ の b 接点が R₂ に直列に接続されているため，自己保持が解除され停止する．

4 R₁ と R₂ が同時に ON とならないようにインタロック回路となっている．

5 また，オーバラン防止用の LS₁ および LS₄ は，それぞれの b 接点を R₂ および R₁ に直列に接続し，LS₂ または LS₃ が働かなくなった場合に備える．

〔図 4.50 のプログラム〕

行番号	命　令	
1	LD	0 0
2	AND	0 2
3	OR	1 0 1
4	AND NOT	0 3
5	AND NOT	0 4
6	AND NOT	1 0 2
7	OUT	1 0 1
8	LD	0 3
9	OR	1 0 2
1 0	AND NOT	0 2
1 1	AND NOT	0 1
1 2	AND NOT	1 0 1
1 3	OUT	1 0 2
1 4	END	

〔問〕 **6.** 図 4.50 のラダー図を，PC を用いずに電磁リレーを用いて配線すると，PC を用いたときのような動作が行われない．その理由を考えなさい．

[問] **7.** テーブルが右に移動し，LS_3 に当たったならば3秒間停止した後，同様な動作をさせるとした場合のラダー図を作成し，そのプログラムを完成させなさい。

2 ベルトコンベヤでの選別回路　図 4.51 は製品の大，中，小の高さを光電スイッチで調べ，大，中，小を選別するものである。選別は各空気圧シリンダの電磁弁のソレノイド（SOL）をON・OFFすることによって行うものとする。

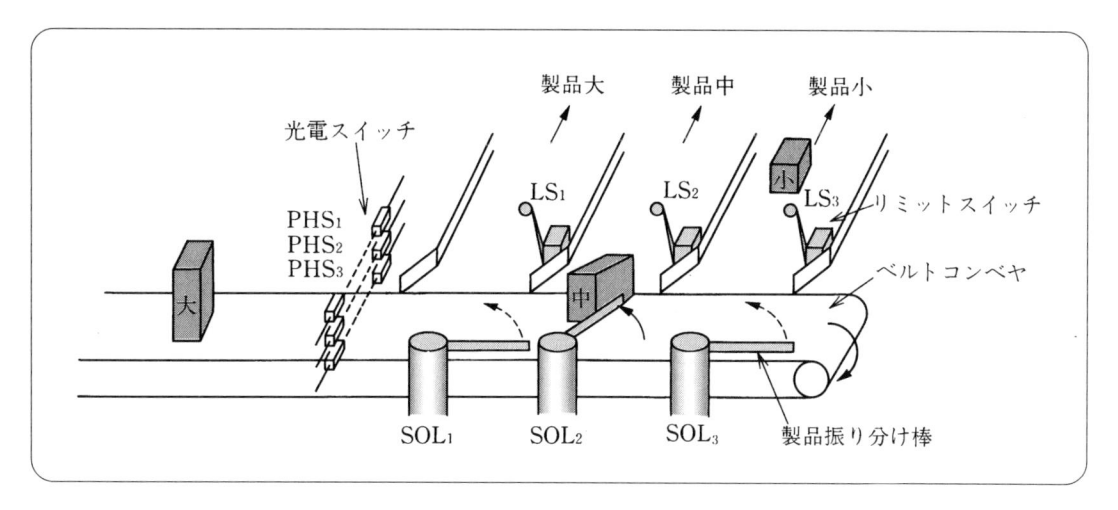

図 4.51 製品振り分け機

電磁弁は4ポート2位置弁とし，SOL_1 をONにすることによってシリンダが動作し，大の製品が振り分けられる。同様に SOL_2 をONにすることにより中の製品が，SOL_3 をONにすることによって小の製品が振り分けられる。それぞれのSOLをOFFにすることによって各シリンダがもとに戻る。

ただし，製品は連続して流れず，一つの製品の選別終了後，つぎの製品が流れてくるものとする。

光電スイッチの動作と製品の大きさの関係を表にすると，表 4.13 のようになる。この表から動作の概要をまとめると，つぎのようになる。

① 光電スイッチ PHS_1 で検出される場合は大の高さの製品であり，ソレノイド SOL_1 をONにして，製品振り分け棒でベルトコンベヤ上から大の製品振り分け場所へ移動させる。

168   4. シーケンス制御の基礎

表 4.13 製品の高さ検出

光電スイッチ	大	中	小
PHS_1	ON	OFF	OFF
PHS_2	ON	ON	OFF
PHS_3	ON	ON	ON

注) 光電スイッチの光が遮られたとき，PHS が ON となる

② 光電スイッチ PHS_1 で検出されずに PHS_2 で検出される場合は中の高さの製品であり，ソレノイド SOL_2 を ON にして，製品振り分け棒でベルトコンベヤ上から中の製品振り分け場所へ移動させる。

③ 光電スイッチ PHS_2 で検出されずに PHS_3 で検出される場合は小の高さの製品であり，ソレノイド SOL_3 を ON にして，製品振り分け棒でベルトコンベヤ上から小の製品振り分け場所へ移動させる。

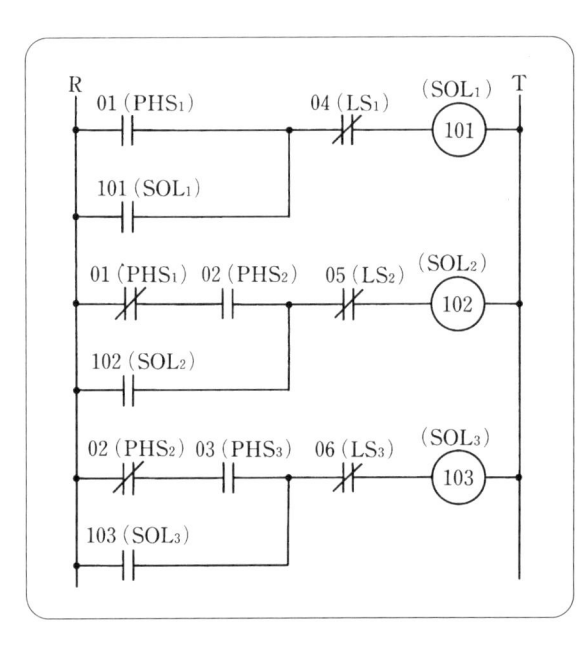

図 4.52 ベルトコンベヤの選別回路

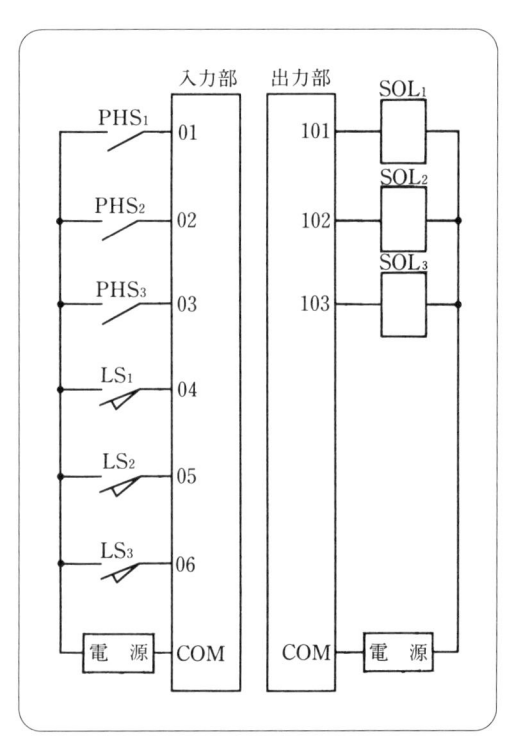

図 4.53 PC との結線図

振り分け棒は，製品がベルトコンベヤから振り分けられるとき，各リミットスイッチに当たったことを検知してもとに戻る。

PHS_1 で検出されずに PHS_2 で検出されるということは，PHS_1 のb接点と PHS_2 のa接点の AND をとることである。

このように考えたラダー図が図 4.52 で，PCとの入出力機器との結線図が図 4.53 である。

つぎにこのプログラムを示す。

〔図 4.52 のプログラム〕

行番号	命　　　令	
1	LD	0 1
2	OR	1 0 1
3	AND NOT	0 4
4	OUT	1 0 1
5	LD NOT	0 1
6	AND	0 2
7	OR	1 0 2
8	AND NOT	0 5
9	OUT	1 0 2
1 0	LD NOT	0 2
1 1	AND	0 3
1 2	OR	1 0 3
1 3	AND NOT	0 6
1 4	OUT	1 0 3
1 5	END	

［3］ 空気圧制御 図 4.54 の空気圧ロボットは，ベルトコンベヤAによって運ばれてきた製品をベルトコンベヤBに移動させるものである。このロボットは，90°の旋回，上下，ハンドの指開閉の三つの動作が可能な仕様になっている。

この空気圧ロボットの駆動は三つの空気シリンダで構成され，電磁制御弁は4ポート2位置弁を用いる。したがって，ソレノイドをONにすることによりシリンダが動作し，ソレノイドをOFFにすることによりシリンダはもとの位置に戻る。また，シリンダの動作が検出で

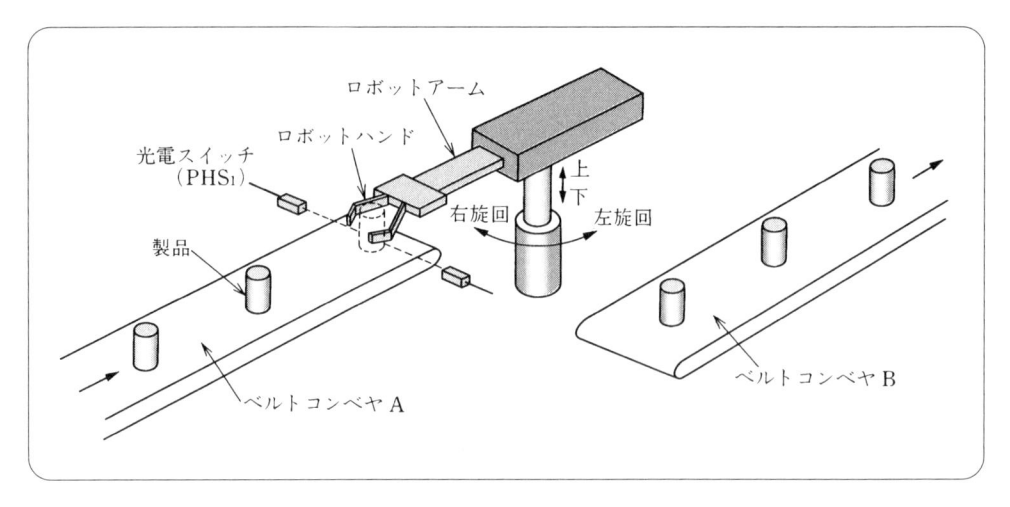

図 4.54 空気圧ロボット

きるように，シリンダの両端に近接スイッチPXSを取り付けてある。各駆動部分の動作は表4.14のようになる。

表 4.14 空気圧ロボットの動作

動　作	制　御　方　法	検　出　方　法
つかむ	SOL_1　ON	PXS_2　ON
放　す	SOL_1　OFF	PXS_1　ON
上	SOL_2　ON	PXS_4　ON
下	SOL_2　OFF	PXS_3　ON
左旋回	SOL_3　ON	PXS_6　ON
右旋回	SOL_3　OFF	PXS_5　ON

〔動作の概要〕

空気圧ロボットが図4.54の位置（SOL_1，SOL_2，SOL_3がすべてOFFの状態）でベルトコンベヤAが駆動し，製品が光電スイッチPHS_1の光を遮るとベルトコンベヤAが停止する。ここでは製品が光電スイッチの光を遮ってからの空気圧ロボットの一連の動きを制御するものとする。

図4.55に空気圧ロボットのタイムチャートを示す。

$\boxed{t_0}$　光電スイッチPHS_1がONになると，ソレノイドSOL_1を

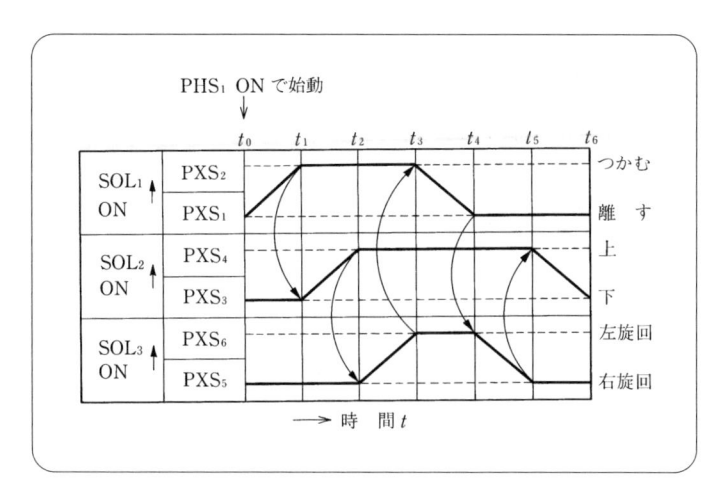

図 4.55 空気圧ロボットのタイムチャート

ON にしてロボットハンドが製品をつかむ。

t_1 製品をつかむと近接スイッチ PXS_2 が ON となり、ソレノイド SOL_2 を ON にしてロボットアームを上に上げる。

t_2 ロボットアームが上に上がると、近接スイッチ PXS_4 が ON となり、ソレノイド SOL_3 を ON にしてロボットアームを左旋回する。

t_3 ロボットアームが左旋回すると、近接スイッチ PXS_6 が ON となり、ソレノイド SOL_1 を OFF にして製品をロボットハンドから離し、ベルトコンベヤ B 上に落とす。

t_4 ロボットハンドが製品を離すと、近接スイッチ PXS_1 が ON となり、ソレノイド SOL_3 を OFF にしてロボットアームを右旋回する。

t_5 ロボットアームが右旋回すると、近接スイッチ PXS_5 が ON となり、ソレノイド SOL_2 を OFF にしてロボットアームを下に下げる。

t_6 ロボットアームが下に下がり、近接スイッチ PXS_3 が ON となって最初の位置に戻る。

以下 t_0〜t_6 を繰り返す。

図 4.55 より、この動作をさせるためには、それぞれのソレノイドを表 4.15 に示す信号によって制御すればよい。

4. シーケンス制御の基礎

表 4.15 ソレノイドを制御するための信号

動作ソレノイド	ON の信号	OFF の信号	備考
SOL_1	PHS_1	PXS_6	
SOL_2	PXS_2	PXS_1 と PXS_5 の AND	OFF の信号を PXS_5 だけとすると PXS_5 は $t_0 \sim t_2$ の間も ON であるため,SOL_2 が動作しないことになる
SOL_3	PXS_4	PXS_1	PXS_4 は $t_2 \sim t_5$ の間 ON であるから,自己保持の必要がなく,PXS_4 が ON でしかも PXS_1 が OFF の間と考えればよい

表 4.15 によりラダー図を作成すると図 4.56 となる。また,PC と入出力機器との結線図を図 4.57 に示す。なお,この動作については位置検出スイッチ PXS_3 は使用せずに動作できるので,ここでは省略してある。

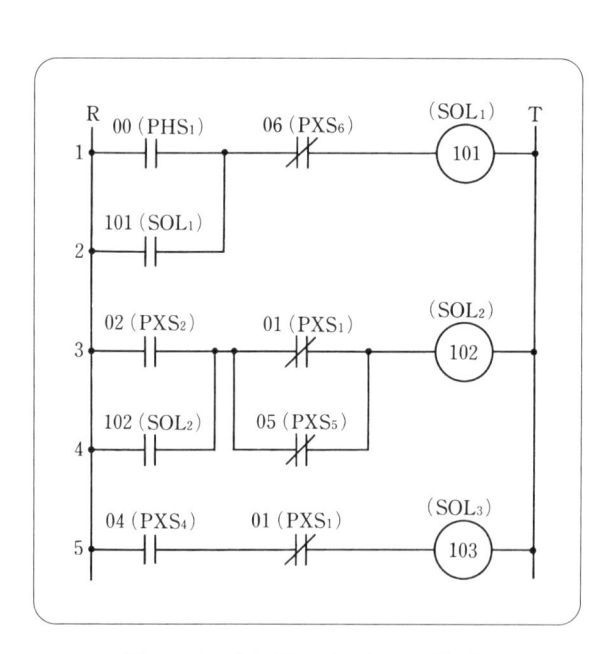

図 4.56 空気圧ロボットのラダー図

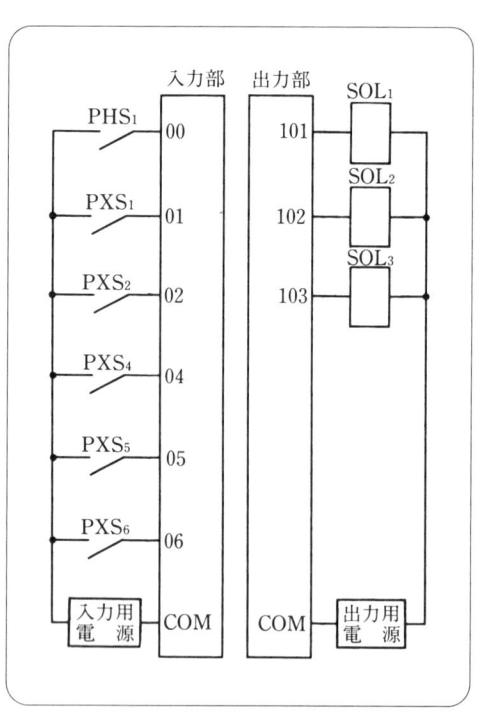

図 4.57 PC との結線図

つぎにこのプログラムを示す。

〔図 4.56 のプログラム〕

行番号	命　　令	
1	LD	0 0
2	OR	1 0 1
3	AND NOT	0 6
4	OUT	1 0 1
5	LD	0 2
6	OR	1 0 2
7	LD NOT	0 1
8	OR NOT	0 5
9	ANB	
1 0	OUT	1 0 2
1 1	LD	0 4
1 2	AND NOT	0 1
1 3	OUT	1 0 3
1 4	END	

4　練習問題

❶　家庭にある機器でシーケンス制御が用いられているものを挙げなさい。また、それはなにを検出して、どのような順序で動作しているか述べなさい。

❷　接点の種類であるa接点とb接点の違いを挙げなさい。

❸　図 4.58 のリレーシーケンス回路を見て、図 4.59 のタイムチャートを完成させなさい。

❹　テレビのクイズ番組などでは、司会者の質問に対して、最も速くスイッチを押した人の机上のランプが点灯し解答権が与えられる。このとき、少し遅れてスイッチを押した人の机上のランプは点灯せず、解答権は与えられない。

　解答者が2人おり、それぞれの机上に PBS_1、PBS_2 の押しボタンス

174   4. シーケンス制御の基礎

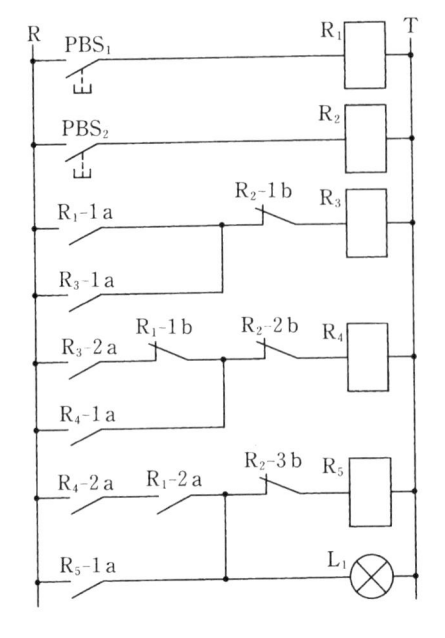

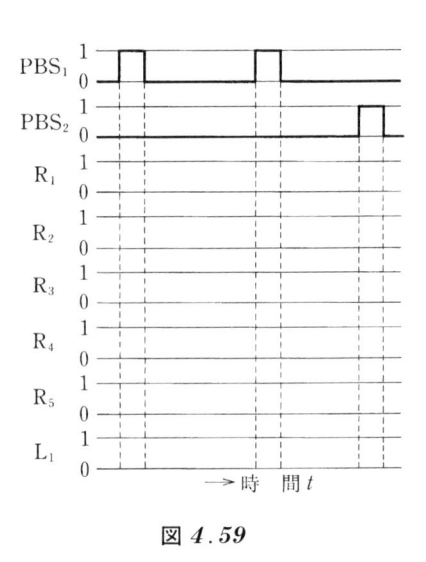

図 4.58

図 4.59

イッチとランプ L_1，L_2 があるものとして，最も速くスイッチを押した人のみ机上のランプが点灯するようなリレーシーケンス回路を考えなさい。ただし，つぎの問題に移る前に司会者が PBS_0 のスイッチを押すとリセットされて，ランプが消灯する。

❺ 図 4.60 の二つの空気圧シリンダを図 4.61 のタイムチャートのように PC を使って動かしたい。ただし始動は押しボタンスイッチ PBS_1 を使用し，PC への番号の割り付けは図 4.62 とした。このラダー図と PC のプログラムを作成しなさい。

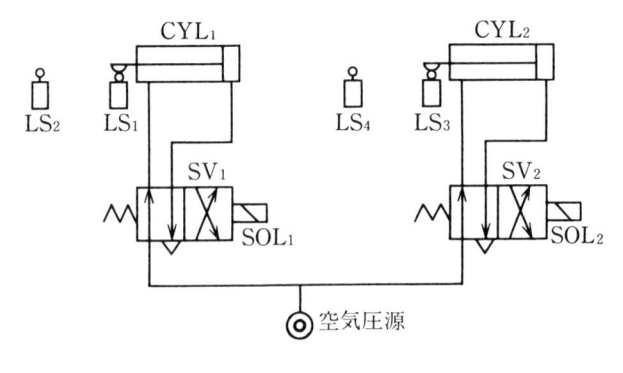

図 4.60

図 4.61

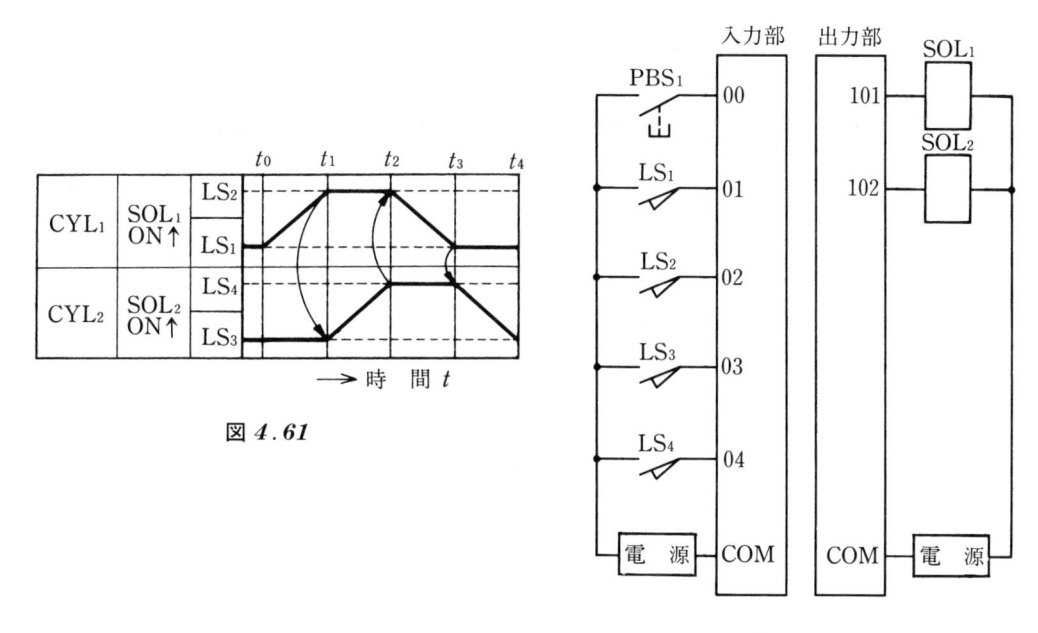

図 4.62

❻ 図 4.63 に示すテーブルは，直流電動機を正転・逆転することによって左右に移動する。LS_2 と LS_3 はテーブルの移動時に左端と右端を検出するもので，LS_1 と LS_4 はテーブルのオーバランを検出するものである。また，LS_0 は中央位置を検出する。

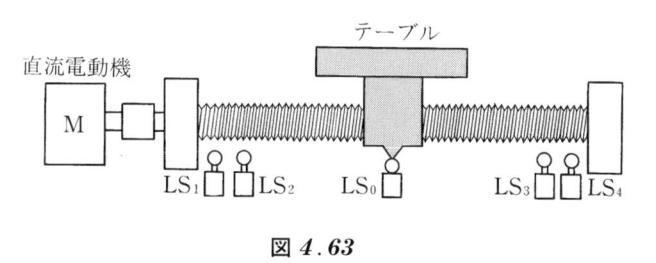

図 4.63

初期状態でテーブルは LS_0 のみが検出されているものとして，PBS_1 を ON にすると直流電動機が正転し，テーブルは右に移動する。LS_3 に当たったならば5秒間停止した後，直流電動機が逆転し，LS_2 に当たるまで移動し，LS_2 に当たった状態で5秒間停止した後，再度正転し，LS_0 に当たって停止する。

主回路を図 4.48（165 ページ）とし，PC との結線図を図 4.64 に示したものとしてラダー図およびプログラムを完成しなさい。

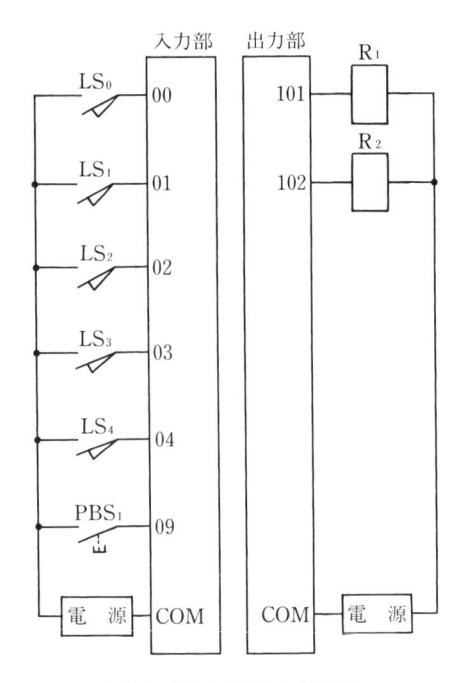

図 4.64 PC との結線図

ただし，R_1 が ON で電動機は正転し，テーブルは右に移動，R_2 が ON で電動機は逆転し，テーブルは左に移動するものとする。

コンピュータ制御の基礎

5

　現在の産業機械や家電製品は自動化が進み，ほとんど人の手を借りなくても目的の作業ができるようになってきた。これらの機器を順序よく，正確に動作させるための制御部には，コンピュータが使用されている。この章では，マイクロコンピュータの基本的な構成や動作を学び，さらに，外部機器の制御方法やネットワークを利用した制御などについて学習する。

5.1 コンピュータとインタフェース

この節ではコンピュータの基本的構成と，入出力インタフェースとの接続方法について学習する。

5.1.1 中央処理装置

マイクロコンピュータの**中央処理装置**（central processing unit，略して **CPU**）は**マイクロプロセッサ**（microprocessor）ともいわれる。

図 5.1 にその外観例を示す。CPU は，**レジスタ**（register），**演算装置**（arithmetic and logic unit），**制御装置**（control unit）などによって構成され，単独では動作せず，**主記憶装置**（**メモリ**，memory），**入力装置**（input unit），**出力装置**（output unit）が必要である。

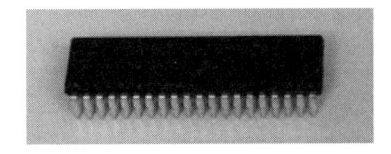

図 5.1　CPU

図 5.2 にマイクロコンピュータの基本構成を示す。CPU，メモリおよび**入出力インタフェース**（input-output interface）を組み合わせて構成され，それらは，**アドレスバス**（address bus），**データバス**（data bus），**制御バス**（control bus）といわれる信号線でつながれている。

CPU は，メモリに格納されている命令を取り出し，解読して，仕事を実行する。もし，動作の変更が必要なときは，命令を変更するだけで簡単に動作の変更をすることができる。また，演算や条件判断の機能も持っているので，多くの電子装置にマイクロコンピュータが組み込まれている。

[1]　**CPU の内部構成と制御信号**　8 ビット CPU の内部構成

5.1 コンピュータとインタフェース　　179

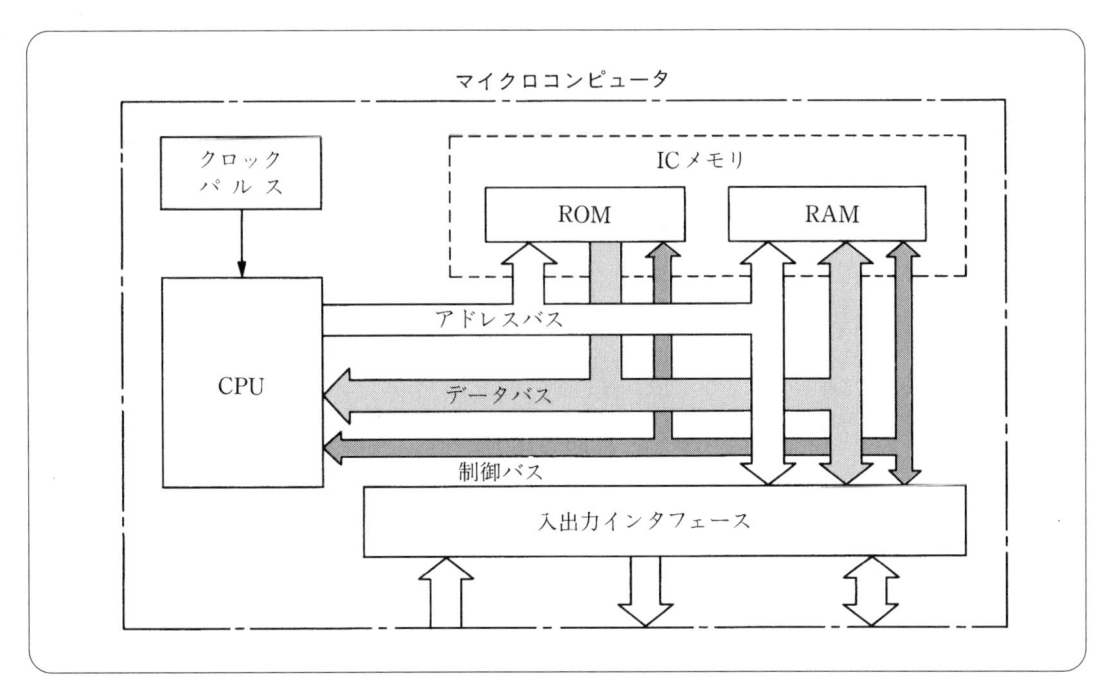

図 5.2　マイクロコンピュータの基本構成

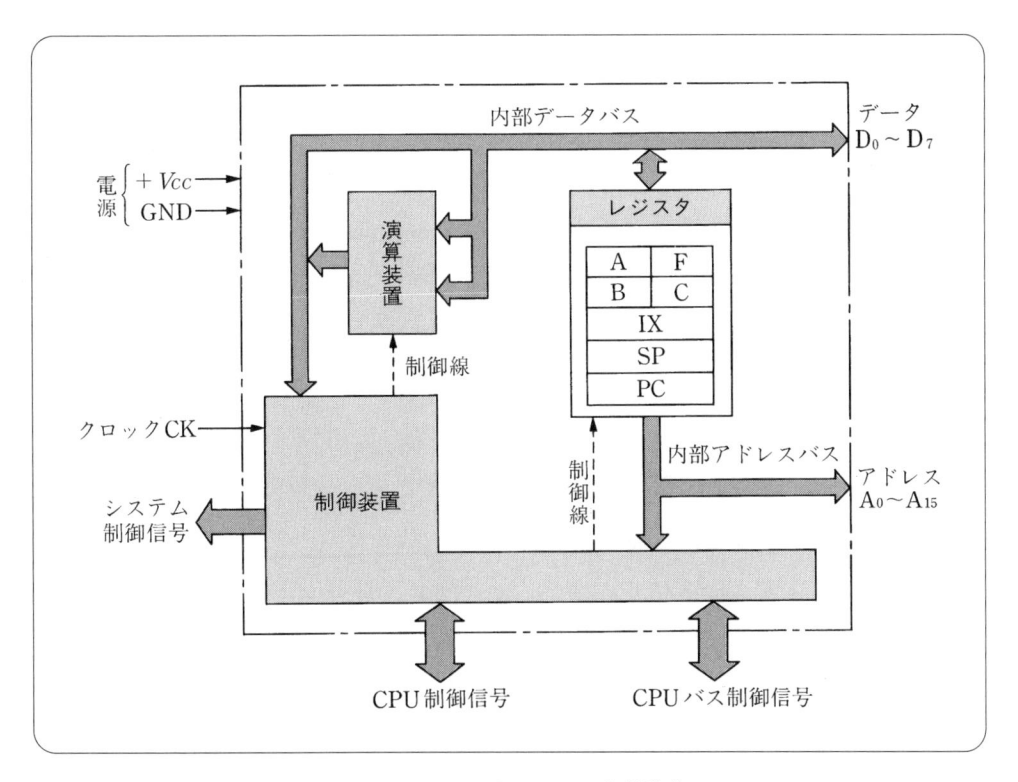

図 5.3　8 ビット CPU の内部構成

の例を図 5.3 に示す。

（a）**レジスタ** レジスタ (register) は，一時的にデータを蓄えたり，演算を行うときに使用される装置である。1 個のレジスタで記憶できる情報は，8 ビットまたは 16 ビットのものが多い。

図 5.3 に示す 8 ビットのレジスタのうち，B，C のレジスタは汎用レジスタといい，8 ビットの一時記憶用の装置である。また，B と C を一組にして 16 ビットのレジスタとして使うこともできる。

レジスタ A は**アキュムレータ** (accumulator) といい，データの演算や周辺装置とのデータのやりとりをするためのレジスタである。

レジスタ F は**フラグレジスタ** (flag register) といい，CPU の動作状態を表示するためのレジスタである。フラグレジスタの各ビットは，演算結果の正負，けた上げ，けたあふれなどを示す。制御装置は，フラグレジスタのビットの状態により，演算結果を判断する。

16 ビットレジスタである IX，SP，PC は専用レジスタといい，メモリのアドレスを格納するために使用される。

インデックスレジスタ IX は，このレジスタの内容と命令の中で直接指定される値を加算し実行するアドレスを得るときに使用される。

スタックポインタ SP[1] は，プッシュ[2] またはポップ[3] する先のメモリのアドレスを保持する。

プログラムカウンタ (program counter) PC は，つぎに実行する命令が格納されているメモリのアドレスを保持する。PC によって指定されたアドレスは，制御信号によりアドレスバスに送られる。アドレスが送り出されると，プログラムカウンタの内容は +1 される。

（b） 演算装置 演算装置は，制御装置からの指令により，算術演算，論理演算を行う装置である。一般に，同時に演算処理できるビット数を**語長** (word length) またはワード長といい，マイクロコンピュータは 8 ビット，16 ビット，32 ビットなどの語長が使用されている。8 ビットの演算処理が基本となっているマイクロコンピュータは，8 ビットマイクロコンピュータという。

（c） 制御装置 制御装置は CPU 内部の動作を監視し，動作の指令を各装置に送っている。また，CPU に接続されるメモリや入

[1] データを一時的に退避させるメモリのことをスタックという。そのメモリの位置を示すレジスタをスタックポインタという。
[2] スタックにデータを一時的に退避させること。
[3] 一時的に退避させたデータをスタックから戻すこと。

出力インタフェースの制御も行う。

制御装置はつぎのようにして命令を実行する。

1) PC が指し示すアドレスの記憶場所から命令を取り出す。この動作段階を**命令取出し段階**（instruction fetch cycle）という。

2) 取り出された命令は，制御装置によって解読され，決められた処理を実行する。この動作段階を**命令実行段階**（execution cycle）という。

この二つの動作段階が繰り返し行われる。二つの動作期間を合わせて**命令サイクル**（instruction cycle）という。

5.1.2　CPU と記憶装置

マイクロコンピュータに用いられるメモリは，**IC メモリ**（IC memory）である。IC メモリはその機能により，図 5.4 に示す種類があり，用途に応じて使い分けられる。また，CPU に接続できる記憶装置の容量は，アドレスバスの本数により決まる。アドレスバスが 16 本の場合，2^{16} バイト[†1] ＝ 65 536 バイト（64 K[†2] byte）である。

[†1] 1 バイトは 8 ビットである。
[†2] 一般に $2^{10}=1\,024$ を基本に，K（キロ），M（メガ）を計算する。

```
           ┌─ RAM ─┬─ スタティック形（SRAM）
           │       └─ ダイナミック形（DRAM）
IC メモリ ─┤
           │       ┌─ マスク ROM
           └─ ROM ─┤       ┌─ ヒューズ ROM
                   └─ PROM ─┼─ EPROM
                           │   （消去・再書込み可能形）
                           └─ EEPROM
                               （電気的消去・再書込み可能形）
```

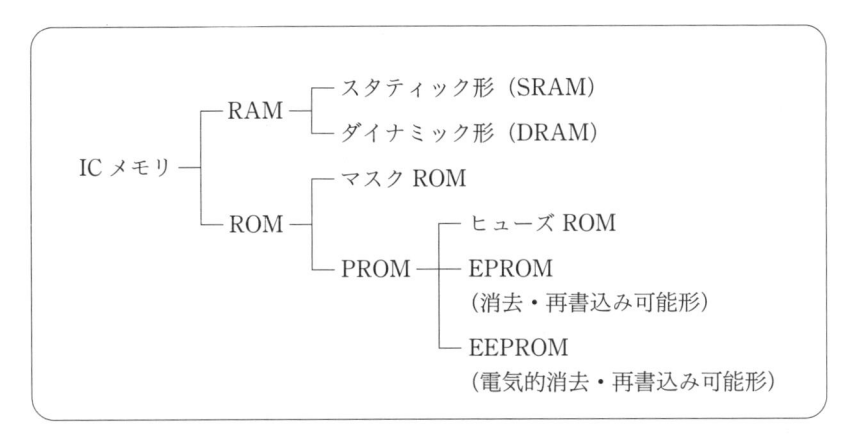

図 5.4　IC メモリの種類

1　RAM　　RAM[†3] は，おもにプログラムで処理されるデータを格納するために用いられる。RAM は，データを記憶させる仕組みによって，スタティック形とダイナミック形に分けられる。

図 5.5 は MOS 形[†4] 電界効果トランジスタ[†5]（MOS 形 FET）を用いた RAM を表している。

[†3] random access memory
[†4] metal oxide semiconductor
[†5] トランジスタは電流を電流で制御する素子であるが，FET は電流を電圧で制御する素子である。

[†1 信号を入れるごとに，0と1の2値を交互に出力する回路。]

スタティック形 RAM は，図 5.5 (a) のように，1 ビットのデータを記憶するのに 1 個の**フリップフロップ**[†1]（flip-flop）を用いる。

また，ダイナミック形 RAM は，図 (b) のように，1 ビットのデータを記憶するのに 1 個のコンデンサを用い，コンデンサが充電している状態を"1"，放電している状態を"0"に対応させている。

(a) スタティック形 RAM フリップフロップ　　(b) ダイナミック形 1 ビット RAM

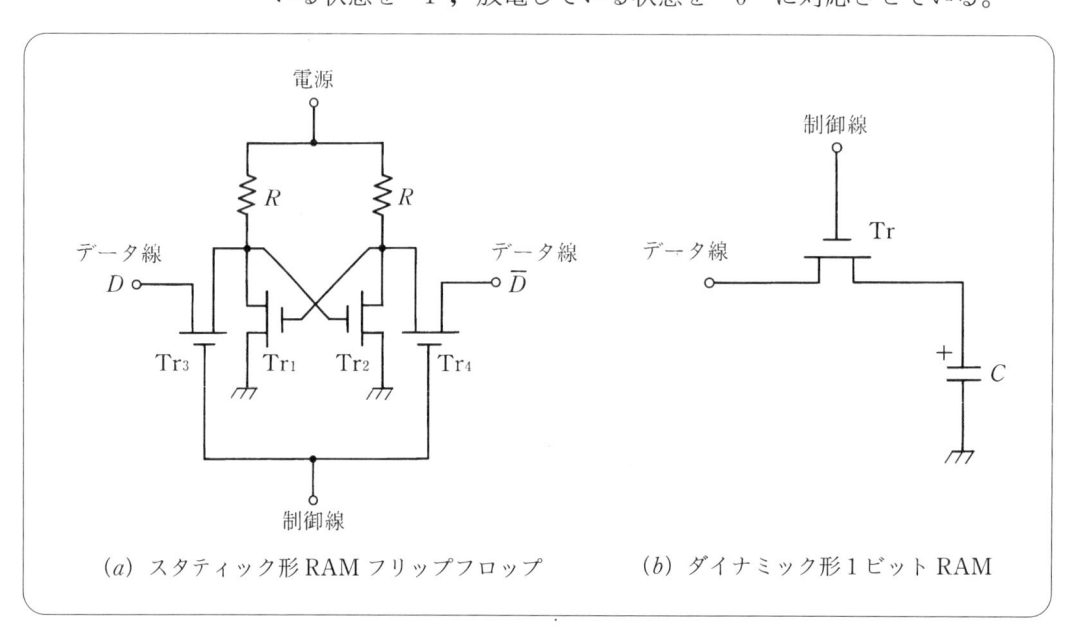

図 5.5　スタティック形 RAM とダイナミック形 RAM

なお，1 ビットのデータを記憶する単位素子を**記憶セル**（storage cell）という。

フリップフロップは 2 個以上のトランジスタで構成されるので，IC の容積は，スタティック形 RAM のほうがダイナミック形 RAM より大きくなる。ダイナミック形 RAM は，コンデンサに蓄積された電荷の有無で情報を記憶しているため，コンデンサの自己放電によって電荷が失われる前に，再度書込みをする必要がある。この再書込み操作をリフレッシュという。このため，複雑な制御回路を必要とする。

一般に，多量のデータを処理する回路では，ダイナミック形 RAM を使用するが，小規模の制御用回路では，スタティック形 RAM を使用することが多い。

[†2 read‑only memory]

2　ROM　　ROM[†2] は，おもにプログラムを格納するのに用い

られ，書込みのできない**マスク ROM**（mask ROM）と書込みのできる **PROM**（programmable ROM）に大別できる。マスク ROM は，工場出荷時にすでに情報が書き込まれている。PROM は，使用者が必要に応じて書き込めるように作られている。また，一度しか書き込めないものと，何度でも書込みができるものとがある。

ヒューズ ROM は，一度だけ書込みが可能で，消去できない ROM である。記憶素子が金属ヒューズと pn 接合ダイオードでできており，書込み電流によりヒューズを切断して書込みを行う。

EPROM（erasable programmable ROM）は，データを電気的に書き込み，紫外線や X 線で消去する ROM である。プログラム開発時など，頻繁に書換えを行う場合に使用される。図 5.6 にその外観例を示す。

図 5.6 EPROM

EEPROM（electric erasable programmable ROM）は，EPROM の紫外線で消去する方法を電気的に消去するようにした ROM である。

5.1.3 CPU と入出力インタフェース

CPU と外部機器とのデータの受け渡しは，タイミングが合っていないと，確実にデータを受け渡しすることができない。そこで，受け渡しの際に，相手がデータを受け付ける状態になっているかどうかを確認し，受け渡しの信号を送った後，データを確実に引き渡す方法をとる。これには，専用の回路が必要になる。この専用回路を入出力インタフェース（I/O）と呼ぶ。

[1] CPU と入出力インタフェースの接続方法 CPU で入出力装置を制御する場合，入出力装置の数だけ入出力インタフェースが必要となる。この入出力インタフェースにはアドレスが付けられている。

アドレス指定の方法には，アイソレーテッド I/O 方式とメモリマップド I/O 方式の 2 種類がある。

（a）アイソレーテッド I/O 方式　この方式を図 5.7 に示す。CPU によっては，IN・OUT 命令を使い 256 個の I/O を接続することができる。これは，アドレスバスのうち，A0〜A7 までの 8 本を使い 256 通りのアドレスを指定できるからである。このアドレスを **I/O アドレス**（I/O address）という。また，入出力インタフェースのアドレス配置図を **I/O マップ**（I/O map）という。

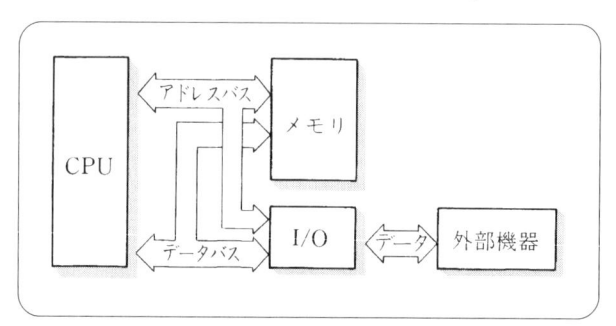

図 5.7　アイソレーテッド I/O 方式の接続

（b）メモリマップド I/O 方式　図 5.8 のように，CPU がアクセスできるメモリのアドレス空間の一部に I/O を接続する方法である。つまり，CPU からみればメモリであるが，実際は I/O が接続されている。したがって I/O への読み書きを行うには，メモリに対しての方法と同様に行えばよい。

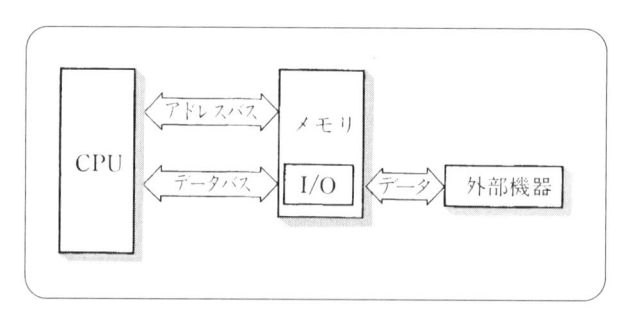

図 5.8　メモリマップド I/O 方式の接続

2　データ伝送方式　入出力インタフェースと外部機器とのデータの受け渡し方式には，**並列伝送**（parallel transmission）方式と**直**

列伝送（serial transmission）方式の2種類がある。一般には，それぞれパラレル通信・シリアル通信と呼ばれている。特徴を表5.1に示す。

表 5.1 並列伝送方式と直列伝送方式の特徴

並列伝送方式	直列伝送方式
・データは一度に8ビットずつ伝送される ・データ伝送速度が速い ・接続に必要な信号線が多い ・双方向同時にデータ伝送ができない	・データは一度に1ビットずつ伝送される ・データの伝送速度が遅い ・接続に必要な信号線は少ない ・双方向同時にデータ伝送が可能である

（a） 並列伝送方式 並列伝送方式は，データを複数ビット同時に伝送する方式であり，直列伝送方式より高速に伝送することができるが，同時に伝送するビット数に相当する信号線が必要であるので，設備費用がかかり長距離の伝送には向かない。おもにプリンタなどの接続に使われることが多い。

つぎに，並列伝送方式で8ビットのデータを外部機器と信号のやりとりをしながら正確に伝送する，具体的な方法を考えてみよう。

図5.9に示すように，信号線は8本のデータ信号線，外部機器がデータ受け入れのための準備ができたことを知らせるBUSY信号線，外部機器にデータの準備ができたことを知らせるSTROBE信号線が必要である。

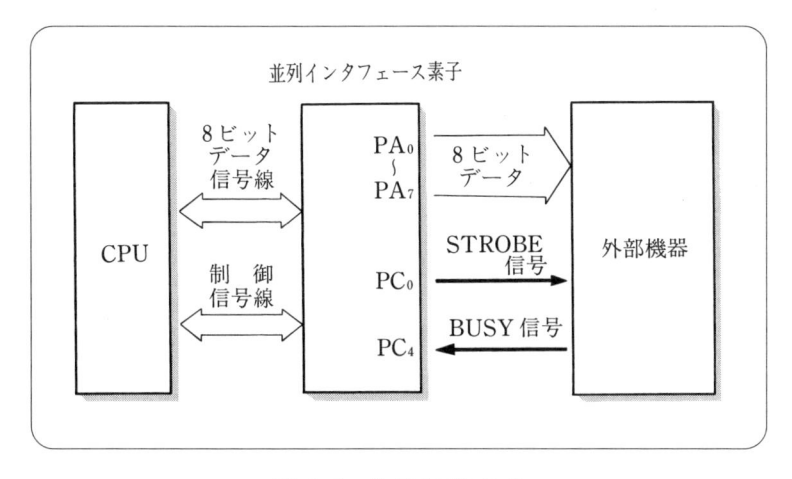

図 5.9 並列伝送方式

通信の手順は，図 5.10 に示すタイムチャートに従ってつぎのように行われる。

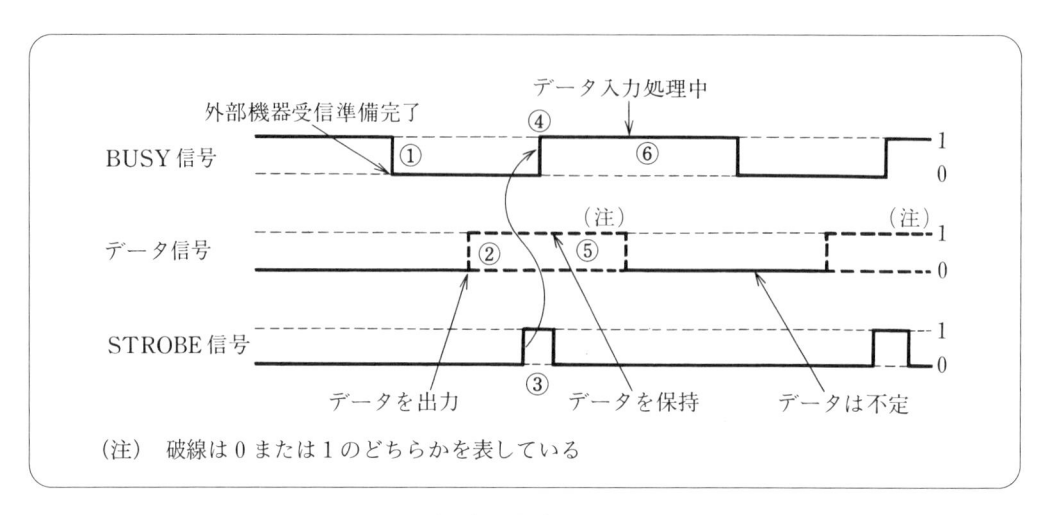

```
                    データ入力処理中
      外部機器受信準備完了  ④
BUSY 信号 ──────┐①   ┌──────⑥──────┐    ──── 1
               └─────┘              └──────  0

                       (注)              (注)
データ信号 ─────┌──②──┐┌─⑤─┐    ┌─────┐ ─── 1
               └─────┘└───┘    └─────┘     0

STROBE 信号 ──────────┌─┐──────────────┌─┐── 1
                    ─┘③└──            ─┘ └─  0
           データを出力   データを保持   データは不定
```
(注) 破線は 0 または 1 のどちらかを表している

図 5.10 並列伝送方式のタイムチャート

① CPU は並列インタフェース素子を通じて外部機器の準備ができていることを，BUSY 信号 ($1 \rightarrow 0$) で確認する。

② CPU はデータ信号線にデータを出力する。

③ CPU は STROBE 信号を一瞬 1 ($0 \rightarrow 1 \rightarrow 0$) にする。

④ 外部機器は STROBE 信号を確認したらすぐに BUSY 信号を出力 ($0 \rightarrow 1$) する。

⑤ 外部機器はデータを読み込む。

⑥ 外部機器は読み込んだデータの処理をする。

並列インタフェース素子 図 5.11 は，並列インタフェース素子の機能図の例である。この LSI は 24 本の入出力端子を持っている。それぞれの端子は，入力端子，出力端子のどちらにも使用できるが，24 本とも自由に入出力できるわけではない。8 本を 1 単位として 1 ポートといい，全部で 3 ポートある。各ポートはそれぞれポート A，ポート B，ポート C という。

各ポートの端子 1 本ずつには記号が付けられており，ポート A の端子は，それぞれ $PA_0 \sim PA_7$，ポート B は $PB_0 \sim PB_7$，ポート C は $PC_0 \sim PC_7$ となっている。ポート A，B は，1 ポート単位で入力か出力かを指定する。ポート C は，4 ビットを単位として $PC_0 \sim PC_3$，

5.1 コンピュータとインタフェース

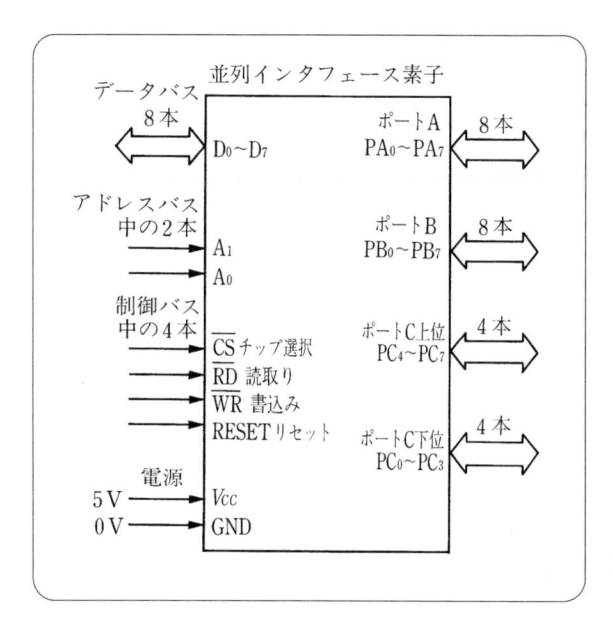

図 5.11 機能図

$PC_4 \sim PC_7$ に分けて入出力を指定する。

① 設 定　各ポートの入出力の決定は，並列インタフェース素子内にある**制御語レジスタ**（control word register）を用いて行う。図 5.12 に示すように制御語レジスタの各ビットが"1"か"0"かで各ポートの入出力を決定できるので，対応するデータをプログラムによって CPU から送り込めばよい。

D_7	D_6	D_5	D_4	D_3	D_2	D_1	D_0
1	0	0			0		
			ポートA	ポートC上位		ポートB	ポートC下位
			0 / 1	0 / 1		0 / 1	0 / 1
			出力 / 入力	出力 / 入力		出力 / 入力	出力 / 入力

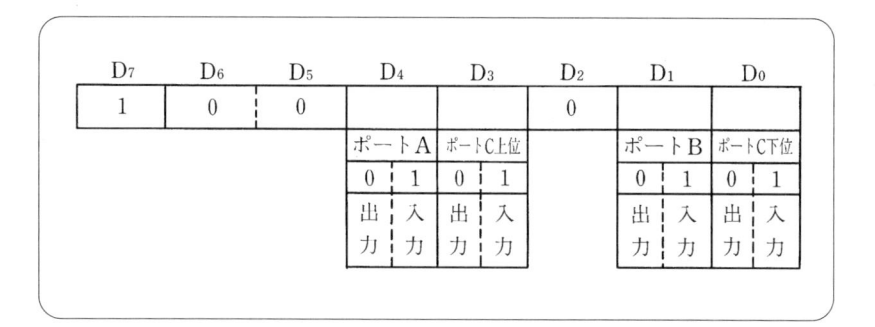

図 5.12 制御語レジスタ

例 題　1.

並列インタフェース素子の各ポートを表 5.2 のように設定するためには，制御語レジスタにどのような値を書き込めばよいか。

表 5.2

ポート A	ポート B	ポート C 上位	ポート C 下位
入 力	出 力	入 力	出 力

【解答】 図 5.12 を参考にして，制御語レジスタの各ビットを設定する。

制御語レジスタの D_7 はつねに "1"[†1]，D_6，D_5，D_2 はそれぞれつねに "0"[†1] である。ポート A とポート C 上位 4 ビットは入力に設定するので，D_4，D_3 は "1"，ポート B とポート C 下位 4 ビットは出力に設定するので，D_1，D_0 は "0" になる。したがって，図 5.13 となり，制御語レジスタに $(98)_{16}$[†2] を書き込めばよいことになる。

D_7	D_6	D_5	D_4	D_3	D_2	D_1	D_0
1	0	0	1	1	0	0	0

図 5.13 制御レジスタのビット構成

[†1] つねに 1 (0) としたが，特殊なモードで使用する場合は変更する。

[†2] 16 を基数とする数値の表し方で，16 進数という。表記方法として $(0010\ 1010)_2$ を表すと $(2A)_{16}$，2AH，0x2A などのようになる。

② **外部機器との接続** 並列インタフェース素子のポートの電気的特性は，入出力ともに "0" レベルで 0 V，"1" レベルで 5 V とする。しかし正確にはそのようにできないので，**TTL**（transister-transister-logic）素子[†3] では，入力装置からの電圧は図 5.14 のように "0" レベルで最大 0.8 V，"1" レベルで最小 2.0 V の電圧でもよい。また，出力に設定されたポートからの出力電圧は，図 5.15 のよう

[†3] トランジスタを基本素子とする IC。

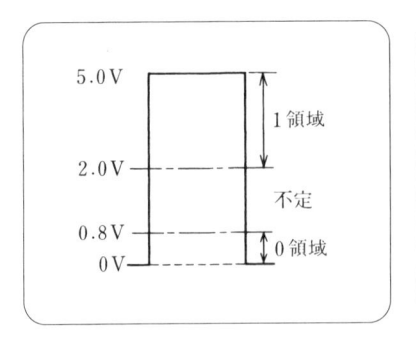

図 5.14 入 力 電 圧　　　図 5.15 出 力 電 圧

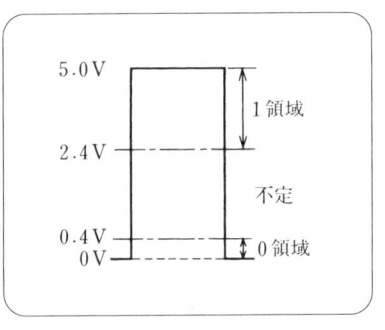

に，"0"レベルで最大 0.4 V，"1"レベルで最小 2.4 V の電圧で出力される。

また，ポートの流れ出し電流は "1" レベルで数百 μA，流れ込み電流は "0" レベルで数 mA 程度の許容電流である。したがって，直接に電動機を駆動させる電力は取り出せない。

(**b**) **直列伝送方式** 直列伝送方式は，図 5.16 のようにデータを一定時間ごとに 1 ビットずつ伝送する方式である。通信線の数が少なくてすみ，回線[†1]を有効に使用することができるため多くのデータ伝送システムに採用されている。この方式にはさまざまな規格があるが，ここでは RS-232 C 規格[†2]をもとに説明する。

[†1] 専用回線や電話回線などのこと。
[†2] JIS X 5101：1982 において規定されている。
信号電圧 −15〜−5 V，5〜15 V。最大ケーブル長は約 15 m（ケーブル容量で規定）。最大データ転送速度は 20 Kbit/s。

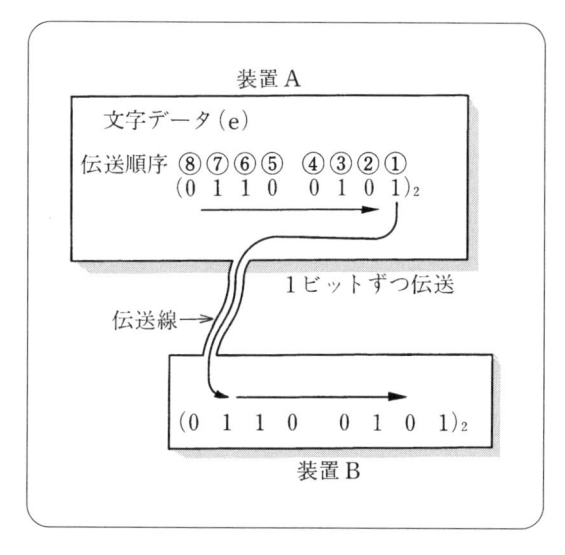

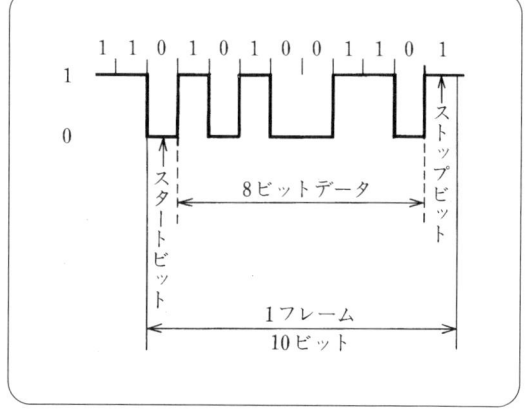

図 5.16 直列伝送方式

図 5.17 通信手順

通信の手順は図 5.17 に示す。

通信を行っていないときは "1" を送り続けている。通信を開始する場合，これからデータを送る合図として "0" を送り，つぎにデータを下位のビットから送る。最後に通信の終わりの合図として "1" を送る。

最初の "0" のことをスタートビット，終わりの "1" のことをストップビットという（ストップビットは 1.5 ビット，2 ビットの場合もある）。

この "0" または "1" の 1 ビットを送る時間は，あらかじめ送り側

と受け側で申し合わせておく必要がある。例えば，1秒間に9 600 ビット送る場合には，1ビットあたり1/9 600秒に設定する。この場合のデータ信号速度を9 600〔bps〕という。

さらにデータの信頼性を上げるために，図5.18のようにパリティビットを付けることもできる。パリティビットとは，データの終わりに1ビット付加し，データの"1"の数を偶数にする「偶数パリティ」と，"1"の数を奇数にする「奇数パリティ」がある。

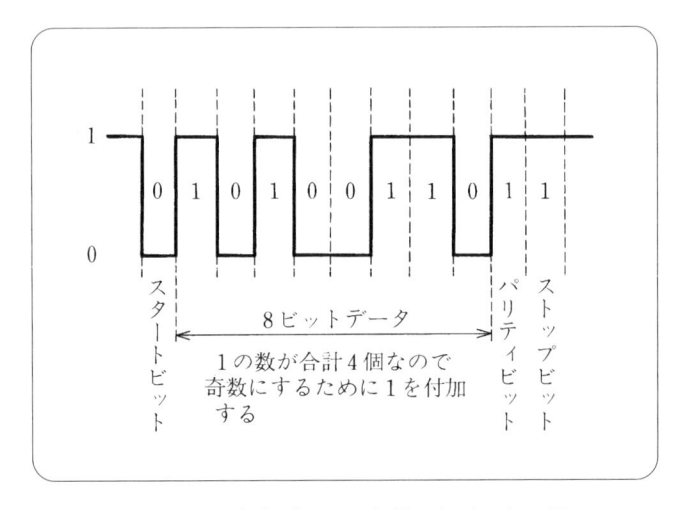

図5.18 奇数パリティを付けたデータの例

また，電気的なノイズや減衰による影響を受けにくいように，伝送するための信号電圧を，"0"の場合5～15 V，"1"の場合−5～−15 V としている。

また通信方法で非同期（歩調）式伝送と同期式伝送があるが，ここでの説明は非同期式伝送を扱った。同期式伝送とは，データを1バイトごとには送らずに，数十～数百バイトを一つのブロックとして，まとめて伝送する方法であり，1バイトごとのスタートビットなどを付加しない方法である。

例題 2.

1 200 bpsで1秒間に伝送できるデータは最大何個か。ただし，スタートビット1 bit，データ8 bit，パリティビットなし，ストップビット1 bitとする。

解答 1データを伝送するのに必要なビット数は

スタートビット＋データ＋パリティビット＋ストップビットであるので

$$1 + 8 + 0 + 1 = 10 \text{ビット}$$

である。

1 200 bps とは，1秒間に1 200 ビット伝送することができるということなので，1 200÷10＝120 個となる。

例題 3.

"Ａａ"という2文字を送る様子を図 5.18 のように表しなさい。ただし，スタートビット1bit，データ8bit，パリティビットなし，ストップビット1bit とし，"Ａａ"のデータは表 5.3 から得ること。

解答 表 5.3 より "Ａ" は2進数で $(0100\ 0001)_2$，"ａ" は2進数で $(0110\ 0001)_2$ であるので，図 5.19 のようになる。

表 5.3 JIS コード表

上位 b_8	0	0	0	0	0	0	0	0	1	1	1	1	1	1	1	1
b_7	0	0	0	0	1	1	1	1	0	0	0	0	1	1	1	1
b_6	0	0	1	1	0	0	1	1	0	0	1	1	0	0	1	1
下位 b_5 / $b_4 b_3 b_2 b_1$	0	1	0	1	0	1	0	1	0	1	0	1	0	1	0	1
0 0 0 0			SP	0	@	P	`	p				ー	タ	ミ		
0 0 0 1			!	1	A	Q	a	q			。	ア	チ	ム		
0 0 1 0			"	2	B	R	b	r			「	イ	ツ	メ		
0 0 1 1			#	3	C	S	c	s			」	ウ	テ	モ		
0 1 0 0			$	4	D	T	d	t			、	エ	ト	ヤ		
0 1 0 1			%	5	E	U	e	u			・	オ	ナ	ユ		
0 1 1 0			&	6	F	V	f	v			ヲ	カ	ニ	ヨ		
0 1 1 1		機能コード	'	7	G	W	g	w		未定義	ァ	キ	ヌ	ラ	未定義	
1 0 0 0			(	8	H	X	h	x			ィ	ク	ネ	リ		
1 0 0 1			)	9	I	Y	i	y			ゥ	ケ	ノ	ル		
1 0 1 0			*	:	J	Z	j	z			ェ	コ	ハ	レ		
1 0 1 1			+	;	K	[	k	{			ォ	サ	ヒ	ロ		
1 1 0 0			,	<	L	¥	l	|			ャ	シ	フ	ワ		
1 1 0 1			-	=	M	]	m	}			ュ	ス	ヘ	ン		
1 1 1 0			.	>	N	^	n	～			ョ	セ	ホ	゛		
1 1 1 1			/	?	O	_	o	DEL			ッ	ソ	マ	゜		

(JIS X 0201 : 1997)

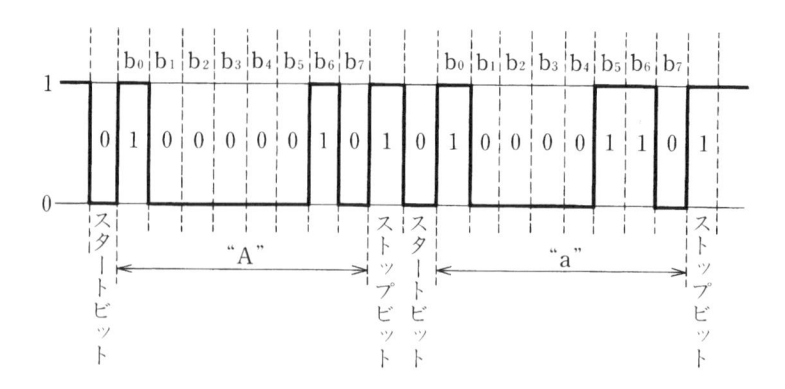

図 5.19 "Aa" 伝 送 図

直列インタフェース素子 図 5.20 は，直列インタフェース素子の機能図の例である。この LSI はプログラムにより非同期/同期通信の設定，伝送速度の設定などを行うことができる。

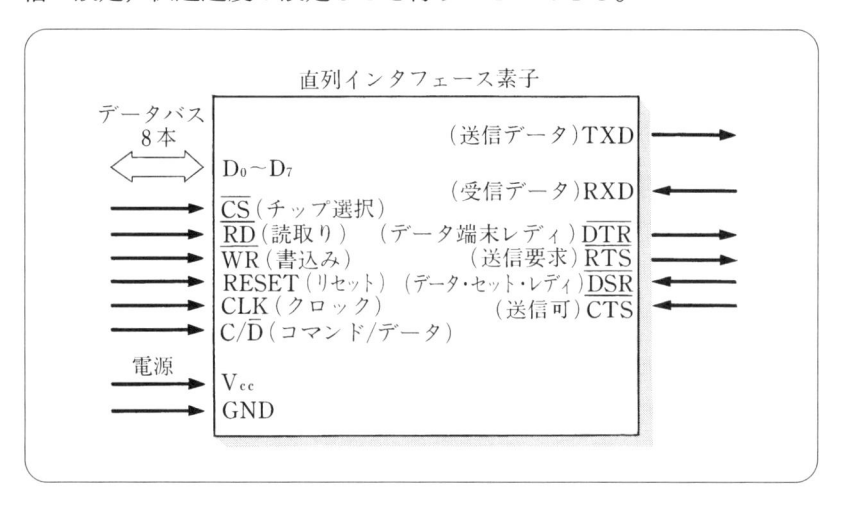

図 5.20 機 能 図

① **設 定** この LSI を使うには各種設定が必要である。設定の一つにモード設定がある。モード設定は，ボーレート[†1]，キャラクタ長，パリティ，ストップビットの設定がある図 5.21 に従ったデータを，CPU から直列インタフェース素子に送ることで設定ができる。

② **信号電圧変換素子** 直列インタフェース素子の入出力電圧はRS-232C 規格に合っていないので，規格に合うように変換しなけれ

[†1] 信号伝送速度の単位を表し，1秒間に伝送する信号要素を表す。

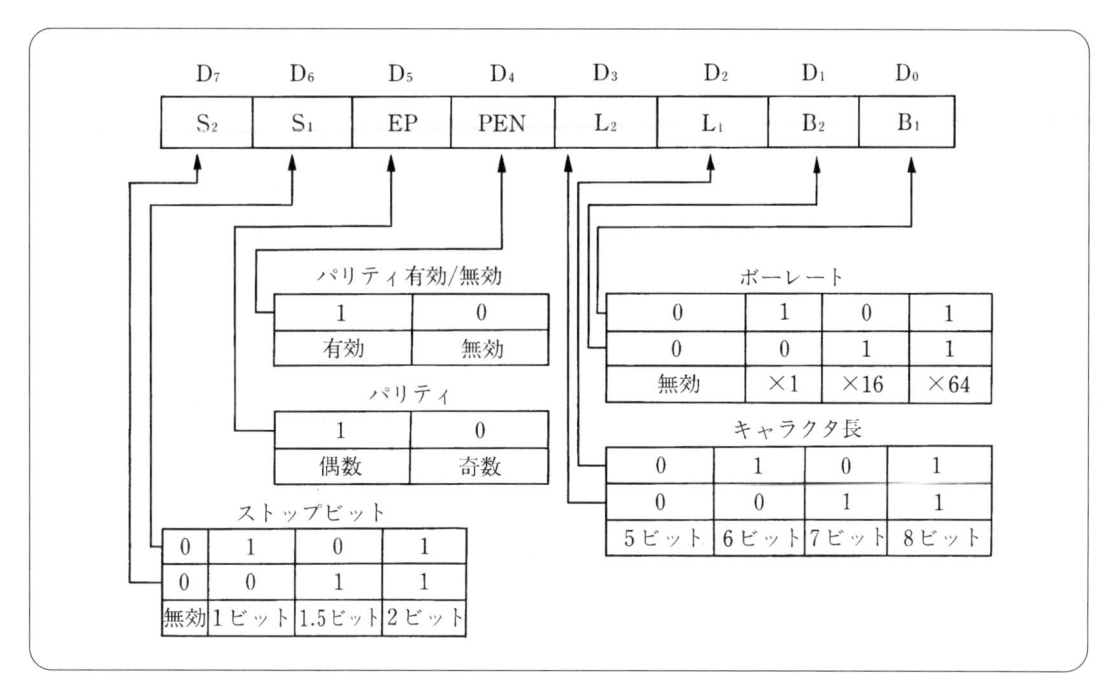

図 5.21 モード設定の内容

ばならない。このときに使うのが，信号電圧変換素子（ライン・ドライバ/レシーバ）である。

③ シリアル通信の実際　　ここでは，8 ビット CPU どうしのシリアル通信について考える。

CPU どうしをシリアル通信するためには，CPU のほかに直列イン

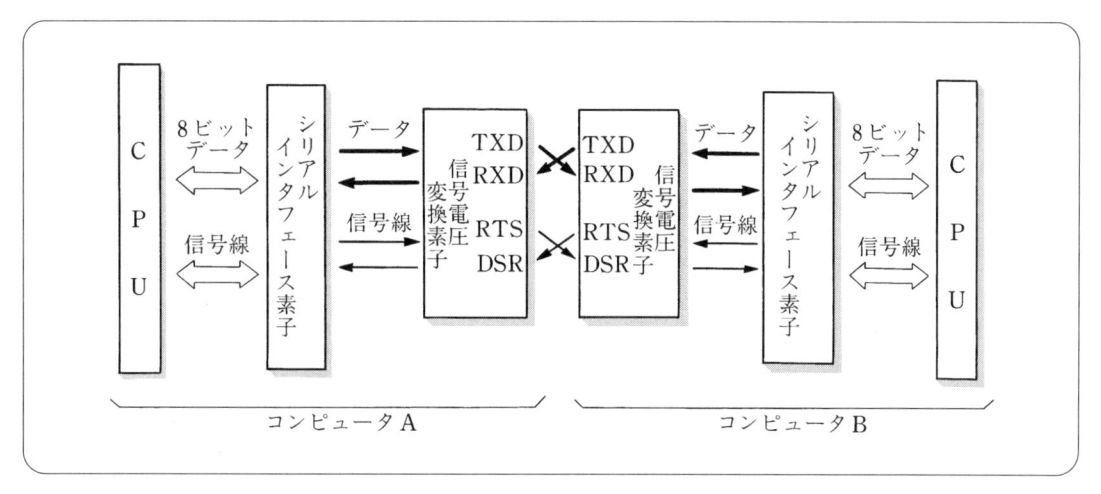

図 5.22 シリアル通信の接続図

タフェース素子，信号電圧変換素子が必要である．図 5.22 にその接続図を示す．

④ バッファとハンドシェイク コンピュータ A からコンピュータ B にデータを送る場合，B の処理速度が A の処理速度よりも遅い場合には，A の伝送速度に B がついていけないため，データの取りこぼしが起こる．これを避けるために，図 5.23 のように B に受信データを一時的に蓄えるメモリを設けなくてはならない．このメモリをバッファという．

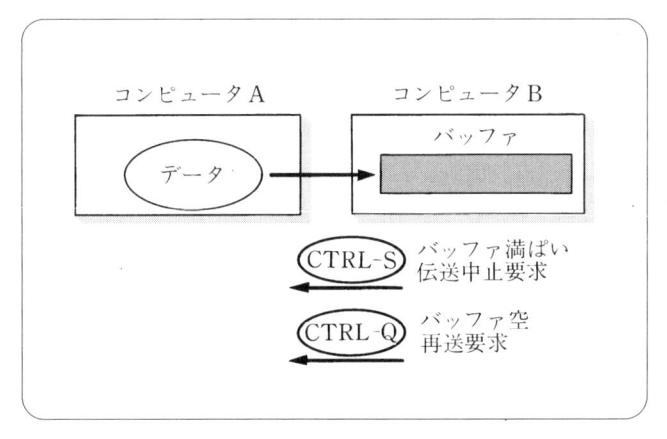

図 5.23 データ転送のハンドシェイク

[†1] データが蓄えきれず，あふれてしまうこと．あふれたデータはどこにも記憶されず，なくなってしまう．

バッファを設けることにより，B は処理速度を気にしないで内部処理をすることができる．しかし，バッファがオーバフロー[†1]した場合には，同様にデータの取りこぼしが起こる．この解決策として，ハンドシェイクと呼ばれる方法がある．

B の処理に時間がかかり，バッファがオーバフローしそうな場合，B は伝送を中断させる信号（コントロール S（CTRL-S））を A へ送る．そして B の処理が終わったところで，データの伝送を再開させる信号（コントロール Q（CTRL-Q））を A へ送る．このように，相手と信号のやりとりをしながら伝送をすることをハンドシェイクという．また，このときに送る信号（コントロール S，コントロール Q）を X パラメータという．

5.1.4　ワンチップマイクロコンピュータ

図 5.24 にマイクロコンピュータボードを示す。

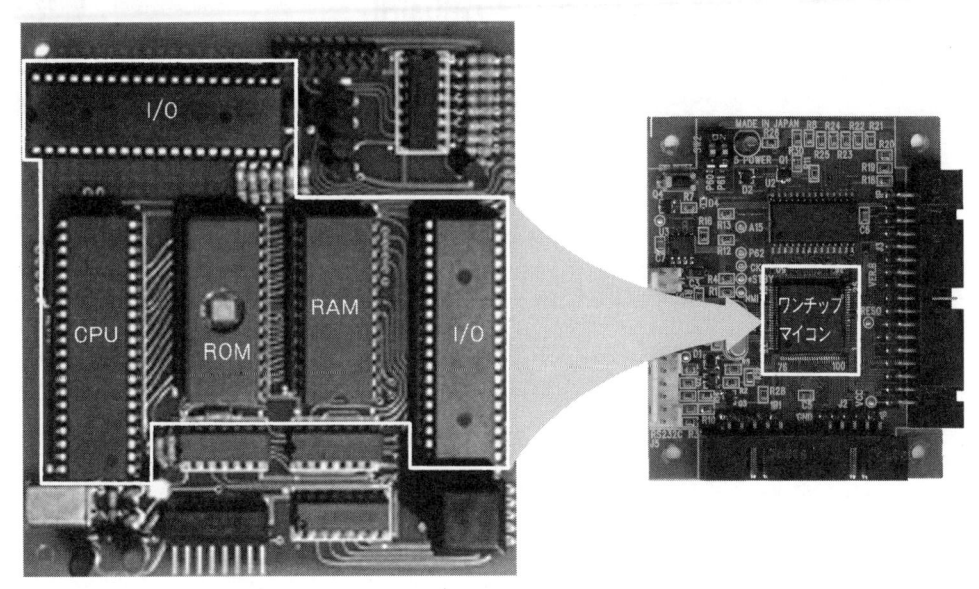

(a)　基本的なもの　　(b)　ワンチップマイコンを使ったもの

図 5.24　マイクロコンピュータボード

　図 (a) は CPU, RAM, ROM, 入出力インタフェース用 LSI (I/O) のそれぞれの集積回路から構成されたマイクロコンピュータボードである。

　図 (b) は図 (a) に示した CPU, RAM, ROM, 入出力インタフェース用 LSI を一つの集積回路にまとめたワンチップマイクロコンピュータ（以後ワンチップマイコンという）を使ったものである。ワンチップマイコンは，簡単な制御であれば多くのメモリや多くのI/O ポートを必要としないため，ワンチップの状態で使用できる。しかし，複雑な制御を行う場合は，内蔵されている I/O ポートが少ないため外部に増設して使用する必要がある。図 (b) に示すワンチップマイコンは，高集積度化によってマイクロコンピュータボードを従来より小形化している。小形化によって，制御対象の中に組み込んで使用することが可能になり，活用の幅が広がった。

5.2 外部機器の制御

この節ではスイッチや原動機などの外部機器の制御の基本から応用までを学習する。

5.2.1 制御の基礎

1 制御プログラムの作成方法　マイコンで通信・制御を行うためのプログラムはROM化することが前提である。機械語は，CPUのビット数およびメーカにより異なるため互換性がない。したがって，パソコンなどでプログラムを作成した場合にはその機種に合うように変換しなければならない。

以下にプログラムの作成方法の種類を示す。

① 機械語で作成する。
② アセンブリ言語[†1]で作成し，アセンブルし機械語に変換する。
③ 高級言語（C言語など）で作成後，コンパイル[†2]し機械語に変換する。

ここでは，C言語でのプログラム作成について考えてみる。

(a) C言語とI/Oマップ　C言語とは，OS[†3]（operating system）開発用に作成された言語であるが，これまでの高級言語にはなかった機械語に近い操作ができるため，さまざまなプログラムの作成に利用されるようになった。

C言語を使ってマイコンのプログラムを開発するには，Cクロスコンパイラと呼ばれるソフトが必要である。これは，32ビットなどのコンピュータで作成されたC言語のプログラムを，目的のマイコン（8，16ビット）に合う機械語にコンパイルするものである。

I/O装置への入出力の方法はI/Oの種類により違いがある。メモリ

[†1] 機械語と1対1に対応した言語で，機械語に変換することをアセンブルという。
[†2] 高級言語で書かれたプログラムを機械語に変換すること。
[†3] ハードウェアとワープロソフトなどの間に入り，つなぎ的役割をするソフトウェア。

マップドI/Oの場合には，I/Oをメモリとして扱えるため，メモリへの読み書きと同様に行うことができる。アイソレーテッドI/Oの場合には，ソフトメーカが用意した関数を使うことによりデータの入出力ができる。本節では，アイソレーテッドI/Oで入出力するものとする。入出力命令は表5.4，I/Oマップは表5.5とする。

表5.4 入出力命令

入力命令	inp(△△)	△△はポートアドレス
出力命令	outp(○○, □□)	○○はポートアドレス □□はデータ

表5.5 パラレルポートI/Oマップ

I/Oアドレス	ポート
$(30)_{16}$	ポートA
$(31)_{16}$	ポートB
$(32)_{16}$	ポートC
$(33)_{16}$	制御語レジスタ

2 制御の例

(a) スイッチの状態入力 図5.25は入出力インタフェースにスイッチを接続した場合の回路である。

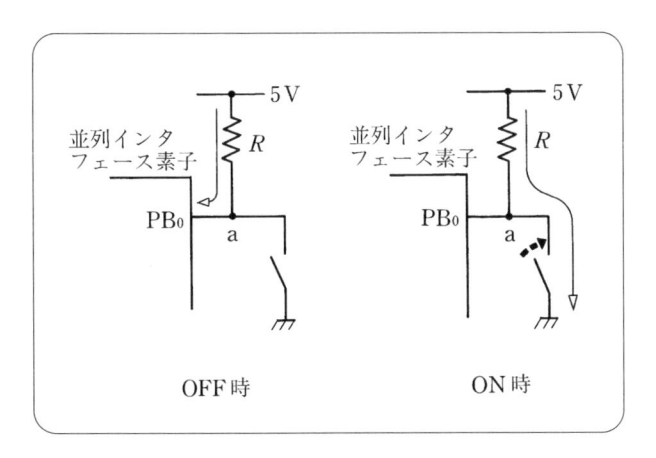

図5.25 スイッチとの接続

この回路のPB_0に入力される値は，スイッチがOFFのとき"1"レベルとなり，スイッチがONのとき"0"レベルとなる。

スイッチが押されるまで待つフローチャートとプログラムは，図

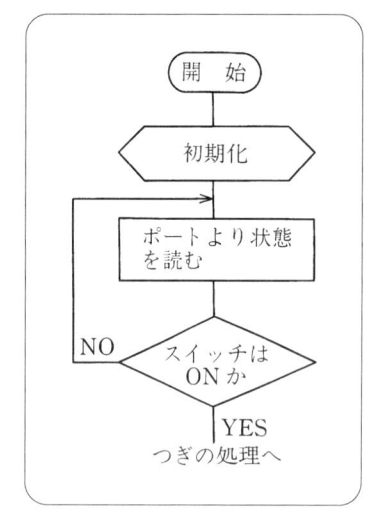

```
main()                    プログラムは main() より始まる
{
  unsigned char x;        x を符号なし整数変数として宣言
  outp(0x33,0x9b);        全ポートを入力用に設定
  do {                    while までの間を繰り返す

    x  =  inp(0x31);      B ポートの状態を x に入力


  }while( x == 0x01);     x が１６進数で 01 ならば do に戻る
                          （00 ならばつぎの処理へ行く）

                          （0x は１６進数を表す）
```

図 5.26　フローチャートとプログラム

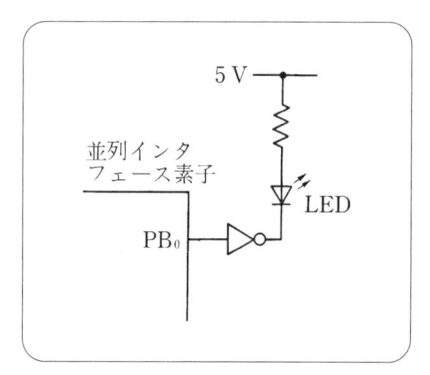

図 5.27　LED の点灯

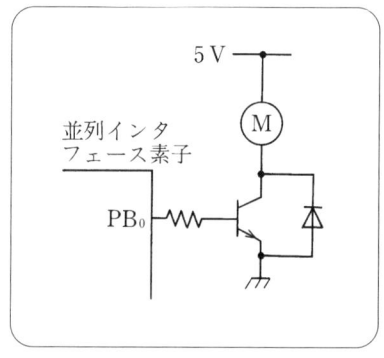

図 5.28　モータの駆動

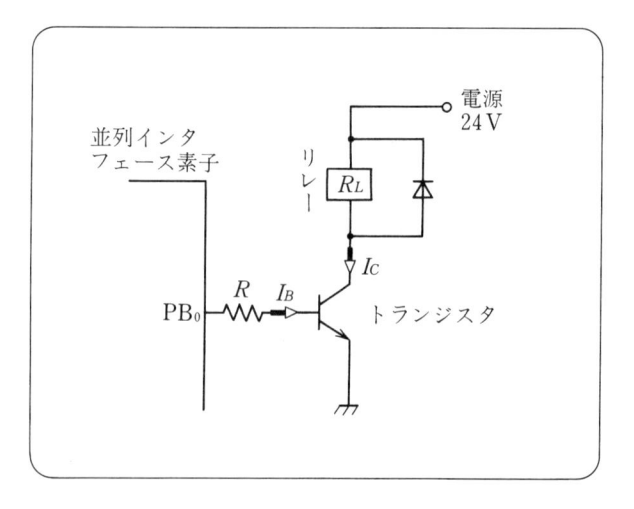

図 5.29　リレーの駆動

5.26 のようになる。

(b) ランプや直流モータの制御　簡単な出力回路で LED やモータを回転させるための回路図を図 5.27～図 5.29 に示し，図 5.30 にフローチャートとプログラム例を示す。

すべての回路は PB_0 から"1"レベルの出力で動作する。

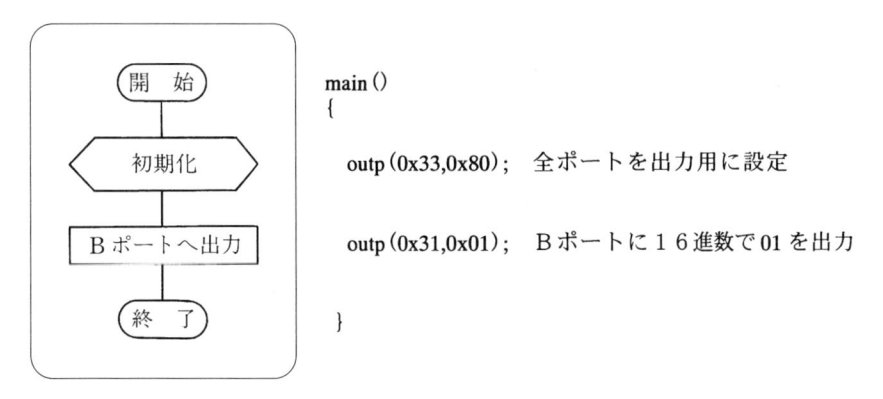

```
main()
{
    outp(0x33,0x80);    全ポートを出力用に設定

    outp(0x31,0x01);    Bポートに１６進数で01を出力

}
```

図 5.30　フローチャートとプログラム

(c) スイッチの状態による LED の点灯　ここでは，図 5.31 の構成でプログラムを考えてみる。この装置は，スイッチ a，b からの入力に対して，表 5.6 のように LED を点灯させるものである。

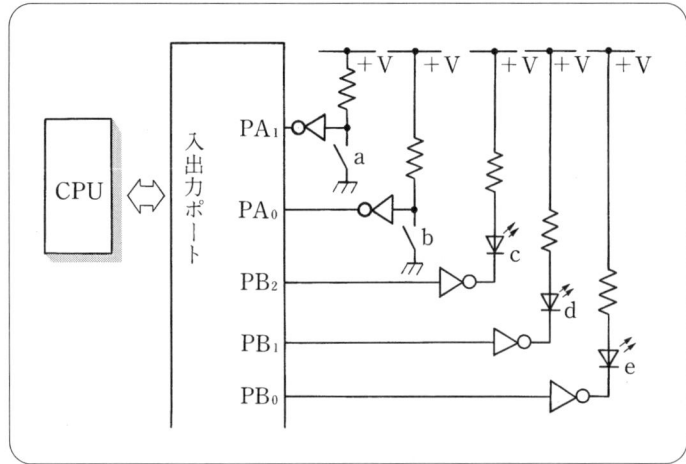

表 5.6　仕　　様

スイッチ		LED		
a	b	c	d	e
0	0	0	0	0
0	1	0	0	1
1	0	0	1	1
1	1	1	1	1

スイッチ　0：OFF　　1：ON
LED　　　0：消灯　　1：点灯

図 5.31　入出力回路構成

図 5.32 にフローチャートとプログラムを示す。

フローチャート中にあるマスク処理とは，数ビットのデータから必要なビットのデータだけを取り出す方法である。下位２ビットだけ必

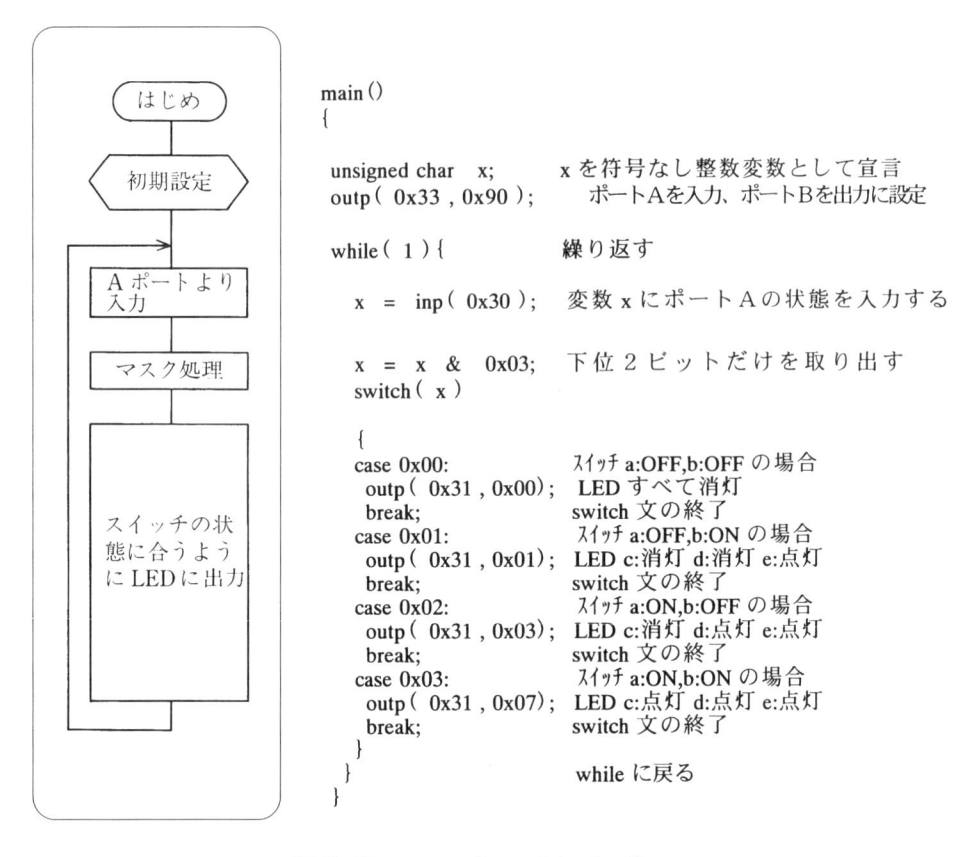

```
main()
{
  unsigned char  x;           xを符号なし整数変数として宣言
  outp( 0x33 , 0x90 );        ポートAを入力、ポートBを出力に設定

  while( 1 ){                 繰り返す

    x = inp( 0x30 );          変数xにポートAの状態を入力する

    x = x & 0x03;             下位2ビットだけを取り出す
    switch( x )

    {
    case 0x00:                スイッチa:OFF,b:OFF の場合
      outp( 0x31 , 0x00 );    LED すべて消灯
      break;                  switch 文の終了
    case 0x01:                スイッチa:OFF,b:ON の場合
      outp( 0x31 , 0x01 );    LED c:消灯 d:消灯 e:点灯
      break;                  switch 文の終了
    case 0x02:                スイッチa:ON,b:OFF の場合
      outp( 0x31 , 0x03 );    LED c:消灯 d:点灯 e:点灯
      break;                  switch 文の終了
    case 0x03:                スイッチa:ON,b:ON の場合
      outp( 0x31 , 0x07 );    LED c:点灯 d:点灯 e:点灯
      break;                  switch 文の終了
    }
  }                           while に戻る
}
```

図 5.32 フローチャートとプログラム

要な場合，図 5.33 のようにもとのデータと下位 2 ビットだけを 1 にしたデータとの AND 処理を行うことにより，必要なビットのデータが得られる．

```
       (1 0 1 1  0 1 1 0)₂  もとのデータ
AND    (0 0 0 0  0 0 1 1)₂  マスクデータ
       ─────────────────
       (0 0 0 0  0 0 1 0)₂
       波形ライン部分が必要なデータ
```

図 5.33 マスク処理

(d) ステッピングモータの制御

1) 基本的な回路での制御　3章で学んだように，コンピュータによりステッピングモータを1相励磁で回転させるには，図 5.34 に示す回路を用い，各相に図 5.35 に示すデータを出力すればよい．図 5.36 に正転させるプログラム例を示す．

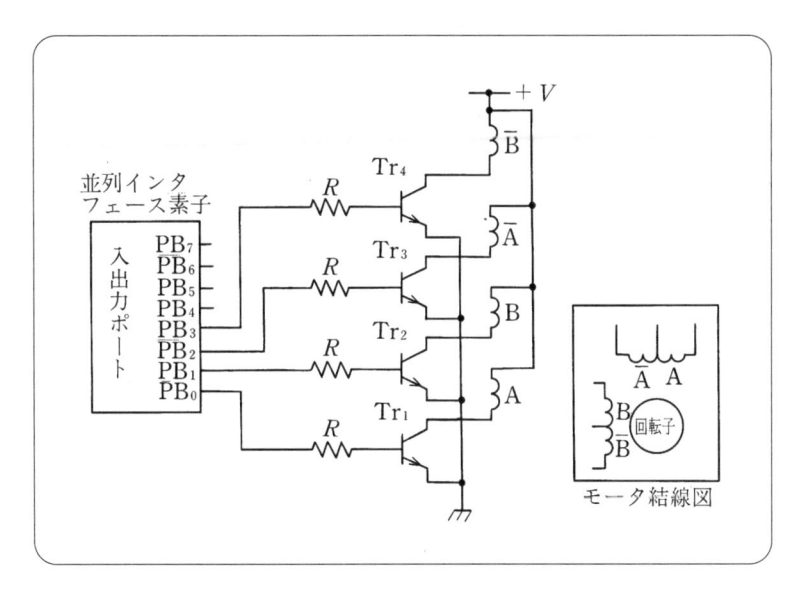

図 5.34　ステッピングモータとの接続

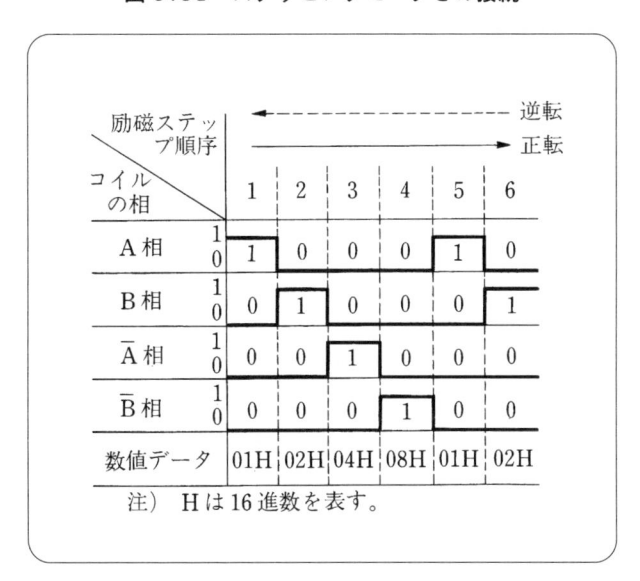

図 5.35　出力データ

timer( ) 関数は回転速度の調整のために必要であり，あらかじめ用意しておく必要がある．

2) パルス分配用 IC での制御　最近では，パルス分配用 IC を用いることが多い．この IC を使えば 2 本の制御信号線にデータを出力するだけで，正転・逆転を簡単に行うことができる．図 5.37 に回路図，図 5.38 に出力データを示す．

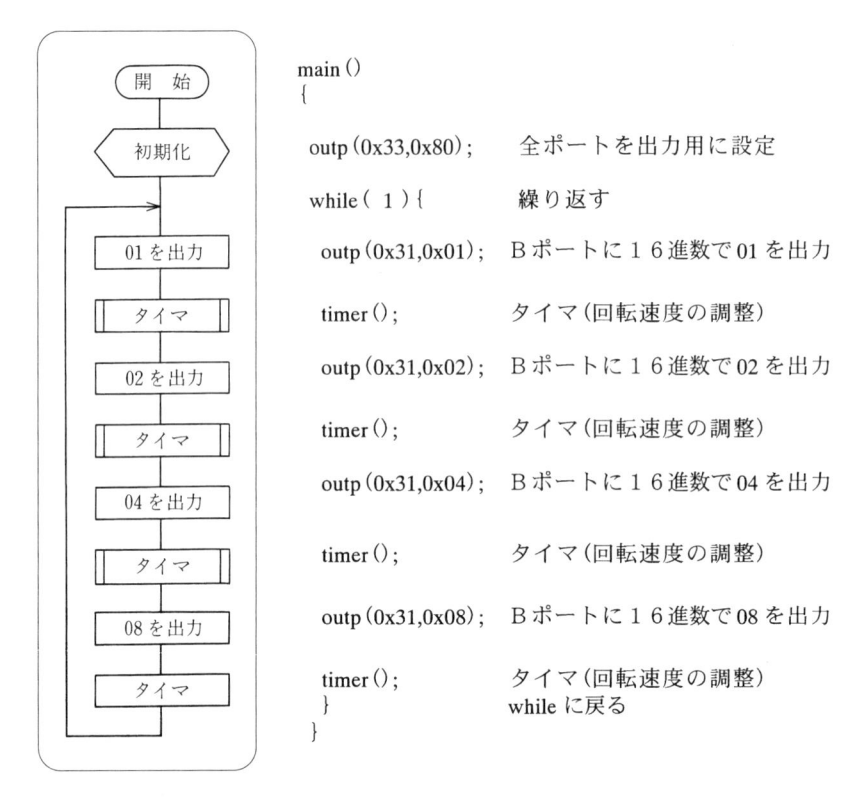

```
main()
{
  outp(0x33,0x80);      全ポートを出力用に設定

  while( 1 ){           繰り返す

    outp(0x31,0x01);    Bポートに１６進数で01を出力

    timer();            タイマ(回転速度の調整)

    outp(0x31,0x02);    Bポートに１６進数で02を出力

    timer();            タイマ(回転速度の調整)

    outp(0x31,0x04);    Bポートに１６進数で04を出力

    timer();            タイマ(回転速度の調整)

    outp(0x31,0x08);    Bポートに１６進数で08を出力

    timer();            タイマ(回転速度の調整)
  }                     while に戻る
}
```

図 5.36 フローチャートとプログラム

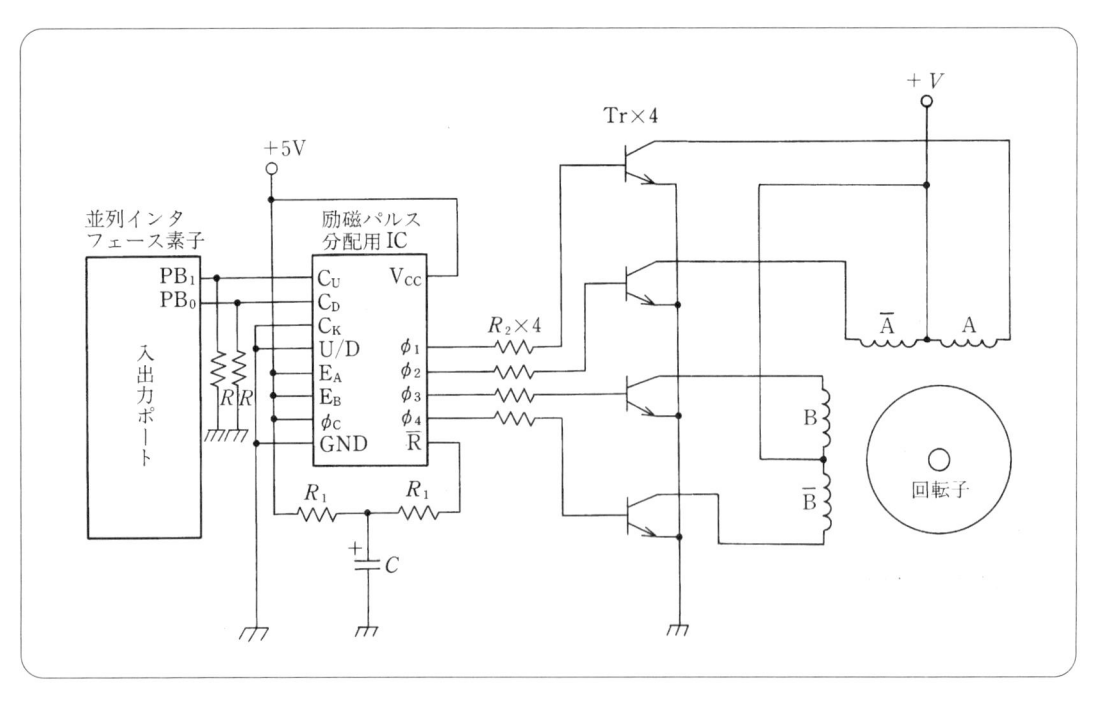

図 5.37 専用 IC を用いた回路

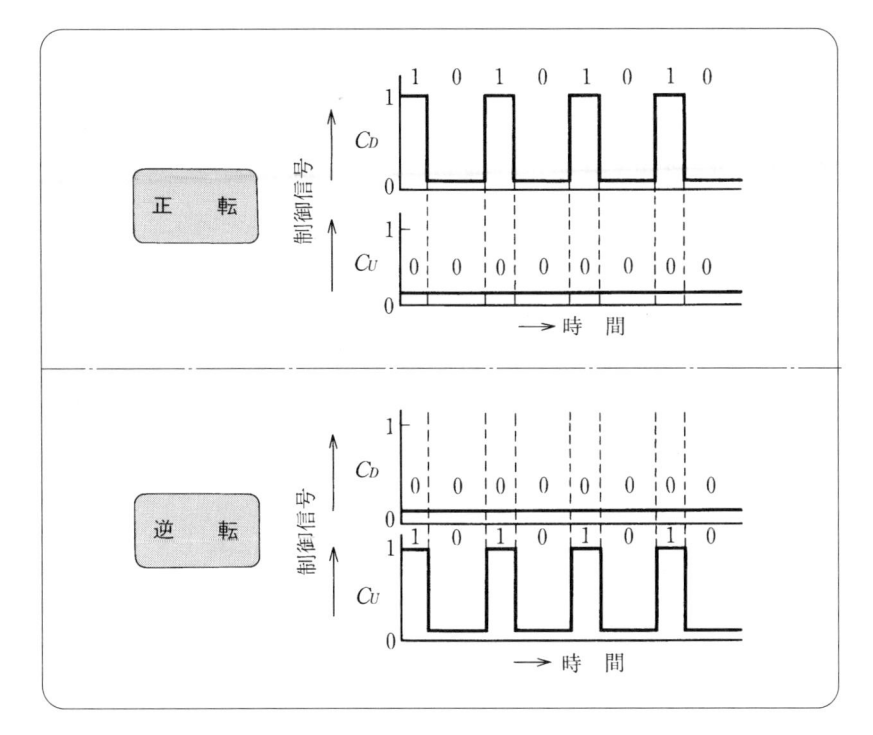

図5.38 出力データ

プログラムとしては，パルス分配用ICのC_U端子に接続されているPB$_1$とC_D端子に接続されているPB$_0$を制御すればよい。

図5.39に正転させるプログラム例を示す。

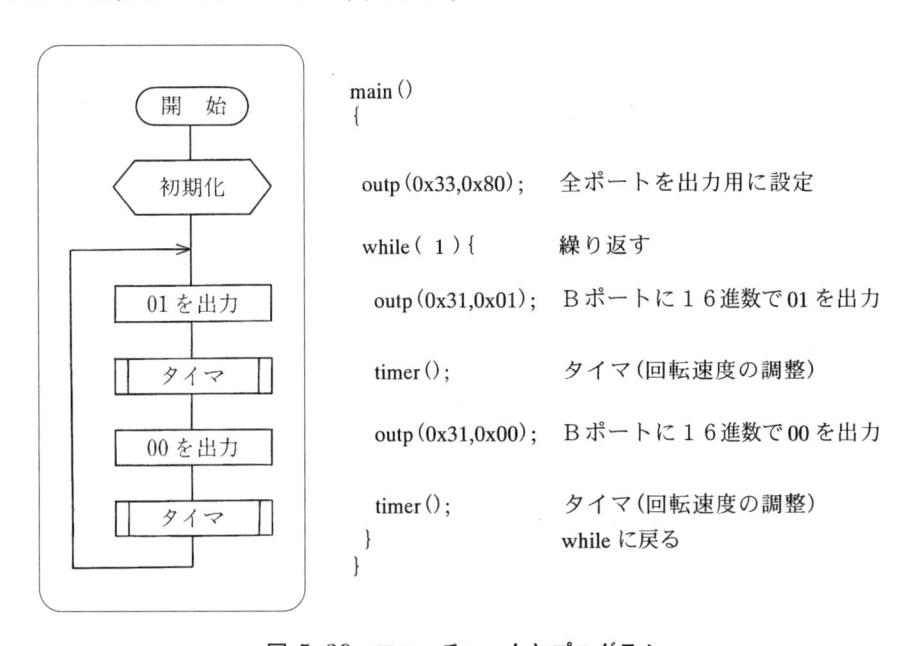

```
main()
{
    outp(0x33,0x80);    全ポートを出力用に設定

    while( 1 ){         繰り返す
      outp(0x31,0x01);  Bポートに16進数で01を出力

      timer();          タイマ(回転速度の調整)

      outp(0x31,0x00);  Bポートに16進数で00を出力

      timer();          タイマ(回転速度の調整)
    }                   whileに戻る
}
```

フローチャート:
- 開始
- 初期化
- 01を出力
- タイマ
- 00を出力
- タイマ

図5.39 フローチャートとプログラム

5.2.2　制御の応用

1　**通信と制御の違い**　通信とはデータを伝送することだけを言い，制御とは通信線を使い信号を送り，対象物を操作することである。通信と制御はまったく別の目的に使うが，機器の構成はよく似ており，ときには制御するために通信を用いることもある。

（a）　**通　　　信**　2台以上の装置間でデータを伝送することを通信という。通信の方法は図5.40のように，データの流れる方向によって大きく3種類に分かれる。

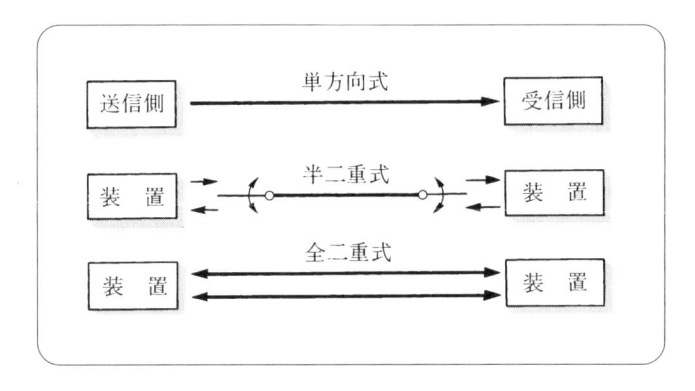

図5.40　通信の方法

① 送信側と受信側が決まっていて，一方向にしかデータが流れない単方向式。

② 送信側と受信側を交互に切り替えて双方向通信を行う半二重式。

③ 常時双方向に通信できる全二重式。

（b）　**制　　　御**　コンピュータと装置を信号線で結び，装置を指令どおりに動作させることを制御という。図5.41に示すとおり，制御には，オープン（開）ループ制御とクローズド（閉）ループ制御

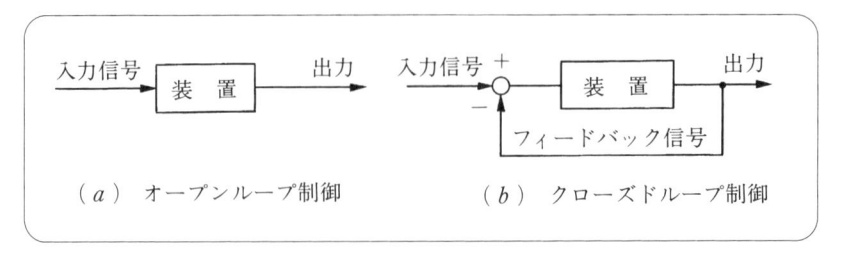

図5.41　制　御　方　式

がある。

　オープンループ制御は，コンピュータから信号を出力するのみで，その動作結果を確認しなくてもよい場合に用いる。例えば，ステッピングモータを回転させる場合，1回の信号入力に対して一定の角度回転が保証されているので，オープンループ制御が可能となる。

　クローズドループ制御は，入力信号に対して出力が決まっていない場合に用いる。例えば，直流モータを回転させる場合，一定の電圧をモータに加えても，負荷によって回転数は変化してしまう。これを一定にするには回転数を測定し，この値をフィードバックしてモータに加える電圧を変える必要がある。

　2 割込み処理　　CPU の機能として割込み処理がある。ある処理を実行中，緊急に他の処理をさせる必要が出てくる場合がある。そのような場合に行う処理のことを割込み処理という。割込み処理とは，プログラムを実行中にハードウェアが各命令の区切りごとに，割込み要求が出ているかチェックし，出ていれば，あらかじめ用意された特別な処理（割込みプログラム）を優先的に行うものである。

　図 5.42 の処理中，スイッチが押されたことにより特別な処理をさせようとする場合，割込み処理を使わないと，図 5.43 のフローチャートのように，それぞれの処理をする前に割込み要求の有無を確認しなければならない。

　これを割込み処理で行えば，割込みプログラムを一つ用意すればよく，いつ割込み信号が入ってもそのプログラムが実行される。

　例えば図 5.44 のように割込み信号が入ったときに処理 B を実行していたとすると，処理 B の終了後，割込みプログラムが実行され，その処理が終わるともとのプログラムに戻り処理 C が実行される。またこの割込みプログラムにより，本来の処理に支障は起きない。

　また，割込み処理には 2 種類あり，一つはプログラムで割込みを禁止できない**ノンマスカブル割込み**（non maskable interrupt）と，禁止できる**マスカブル割込み**（maskable interrupt）である。

　ノンマスカブル割込みは，不意の停電など，いつ発生するかわからない要求に対応し，システムを保護するために使われることが多い。

図 5.42 基本処理

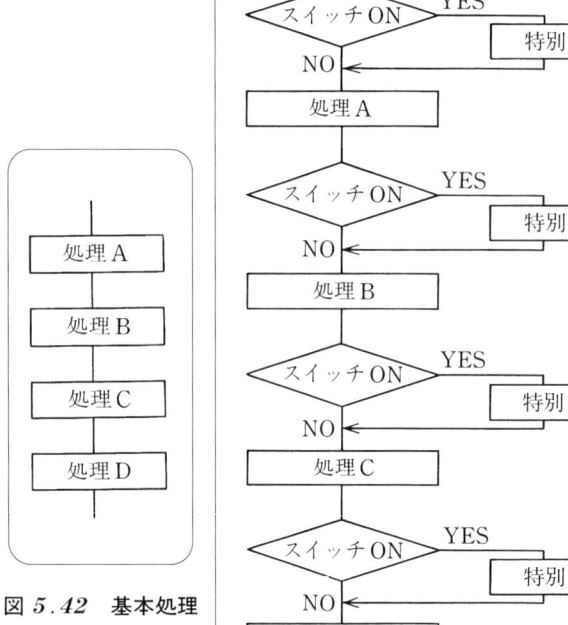

図 5.43 条件判断を使った例

図 5.44 割込み処理

マスカブル割込みは，処理の途中で割込みが入っては困る場合に，一時的にプログラムによって禁止することができる割込みである。割込みの禁止が設定されていない場合，両者の処理に基本的な違いはない。

[3] 超音波センサを使ったフィードバック制御　超音波センサを用いた基本的なフィードバック制御を考えてみよう。

図 5.45 のような模型の電車（超音波センサトレイン）がある。この電車の先端には超音波発信器と受信機が付いており，前の電車との距離が測定できる。車輪には直流電動機（以下モータという）が組み込まれており，CPU からの指令により速度調整できる。プログラムを実行させると前の電車との距離を 100 cm に保ちながら走行する

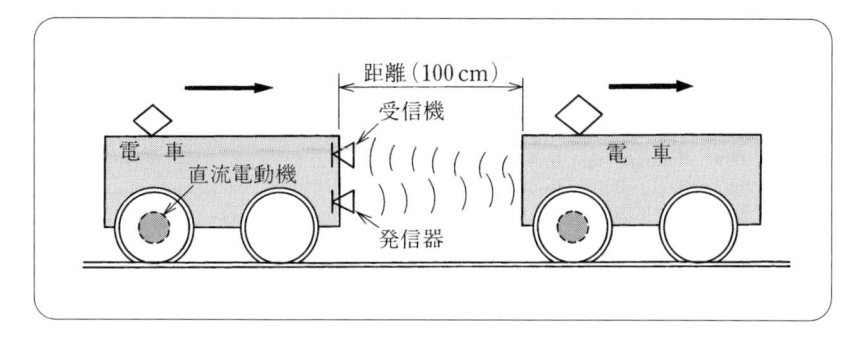

図 5.45　超音波センサトレイン

ものとする。前の電車との距離が広がるとモータの回転速度を上げて近づき，接近すると回転速度を下げる。このように目標とした値と現状とをつねに比較し，その差をなくすように制御する方法をフィードバック制御という。

制御回路とインタフェース素子との接続図を図 5.46 に示す。ポートCはモータ駆動回路に接続している。

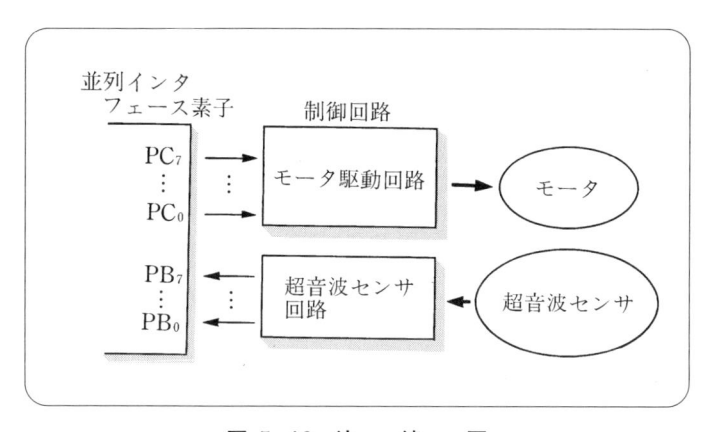

図 5.46　接　続　図

ポートCからこのモータ駆動回路に信号を送ると，図 5.47 に示すように8ビットデータに対応した電圧がモータに加わり回転する。ただし，直流モータに加える電圧と回転速度は比例しない場合がある。ポートBには超音波センサ回路が接続されている。図 5.48 に示すように，この回路からは距離に比例した8ビットデータが出力される。このセンサは最長で 255 cm を測定できるものとする。

図 5.49 にフローチャートとプログラムを示す。

208   5. コンピュータ制御の基礎

```
(FF)₁₆    (最高電圧)    最高回転
  ⋮          ⋮
(01)₁₆    (最低電圧)    最低回転
(00)₁₆                 停止
```

図5.47 出力データとモータ回転速度の関係

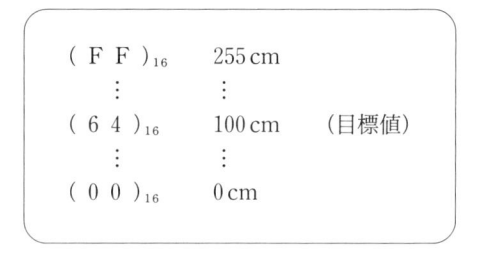

```
(FF)₁₆    255cm
  ⋮         ⋮
(64)₁₆    100cm    (目標値)
  ⋮         ⋮
(00)₁₆     0cm
```

図5.48 入力データと距離の関係

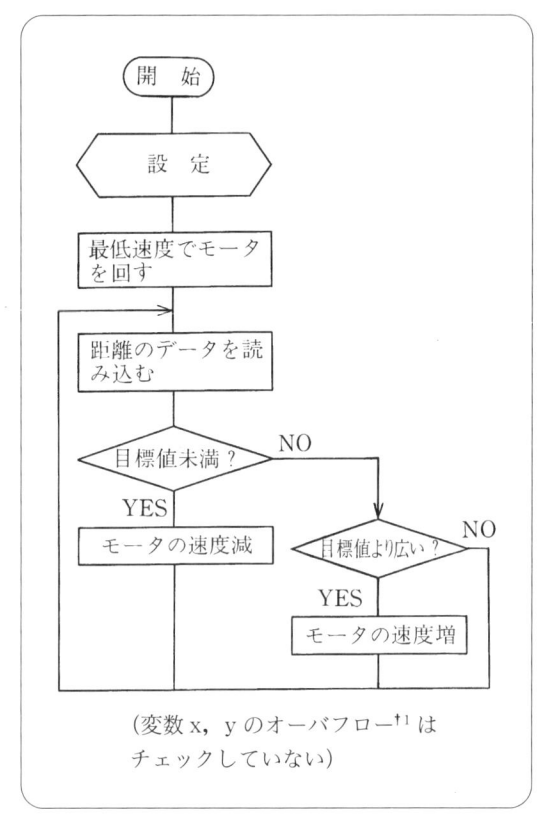

```
main()
{
unsigned char x,y;            x,yを符号なし整数変数
                              として宣言
outp( 0x33 , 0x82 );          ポートBを入力,
                              ポートCを出力に設定
y = 1;
outp(0x32 , y);               最低回転にする
while( 1 ){                   繰り返す
x = inp( 0x31 );              変数xにポートBの
                              状態を入力する
if ( x <0x64 ){               目標値100未満か?
 outp(0x32 ,--y );            モータの速度減
}
else{
 if ( x >ox64 )               目標値100より広いか?
    outp(0x32 , ++y); モータの速度増
 }
}
}                             whileに戻る
```

(変数x, yのオーバフロー[†1]は
チェックしていない)

[†1] 計算結果が変数の持っている範囲を超えてしまい, 正しい計算結果が得られないこと。

図5.49 フローチャートとプログラム

4 ネットワークを用いた制御　　ネットワークとは, 多数のコンピュータがたがいにデータを共有し, 任意のコンピュータで共同作業が行えるように接続されたデータ通信網である。

ネットワークを使い制御を行う利点には2種類ある。一つは, 複数の機械をネットワークで結び, たがいに同期をとりながら目的を達成させることである。もう一つは, 遠くにある制御対象物を遠隔操作して目的を達成させることである。

例えば，複数のCNC工作機械，ロボットなどを組み合わせたFMS (flexible manufacturing system) が前者の例であり，多くの企業で行われている。また，後者の例としては，多くの工場を持った企業では，遠くの支店などにある機械をネットワーク経由で管理・操作することができる。

このネットワークの一つにLAN[†1] (local area network) がある。LANは企業だけでなく家庭・学校・病院などでも利用されており，その必要性はますます高まっている。図5.50に学校でのLAN利用例を示す。この学校では，図（a）のおのおののコンピュータで作成したデータをLANで接続された図（b）のNC工作機械に送り，加工している。

[†1] 同じ建物内などでコンピュータなどを接続したネットワーク。

(a) コンピュータ室　　　　(b) NC工作機械

図5.50　学校でのLAN利用例

5　練習問題

❶ ICメモリの種類を挙げて，その特徴を簡単に説明しなさい。

❷ 並列インタフェース素子の各ポートをつぎのように設定するために

は，制御語レジスタにどのような値を書き込めばよいか。16進数で答えなさい。

ポートA	ポートB	ポートC上位	ポートC下位
入　力	出　力	入　力	出　力

❸　オープンループ制御で動作している機械の例，およびクローズドループ制御で動作している機械の例を挙げなさい。

❹　シリアル通信でデータ伝送している機器の例を挙げなさい。

❺　学校などでLANがどのように利用されているか調べなさい。

❻　つぎの文章の（　）内に適当な語句を記入しなさい。
「CPUは，（　　），（　　）装置，（　　）装置などによって構成され，単独では動作せず，（　　），（　　），（　　）が必要である。」

❼　CPU内のアキュムレータはどのようなことをするレジスタか。

❽　データの伝送方式には2種類ある。それぞれの特徴を挙げなさい。また，つぎの場合にはどちらの方式が適当か。
　（a）　インターネットで情報を得る。
　（b）　近くの機器と接続し，多くのデータを送る。

❾　バッファはなぜ必要で，どのようなところで使われているか。

❿　ワンチップマイコンはどのようなところに使われているか。

⓫　つぎの文章に合う回路・フローチャート・プログラムを作りなさい。
　（a）　3個のスイッチと3個のランプ（LED）を使い，押されたスイッチに対応したランプが点灯する。
　（b）　1個のスイッチと3個のランプを使い，スイッチを1回押すとランプが順番に点灯する。

簡単な
電子機械設計

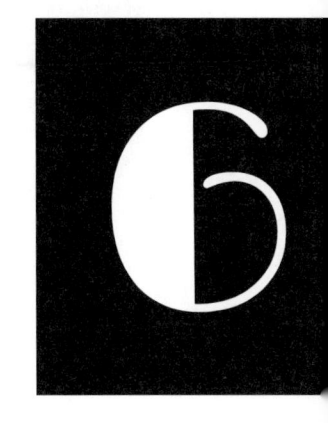

6

　これまでの各章において，機械の機構や動力伝達を中心とした機械技術，センサやアクチュエータの電気・電子技術，コンピュータを中心とする情報技術を個々に学んできた。この章では，身近な電子機械製品を例に，各技術が融合された電子機械システムを，総合的な視野に立って学ぶ。さらに，これまで学習した内容を応用して，ライントレーサの設計・製作の方法を学習する。

6.1 身近なメカトロニクス製品

　私たちの身の回りには，各種のメカトロニクス製品があって，便利でしかも快適に生活をすることができるようになってきている。図6.1に身近なメカトロニクス製品の一例を示す。

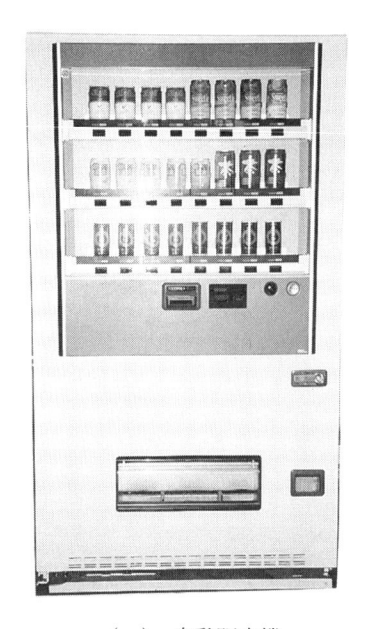

　　　　(a) 自動販売機　　　　　　　(b) 自動改札機

図6.1　身近なメカトロニクス製品

　これらのメカトロニクス製品は，一般的にマイクロコンピュータとセンサ，アクチュエータ，制御対象の各要素から構成されている。

　メカトロニクス製品は，いろいろな方式で制御される。例えば，空気調和装置や全自動洗濯機はファジー制御[†1]方式である。また，図6.1に示した自動販売機や自動改札機は，アナログ，

[†1] 6.1.3項のファジー制御で学習する。

ディジタルの2方式のうち，後者の方式によって制御されている。これらの制御方式は4章で学んだシーケンス制御とは異なり，フィードバック制御が用いられている。

6.1.1　フィードバック制御系の構成

フィードバック制御（feedback control）は，**制御量**[†1]（controlled variable）を計測して，その測定値とあらかじめ設定した目標値を比較して，**偏差**[†2]（deviation）がなくなるように修正する制御方式である。図6.2に基本的なフィードバック制御系の構成要素と信号の流れを示す。図6.2において，それぞれの構成要素の働きはつぎのようになる。

[†1] 制御しようとする量である。

[†2] 目標値と制御量との差である。

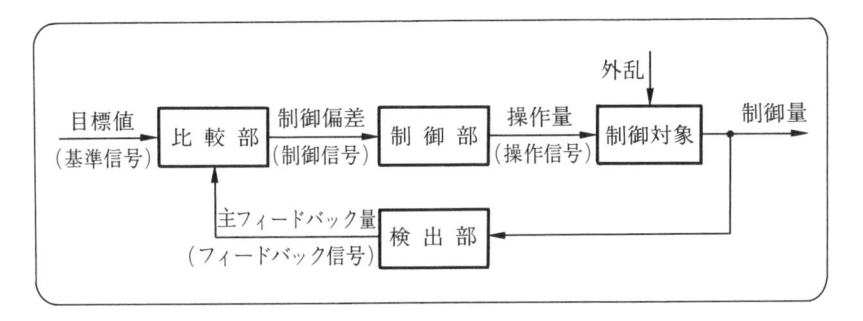

図6.2　フィードバック制御系の構成図

　(a)　**比　較　部**　目標値と主フィードバック量を比較して，制御偏差を取り出す。

　(b)　**制　御　部**　制御偏差を制御対象に合わせた物理量[†3]に変換して出力する。

　(c)　**制御対象**　制御しようとする対象。

　(d)　**検　出　部**　制御量を計測し，目標値と同種類の物理量（フィードバック量）に変換する。

[†3] これを操作量（manipulated variable）という。

例題　1.

室温のフィードバック制御系において，制御系の状態を乱そうとする外的原因を外乱という。室温の制御で外乱として考えられるおもな

ものを示しなさい。

[解答] 部屋はつねに密閉されているわけではなく，人の出入りによってドアが開閉され，温度が変化する。したがって，制御系の状態を乱そうとするおもな外的原因は，ドアの開閉である。

6.1.2　ディジタル制御の基本構成

フィードバック制御は，集積回路技術やコンピュータ技術の発展や普及によって，アナログ系からディジタル系に移行してきている。制御装置の中にコンピュータを取り入れ，信号にディジタル量を用いる制御を**ディジタル制御**（digital control）という。ディジタル制御系システムは，コンピュータの持つ柔軟な機能を利用する制御システムである。

図6.3にディジタル制御系の構成を示す。

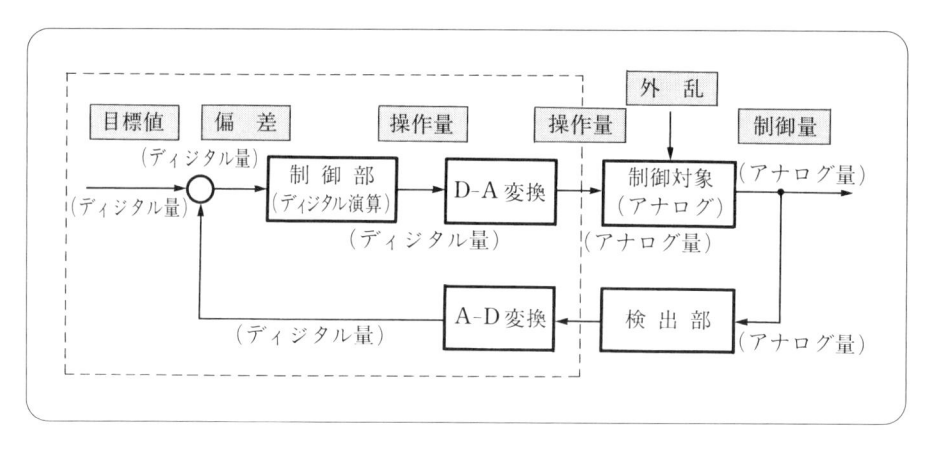

図6.3　ディジタル制御系の構成

ディジタル制御系は，制御対象自体がアナログ系であるため，制御演算処理の前後に信号の変換が必要となる。

図6.3に示すディジタル制御系は，アナログ信号をディジタル信号に変換する**A-D変換**（analog-to-digital converter）とディジタル信号をアナログ信号に変換する**D-A変換**（digital-to-analog converter）が必要となる。

6.1.3 ファジー制御

　ディジタル制御は，一般的に制御対象の数式モデルを作成して制御を行っていく。しかし，現実に制御対象の数式モデルを作成することが困難な場合には，**ファジー制御**（fuzzy control）が適している。ファジー理論[†1]は，1965年にアメリカのカリフォルニア大学バークレイ校電気工学科のザデー（L. A. Zadeh）教授によって提唱され，あいまい理論ともいわれる。

　1　ファジー制御の方式　ファジー理論は，「寒い」，「やや寒い」といった人間が持つ主観的な「**あいまいさ**」を，定量化して取り扱う理論である。

　人が感じる温度について考えてみる。20℃の温度が暑いと感じる人もいれば，適温であると感じる人もいる。また，18℃が適温と感じる人もいれば，やや寒いと感じる人もいる。このように，人が感じる温度は人によってその基準が違ってくる。したがって，一様に20℃が適温と決めつけることはできない。

　暑い，寒いといった「あいまいさ」を定量的に表すことを考える。一般的に10℃の温度が暑いと感じる人はほとんどいない。逆に，30℃以上の温度はほとんどの人が暑いと感じる。そこで，人がその温度を暑いと感じる比率[†2]を0から1までの値によって表すと図6.4のようになる。これは，25℃の温度の比率が0.8であるので，8

[†1] ファジーは，羽毛のようにふわふわして境界がはっきりしないということが語源といわれる。

[†2] グレード（grade）ともいう。

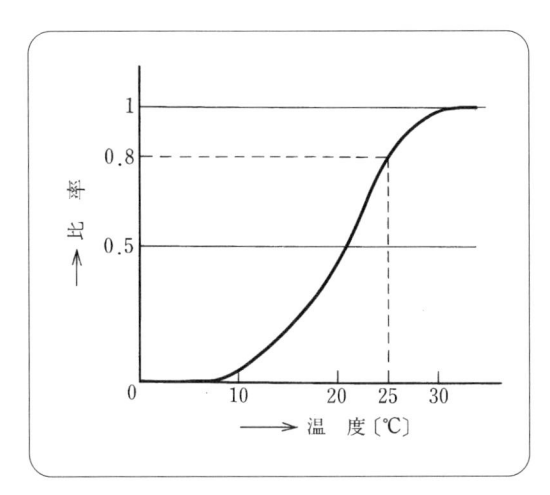

図6.4　温度が暑いと感じる比率

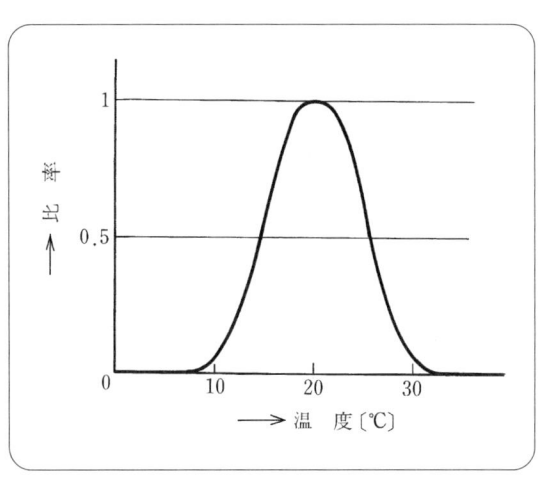

図6.5　適温のメンバーシップ関数

割の人が暑いと感じることを表している。

　2　メンバーシップ関数　「あいまいさ」を定量化し，その比率を0と1の間で表す関数を**メンバーシップ関数**（membership function）という。適温の状態をメンバーシップ関数で表すと図6.5のようになる。このことによって，私たちが持っている「あいまいさ」を定量的に取り扱うことができる。

　メンバーシップ関数は，常識的な範囲で矛盾のないように決めればよいので，三角形，つり鐘形，台形など，いろいろな形が考えられる。

　3　ファジー推論　ファジー理論では推論を行う。推論は一般的に「もし……ならば，……である」という「IF～THEN～」方式が使われる。推論は条件部と結論部に分けられ，条件部が「IF～」にあたり，結論部が「THEN～」にあたる。ここには数値や数式の代わりに「すこし」とか「かなり」といった，あいまいな言葉を記述することができる。

　例として図6.6に示すような室内の空気調和について考えてみる。

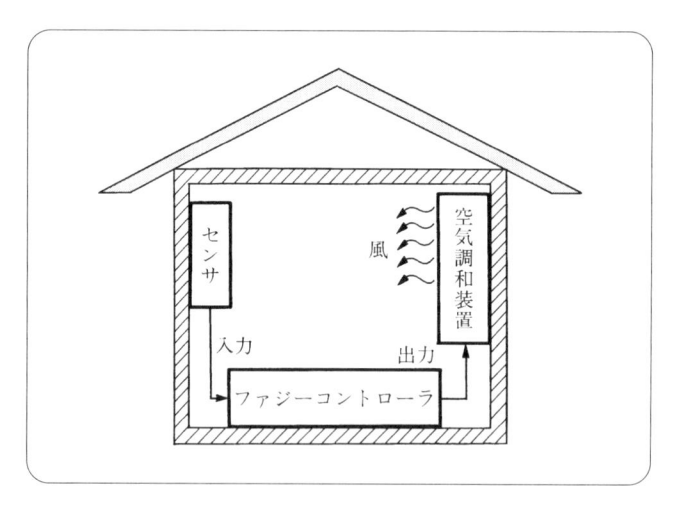

図6.6　室内の空調構成図

　ここでは「寒い」,「快適」,「暑い」といった「あいまい」な表現をメンバーシップ関数で表すと，図6.7のようになる。

　図6.7のメンバーシップ関数に基づいて，快適になるような空気

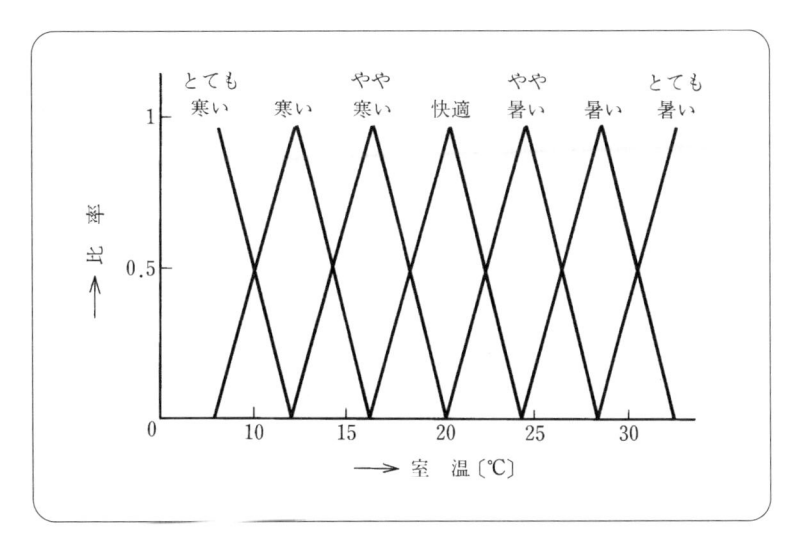

図 6.7 室温のメンバーシップ関数

調和を行うこととする。目標値を快適におくとき，室温がやや寒ければ空気調和装置の出力状態をやや暑くすればよい。これをファジー推論に置き換えて，つぎに示すような「IF～THEN～」方式の制御規則を作る。

〔**制御規則 1.**〕　「もし，室温がとても寒いならば，空気調和装置の出力をとても暑い状態にする。」

〔**制御規則 2.**〕　「もし，室温が寒いならば，空気調和装置の出力を暑い状態にする。」

〔**制御規則 3.**〕　「もし，室温がやや寒いならば，空気調和装置の出力をやや暑い状態にする。」

このように，いくつかの制御規則を作っておき，制御規則とセンサ入力の大きさで，メンバーシップ関数から空気調和装置の出力を決定する。

図 6.7 の室温のメンバーシップ関数を用いて，1入力1出力の場合の室温制御について考えてみる。1入力の場合は入力値が一つであるため，その入力値によって条件部の比率が決定される。

図 6.8 において，センサ入力は図 (a) に示すように，温度を電圧に変換した値 V_i で示す。このセンサ入力はメンバーシップ関数の寒いおよびやや寒いになり，制御規則の 2. と 3. に該当する。これに

218　　6．簡単な電子機械設計

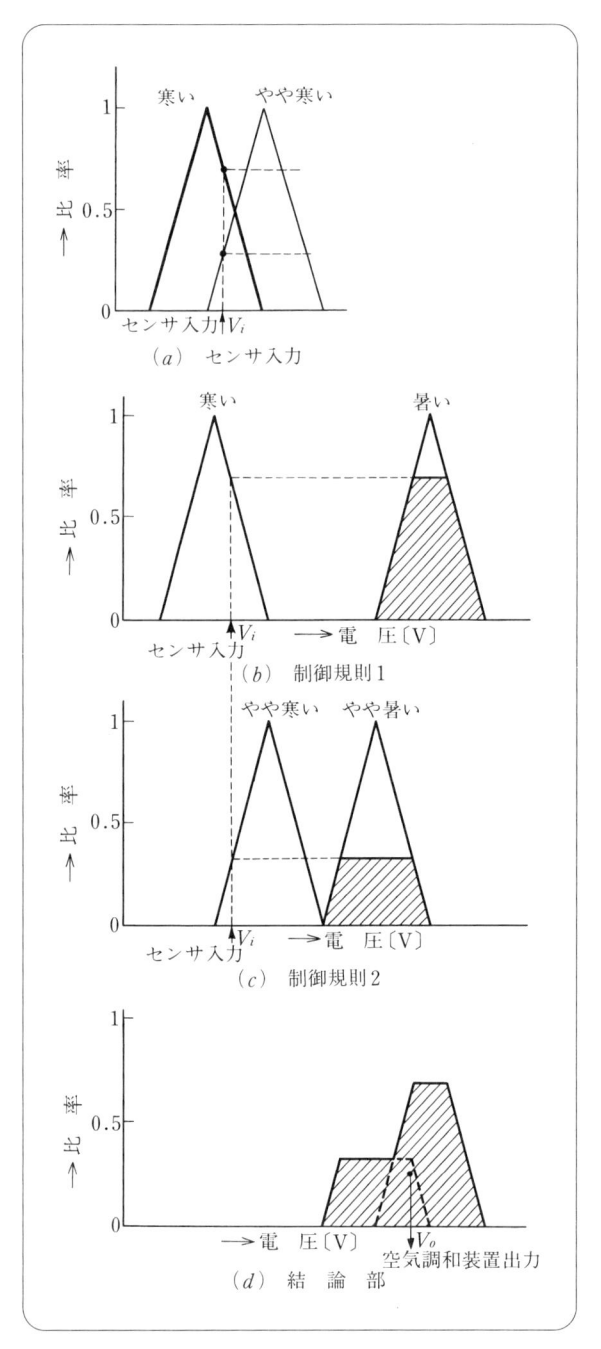

（a）センサ入力

（b）制御規則1

（c）制御規則2

（d）結論部

図 6.8　ファジー制御の考え方

よって，制御規則 2．から室温が寒い場合の結論部は，図（b）に示す暑い状態の台形状の斜線で示す部分となる。また，制御規則 3．から室温がやや寒い場合の結論部は，図（c）に示すやや暑い状態の台形状の斜線で示す部分となる。そこで，このセンサ入力に対する結論

部は，図（b）と図（c）の二つの結論部の論理和をとり，図（d）の斜線で示す部分の重心から垂直に下ろした点の電圧 V_o が出力となる。

入力条件がいくつかある場合の制御は，つぎに示す手順によって行っていく。

〔手順 1〕　各制御規則において，条件部の入力値に対する論理積を求め，その値を比率とする。

〔手順 2〕　各制御規則において，条件部の比率に対する結論部のメンバーシップ関数の論理積をとる。

〔手順 3〕　各結論部の論理和をとり，その重心を求めてそれを出力とする。

4　**ファジー制御の適用分野**　これまでの自然科学は，人間の持つあいまいさを取り除くことを行ってきた。しかし，制御の善し悪しは人間の感性による判断で決定される。私たちにとって，人間の持つ感覚を表現できるファジー制御は重要な存在である。

ファジー制御は，人間の主観的なあいまいさを量で表現したい分野で用いられ，つぎに示すようなところで適用される。

①　熟練した人間が経験や勘で判断を行っているようなシステム。

②　従来のフィードバック制御を用いても，適切な制御ができないシステム。

③　制御対象の数式モデルが確定しにくいシステム。

また，ファジー制御は，現在つぎのようなところで使われている。

a）　地下鉄の列車制御

b）　ガラス溶融炉の温度制御

c）　トンネルの掘削装置（シールド機械）

d）　自動車の定速走行制御

e）　医療診断支援システム

f）　家電製品

ファジー理論を応用した家電製品は，図 6.9 に示すように私たちの日常生活の中に多く使われている。

220　　6．簡単な電子機械設計

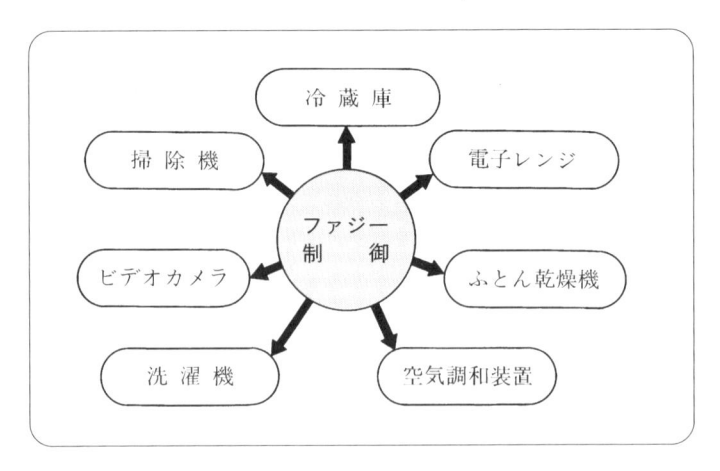

図6.9　ファジー制御による家庭電化製品

問 1．ファジー理論を応用した家電製品には，どのようなものがあるか示しなさい。

問 2．ファジー制御の適用分野について説明しなさい。

6.1.4　自動販売機の機構と制御

　私たちの身の回りにある自動販売機の種類は，多岐にわたっている。ここでは，図6.10に示す飲料水の自動販売機の機構と制御に

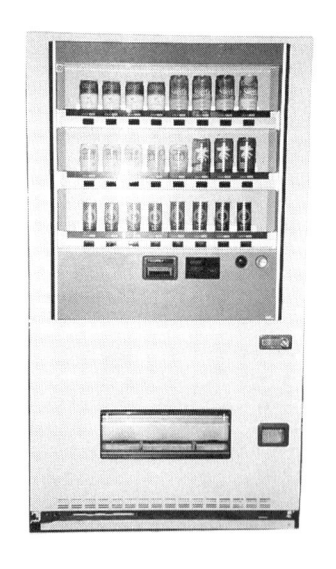

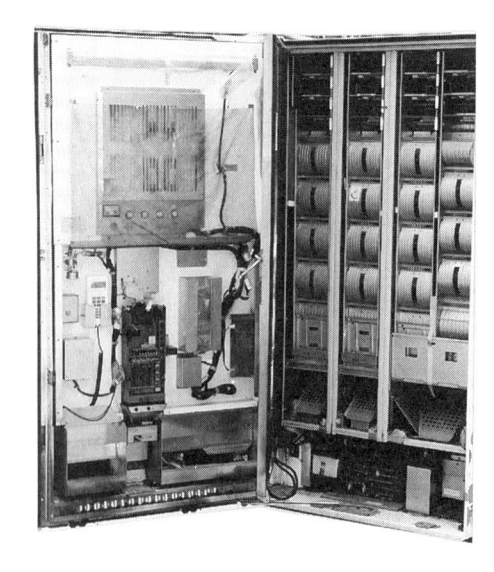

(a) 外観　　　　　　(b) 内部

図6.10　飲料水自動販売機

ついて学習していく。

図 6.11 に自動販売機の構成図を示す。商品によって機構的な違いはあるが，自動販売機の基本的な機能を大別するとつぎのようになる。

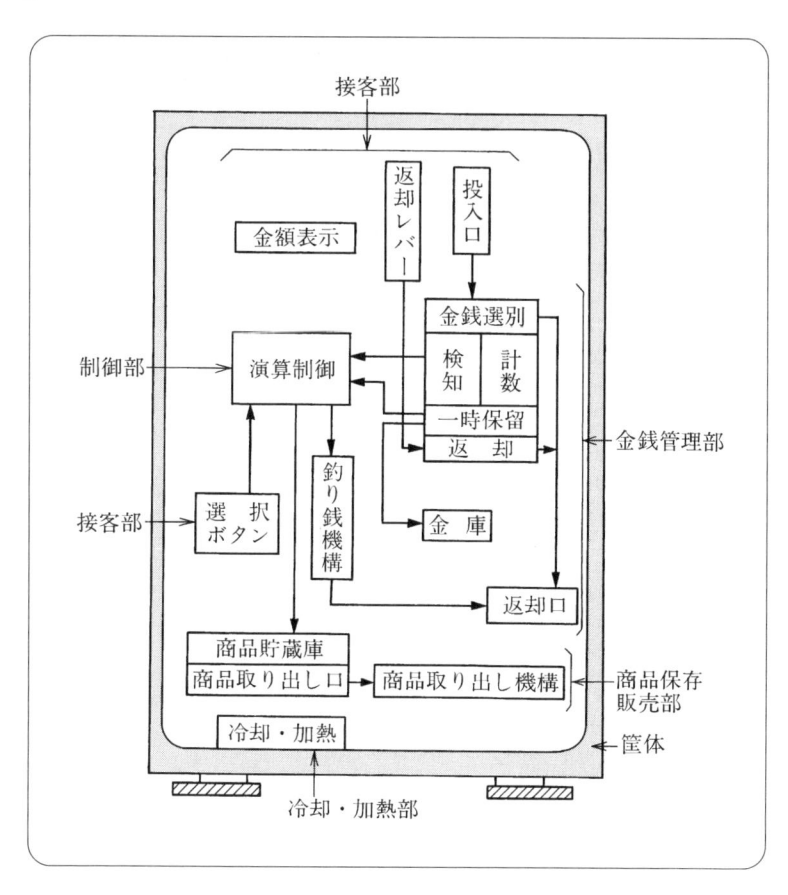

図 6.11 自動販売機の構成図

① **金銭管理部** 投入された硬貨や紙幣を選別し，釣り銭を払い出す金銭処理機能。
② **商品保存・販売部** 商品の貯蔵庫と売り切れ状態の検知などの販売制御機能。
③ **冷却・加熱部** 商品を冷却・加熱し，適温に保つ機能。
④ **制御部** 販売の制御と販売情報の管理機能。
⑤ **接客部** 自動販売機と購入者との接続機能。
⑥ **筐体** ①から⑤までを収容する本体で，盗難防止や外部と

の断熱機能。

1　硬貨の流れ機構　図 6.12 に硬貨の流れを示す。投入された硬貨の選別と真偽を判定し，適正硬貨のみ金銭振り分けレバーでそれぞれの場所に振り分けられる。このとき，釣り銭チューブ内が満杯の場合，検知レバーが動作して満杯スイッチが働き，当該硬貨を金

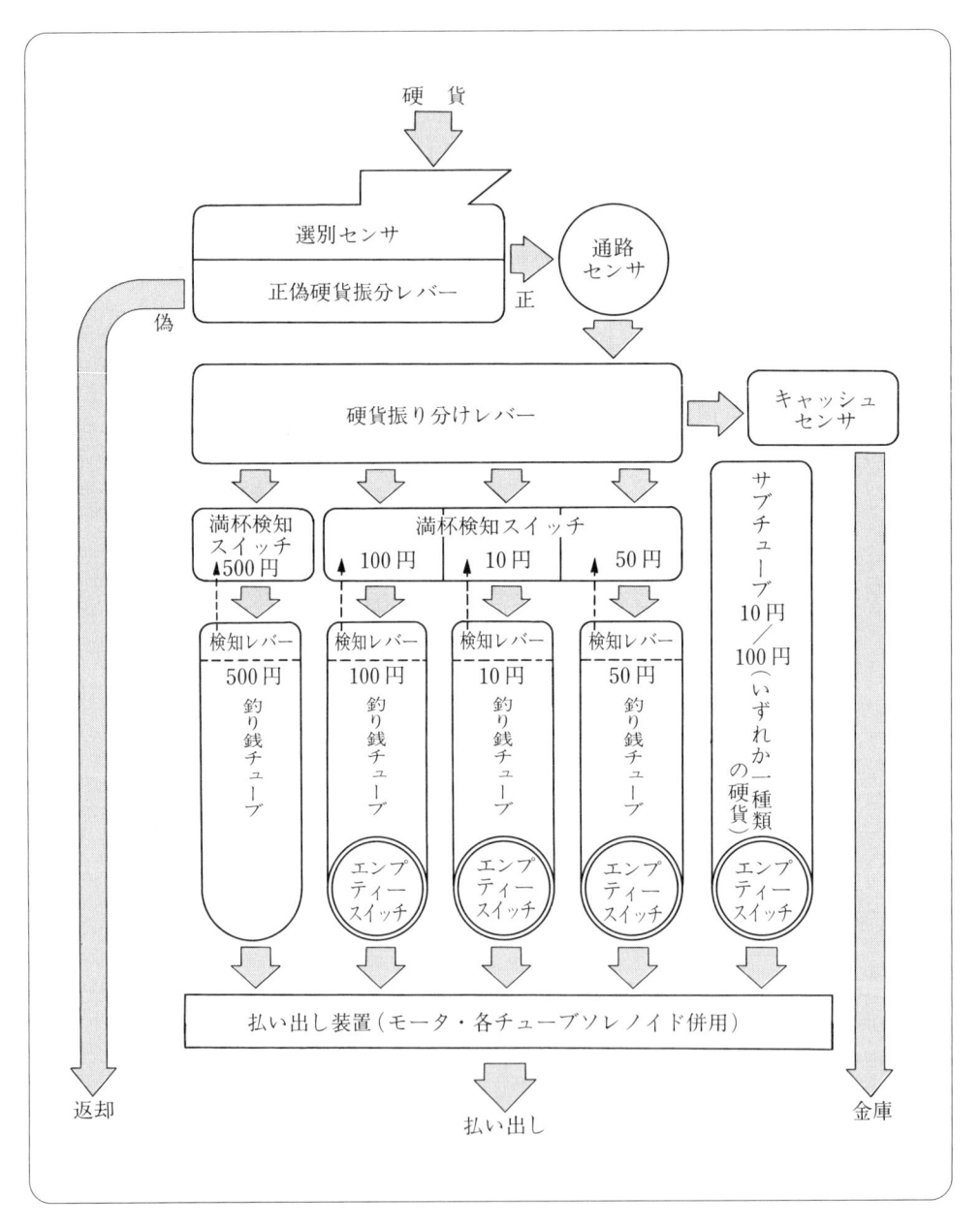

図 6.12　硬貨の流れ図

庫へ導く。また，釣り銭が必要な場合は，釣り銭機構が動作して払い出され，不正硬貨の場合は，自動返却となる。

[2] **硬貨選別の原理**　硬貨を選別する方法は機械式と電子式とがあり，電子式が多く採用されている。ここでは電子式硬貨選別について述べる。

図 6.13 に電子式硬貨選別の原理図を示す。硬貨選別の原理は，発振回路で所定周波数の信号を発振し，それを励磁コイルに送ると電磁界が発生し，電磁誘導作用で受信コイルに誘導起電力が発生する。励磁コイル内を硬貨が通過すると，硬貨の内部にうず電流[1]が発生し，これによって受信コイルに特性変化が現れる。特性は，硬貨の材質，外径や厚さの形状によって異なる。それぞれの硬貨の持つ電気的な特性は，あらかじめ定められた基準値と比較し判定される。

[1] 電磁誘導によって流れるうず状の電流。

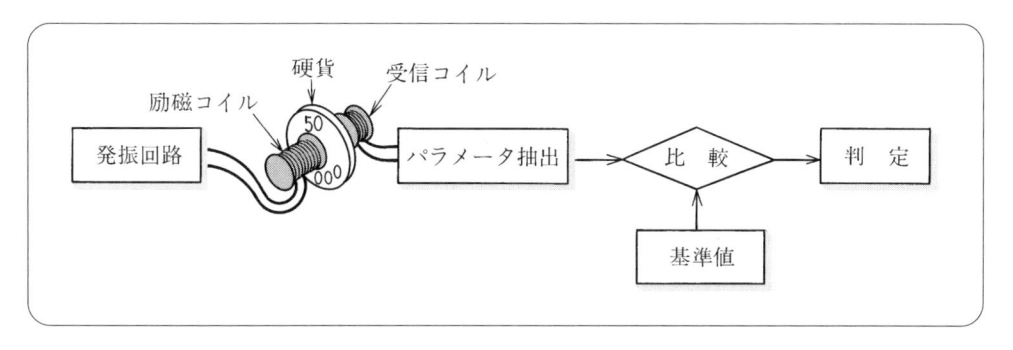

図 6.13　電子式硬貨選別の原理図

[3] **商品収容機構**　自動販売機の商品収容・保存・搬送機構は，商品や用途によってさまざまな機構が開発されている。サーペンタイン方式，チェーンエレベータ方式，コンベヤラック方式，リフトアップ方式などがあるが，ここでは，缶飲料水の一般的な収容方法のサーペンタイン方式について述べる。

(a) **収容・保存機構**　図 6.14 に 2 重のサーペンタインラック[2]の断面図を示す。収容効率を上げるために，6 重まで開発されている。この方式は，容器が円筒形状で強度のある商品に適しており，一般的な缶飲料水の自動販売機に採用されている。

商品投入口から投入された缶は，図 6.14 に示すように，固定セグメントと可動セグメントの間を通過して，搬送機構のベンドメック

[2] 蛇が進むように曲がりくねったという意味から呼ばれている。

224　6．簡単な電子機械設計

まで落下して止まる。つぎの缶はその上に積み重ねられてつぎつぎに収容されていく。この固定セグメントと可動セグメントによって，缶がゆっくりと落下して，缶を傷付け破損しないように工夫されている。

（b）搬送機構　搬送機構はサーペンタインラックの下部に取り付けられており，ベンドメックと呼ばれペダルとソレノイドおよびリンク機構から構成されている。図6.15に搬送機構の一連の動作を示す。

① 図（a）は待機状態でペダルaによって缶が支えられ待機している。

② 図（b）は動作状態を示す。販売信号が出力されると，ソレノイドがONされてリンク機構が動作する。このとき，支えていた缶のペダルaの部分がはずれて取り出し口に落下する。同時にペダルbの部分がせり出しつぎの缶を支える。

③ 図（c）は復帰状態で，ソレノイドがOFFになるとリンク機構がもとの待機状態に戻り，ペダルbで支えていた缶が少し下がってペダルaによって缶を支え，待機状態となる。

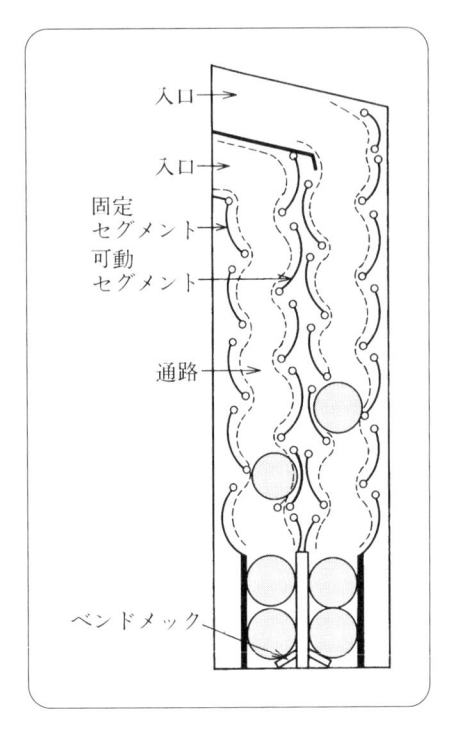

図6.14　2重サーペンタインラック

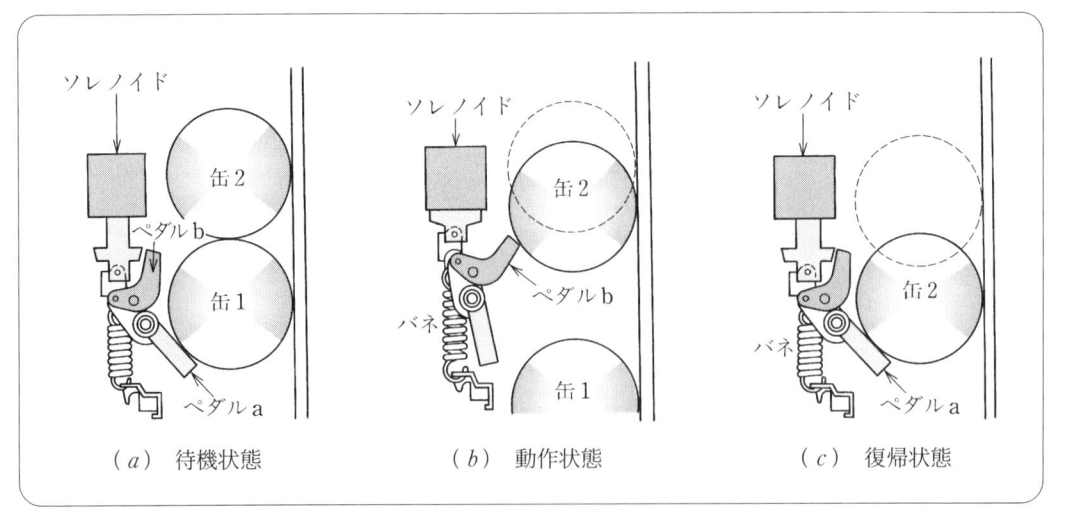

図6.15　ベンドメックの動作

（a）待機状態　　（b）動作状態　　（c）復帰状態

[問] 3. サーペンタインラックにおいて，缶を傷付けたり破損したりしない工夫について説明しなさい。

[4] **制御システムの概要**　自動販売機の制御システムのハードウェアとソフトウェアの概要について学習する。

（a）**制御システムのハードウェア**　自動販売機の制御システムは，複数のマイクロコンピュータによる分散制御方式が主流となってきた。図6.16に代表的な分散制御システム構成図を示す。

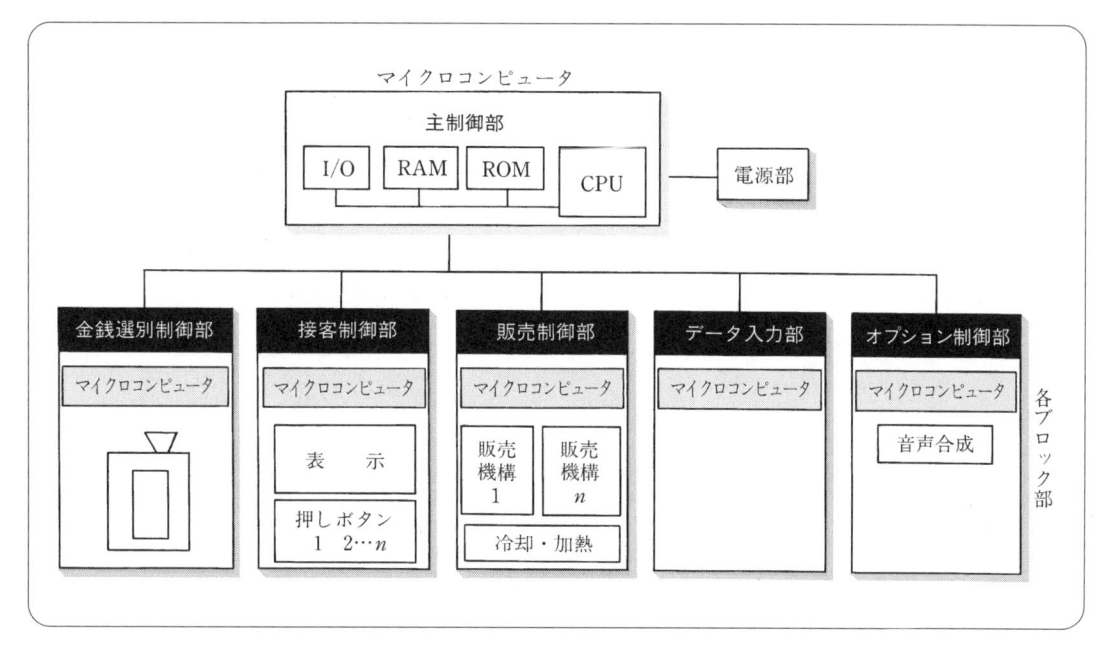

図6.16　分散制御システム構成図

このシステムは，自動販売機内の制御部を機能別にブロック化し，それぞれの制御を主制御部の指令によって行う。この方式によって，仕様の変更や機能追加などの拡張性が広がり，故障なども効率よく処理でき，経済的にも優れている。

（b）**組込み形のマイクロコンピュータ技術**　組込み形のマイクロコンピュータには，ワンチップマイコンが使われている。

図6.17は，自動販売機に組み込まれたマイクロコンピュータボードである。これは，ワンチップマイコンが6組で構成され，自動販売機のすべてを制御している。

（c）**制御システムのソフトウェア**　制御は，自動販売機が硬貨

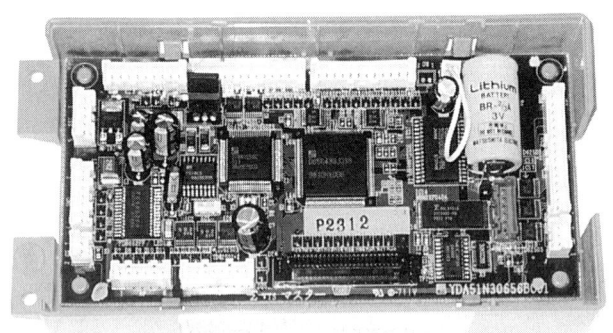

図 6.17 自動販売機のマイクロコンピュータボード

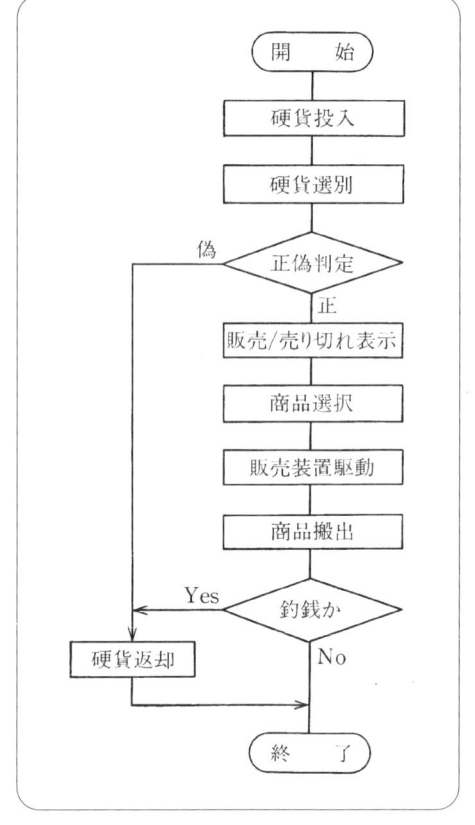

図 6.18 販売フローチャート

を受け付けてから商品を販売するまでの過程がおもな役割である。分散制御システムによって，温度制御や商品管理，保守状況データなどの自動販売機管理についても制御を行っているが，ここでは，図 6.18 に硬貨投入から販売までの販売フローチャートを示す。

6.1.5　ヒューマンインタフェース

各種制御技術の高度化・進展化に伴って，人間と機械との関係がどうあるべきかに関心が集まっている。この分野は，産業用システムにおける人間と機械とのインタフェース技術で，**マンマシンシステム**(man machine system)・人間工学などとして扱われてきた。

人間が機械に合わせた時代から，機械が人間に合わせる時代に変化してきている。人間と機械の関係において，操作性・安全性などが重

要な要素となり，「人間中心主義」の思想を反映して，人間と機械とのインタフェースを考えるようになってきた。これを**ヒューマンインタフェース**（human interface，略して**HI**）という。

　システムが高度化するにつれ，操作が複雑になりミスを誘発することがでてくる。これらの問題を解決する手段として，システムを自動化して，人間の操作を最低限の範囲に抑えるシステムが構築されてきた。私たちの身近なものとして，無段変速のオートマチック車，ファジー制御を用いた空気調和装置や全自動洗濯機などがある。これは最少限の操作によって，最適な運転状態をシステム化した一例である。

　近年は，地球環境を守る観点からクリーンエネルギーの技術が求められている。自動販売機においても，太陽電池を利用した電力供給が試みられている。

6.2 制御系のソフトウェア技術

　コンピュータを含む機械制御システムの一般的な構成例を図6.19に示す。コンピュータの各要素をある目的にそった順序に従って動作させるために，あらかじめ用意されたプログラムの総称をソフトウェアと呼んでいる。

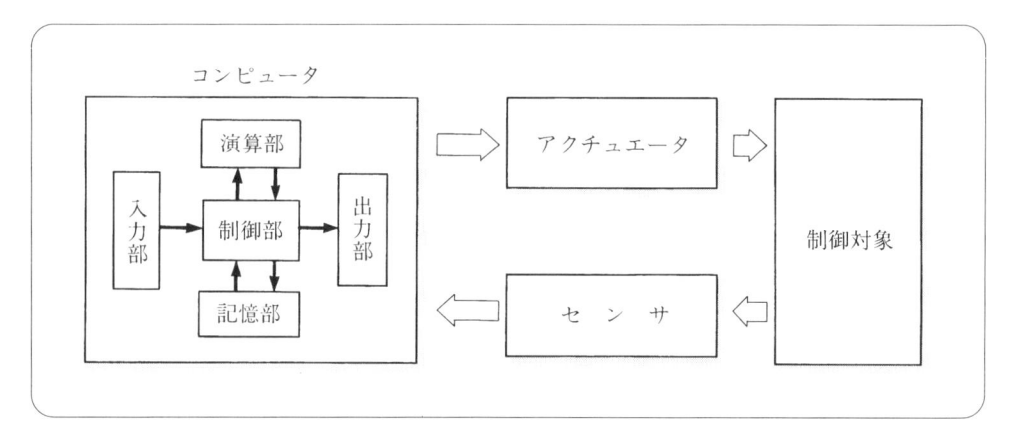

図 6.19　機械制御システムの構成

　コンピュータ制御システムでは，制御対象の状態を認識するセンサからの情報を入力し，それを用いてデータ処理を行い，処理結果を制御対象に出力する。制御システムの開発は，センサからの入力，制御動作の決定，制御対象への出力，システムの状態表示といったすべてのデータ処理を実現するソフトウェアの開発である。制御機能の融通性はソフトウェアの変更という形で対処することが可能である。

　このように，コンピュータを用いた制御システムは，ハードウェアの部分を汎用的なものとし，仕様の変更に対して比較的融通性の高いソフトウェア部分で処理することが一般的である。

6.2.1　プログラムの作成手順

制御用のプログラムを作成する場合の手順を示す。

① フローチャートの作成
② コーディング
③ アセンブル
④ 動作確認
⑤ 完成（ROM 化）

フローチャートは，制御の手順と内容を流れ図にして表現したものである。全体の流れを見通すうえで大変重要な作業である。フローチャートなしでもプログラムは作成できる。しかし，プログラムの追加，削除，変更などが生じた場合，フローチャートがあれば対応が速やかにできる。また，フローチャートには，入力・出力のデータや条件などを詳しく表現しておくことが大切である。

使用するプログラム言語で，フローチャートに従ってプログラムを書くことをコーディングという。このとき，理論上の間違いや文法上のエラーがないように作成する。この段階でも**デバッグ**（debug）[†1]しながら進める。コメント文（注釈）を入れると，だれが見てもわかりやすいプログラムとなる。

文法上のエラーがなくなるまでソースプログラムの修正を行う。つぎに，でき上がったプログラムが設計どおり動作するか実行し，動作確認を行い，最終的に ROM 化して完成する。

[†1] プログラムのエラーを修正することをいい，その作業を行うことをデバッギング（debugging）という。

6.2.2　コンピュータ言語

機械制御システムのソフトウェア開発において，通常用いられる言語には，**アセンブリ言語**（assembly language）や **C 言語**などがある。アセンブリ言語は，**機械語**（machine language）によるプログラミングが大変であることから，人間と機械の中間言語として記述しやすいように考えられた言語で，使用するコンピュータの CPU によって異なってくる。アセンブリ言語は機械語と対応して翻訳処理[†2]されるも

[†2] アセンブリ言語で記述されたプログラムを翻訳する言語処理プログラムをアセンブラ（assembler）といい，翻訳することをアセンブルする（to assemble）という。

のであり，CPU の種類によって異なる。

一方，C 言語は CPU に依存せずプログラミングが可能であり，使用頻度も高い。

6.2.3　ROM 化

組込み形のマイクロコンピュータの場合は，制御用プログラムを ROM に書き込んで使用する。プログラムを ROM に書き込むことを ROM 化という。

図 6.20 にプログラムを ROM 化するまでの手順を示す。プログラムは，コンピュータなどを使用してアセンブリ言語や C 言語などで作成する。そのときにプログラムを編集するソフトウェア（エディタ）が必要になる。作成したプログラムをマイクロコンピュータの CPU に適合した機械語に変換するコンパイラを使用する。変換された機械語のプログラムを EPROM に書き込む。

図 6.20　ROM 化の方法 1

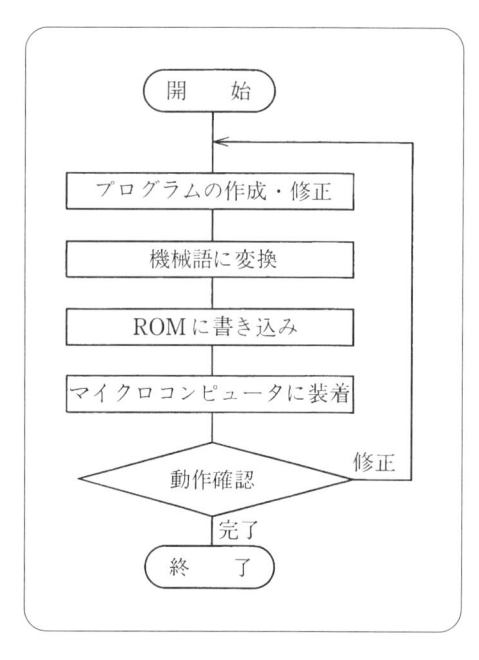

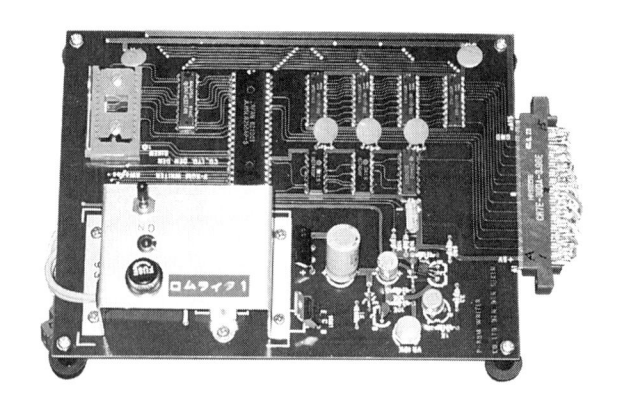

図 6.21　ROM ライタ

このとき，図 6.21 に示す ROM ライタと呼ばれる装置を使用して書き込むことになる。書き込まれた EPROM を組込み形のマイクロ

コンピュータに装着して動作確認を行う。このとき，プログラム設計の仕様と異なる動きをした場合，最初に戻ってプログラムの修正を行い，同様の作業を繰り返して完成させる。

一度書き込んだEPROMは，内容を消去すれば再度使用することができる。そこで，書き込んだ内容を消去する装置が図6.22に示すROMイレイサである。EPROMの窓に紫外線を照射することによって，内容を消去することができる。

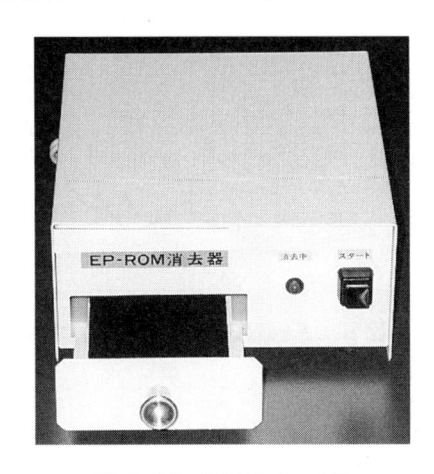

図6.22 ROMイレイサ

[問] 4. ROMにプログラムを書き込むことをなんというか。また，一度書き込んだ内容を消去する装置名と方法について説明しなさい。

前述した方法では，プログラムに間違いがあるたびにEPROMの消去・書き込みを繰り返さなければならない。そこで，図6.23に示すように，効率よくROM化するために，組込み形のマイクロコンピュータのRAMにプログラムを転送して動作確認を行い，不都合があれば，修正・転送・動作確認を繰り返してプログラムを作成する方法がある。

最終的にはROM化をして組込み形のマイクロコンピュータに装着して最終確認を行う。

図6.24に示すように，コンピュータ上で作成したプログラムは，直列転送ケーブルを介して組込み形のマイクロコンピュータのRAMに転送する。この場合，組込み形のマイクロコンピュータにも直列転

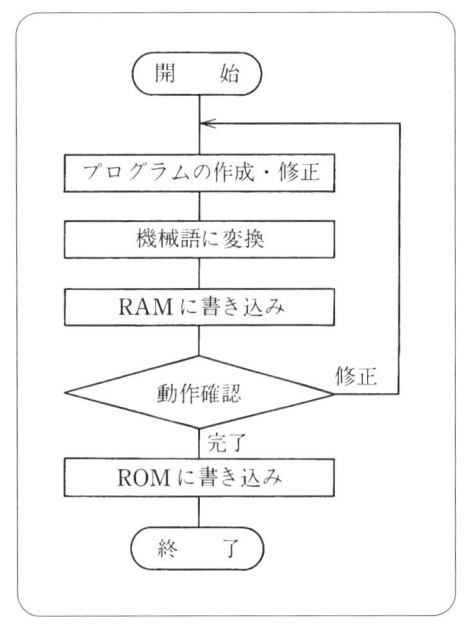

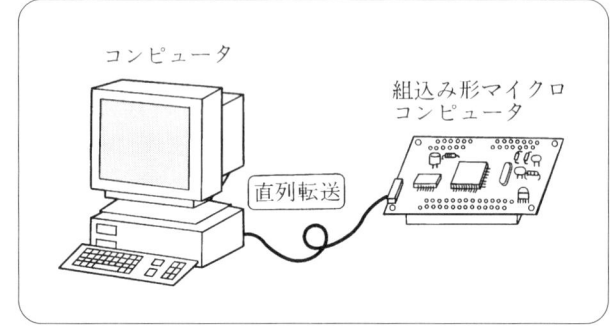

図 6.23 ROM 化の方法 2 　　　　**図 6.24** 組込み形のマイクロコンピュータへの転送

送用のインタフェースが必要となる。

問 5. 効率のよい ROM 化の方法について説明しなさい。

6.3 ライントレーサの設計

　現在の工場は，NC工作機械，産業用ロボット，搬送車，自動倉庫などによって自動化され生産効率を上げている。自動化機器の中で，図6.25に示す搬送車は，床面に貼られた銀テープを光センサにより検知しテープに沿って走行するライントレーサである。経路変更は，銀テープを張り替えるだけで簡単に行うことができる。ここでは，ライントレーサの基本的な機構や動作原理を実際の製作を通して学ぶ。

図6.25　搬　送　車

6.3.1　ハードウェア

　ライントレーサの機構は，荷物を搬送する機能を除けば自動化工場で稼働する搬送車とほぼ同じである（口絵4参照）。ライントレーサのハードウェアは，制御部としてのマイクロコンピュータ，アクチュエータとしての駆動部，視覚としてのセンサ部，電源部から構成されている。

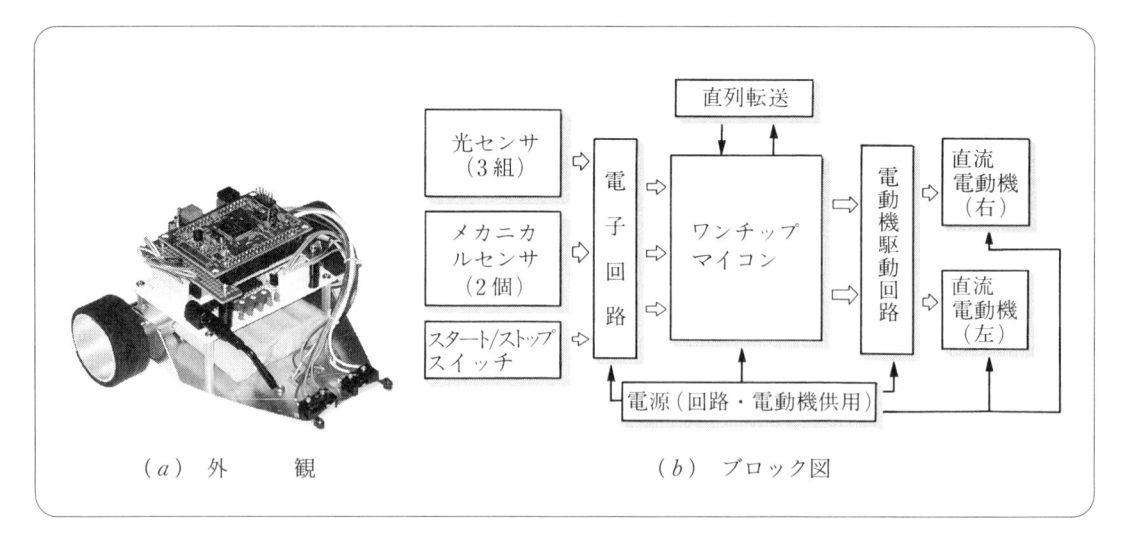

図 6.26 ライントレーサ

図 6.26 にライントレーサの外観とブロック図を示す。構造的には 3 層階層で，1 層目が駆動部で電動機軸に車輪を固定，2 層目にセンサおよび電動機駆動の電子回路，3 層目にマイクロコンピュータを配置している。電源は電動機駆動用と電子回路用と兼用で，駆動部に固定している。

[1] **駆動部** 図 6.25 に示したような搬送車は，荷物を搭載して走行するため，搭載荷重や走行速度および搬送車の荷重などを考慮して電動機，駆動機構，車輪などを設計しなければならない。

駆動用電動機には 3 章で学んだように，ステッピングモータや直流電動機がある。ステッピングモータは駆動回路が比較的簡単で，しかも制御がしやすい特徴がある。しかし，走行速度を速くすることが難しい。一方，直流電動機は制御回路がやや複雑であり，速度制御が難しいが駆動トルクが大きく，走行速度を上げることができる。ここでは直流電動機による制御を取り上げていく。

(a) **直流電動機の負荷特性** 直流電動機の回転速度 n，電流 I，トルク T の関係を図 6.27 に示す。図からわかるように，電動機の負荷を大きくすると電流 I は上昇し，回転速度が低下していき，やがて停止する。

図 6.28 に電圧 V，回転速度 n，トルク T の関係を示す。回転速度 n とトルク T は電圧 V に対して比例して平行移動したグラフと

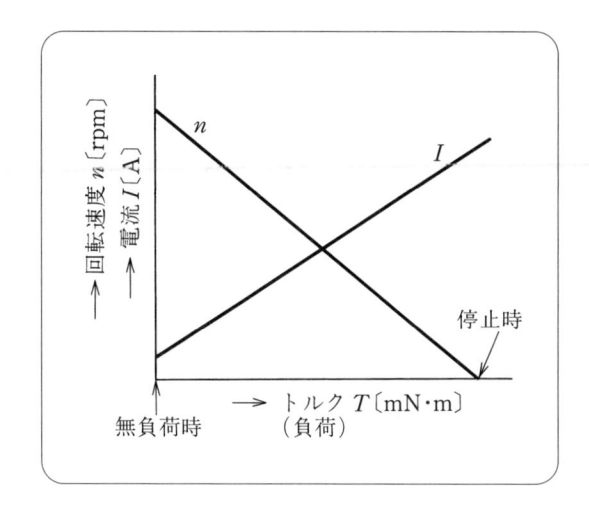

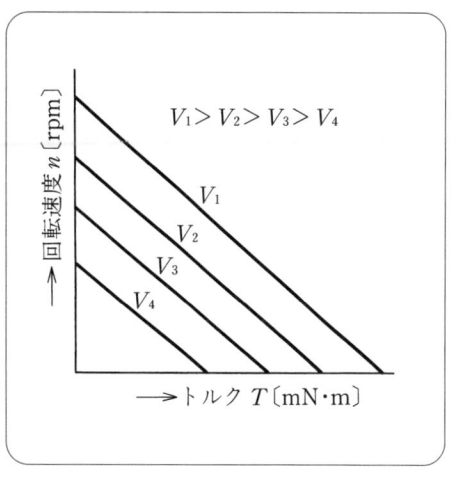

図 6.27　直流電動機の負荷特性　　　　　図 6.28　電圧と回転速度・トルク特性

なる。このことから，電圧 V を変化することで速度調整ができる。

(b) 変速装置　図 6.29 に示すように，ばねばかりを用いてライントレーサを動かすために必要な力[†1]を求めてみる。

[†1　ここでは，摩擦を無視して計算している。]

図 6.29　ばねばかりによる測定

　ライントレーサの荷重が 5N で，車輪の直径が 50mm のとき，車輪が動き出す瞬間のばねばかりの値は，1.2N を示した。ライントレーサの駆動輪が 2 個であるため，一つの車輪の駆動力 F は，ばねばかりの示す値の半分で，0.6N となる。

　駆動トルク T は，つぎのように求める。

$$\begin{aligned}
\text{トルク } T \text{ [N·mm]} &= \text{力 } F \text{ [N]} \times \text{車輪の半径 } r \text{ [mm]} \quad (6.1) \\
&= 0.6 \times 25 = 15 \text{ [N·mm]}
\end{aligned}$$

　これによって，ライントレーサに使用する電動機は，定格トルクが 15 [N·mm] 以上[†2]のものが必要であることがわかる。

[†2　実際には安全を見込んで，定格トルクを計算値の 3 倍以上とする。]

定格トルクが大きくなるにつれ，直流電動機は形が大きく質量も増してくる。そこで，小形の直流電動機を使用して，回転速度を減速し，大きなトルクを出す装置が必要となる。これが変速装置である。

図 6.30 に示すように，変速装置付き直流電動機の軸に車輪を取り付け，定格回転速度のときの 1 秒間に進む距離と駆動力を求めてみる。

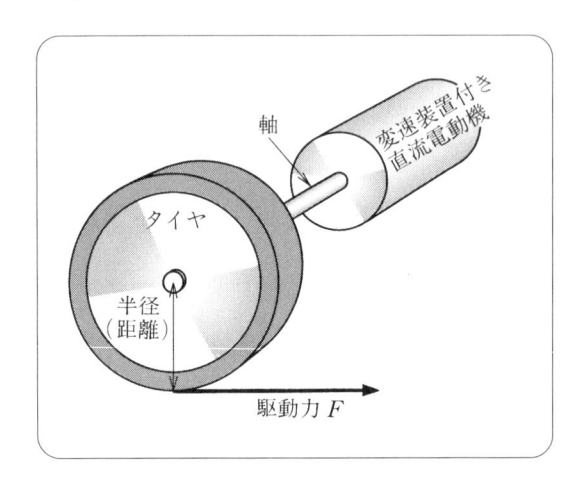

図 6.30 車輪の駆動力

車輪の直径 d を 50 mm とし，直流電動機の定格をつぎの値とする。ただし，ライントレーサ全体の荷重は 5 N とする。

   定格電圧 $V=12$ V， 定格回転速度 $n=6\,000$ rpm

   定格トルク $T=11.8$ N・mm， 速度伝達比 $i=5$

1) 1 秒間に進む距離 l の計算

 車輪 1 回転で進む距離 l' は

$$l' = \pi d \qquad (6.2)$$
$$= \pi \times 50 = 157.1 \text{ [mm]}$$

となる。直流電動機の回転速度 n' は

$$n' = \frac{6\,000}{60} = 100 \text{ [rps]}$$

となる。速度伝達比 $i=5$ であるから，車輪の回転速度 n'' は

$$n'' = \frac{n'}{i} = \frac{100}{5} = 20 \text{ [rps]}$$

となる。1 秒間に進む距離 l は

$$l = l' \times n'' = 157.1 \times 20 = 3\,142 \quad [\text{mm}]$$
$$= 3.14 \quad [\text{m}]$$

となる。

2) 駆動力 F の計算

速度伝達比 $i=5$ であることから，車輪に伝達されるトルクは直流電動機の定格トルクの5倍となるため

$$\text{駆動トルク} = 11.8 \times 5 = 59.0 \quad [\text{N·mm}]$$

となる。駆動力 F は式 (6.1) より

$$F \ [\text{N}] = \frac{\text{トルク } T \ [\text{N·mm}]}{\text{車輪の半径 } r \ [\text{mm}]} \tag{6.3}$$

$$F = \frac{59.0}{25} = 2.36 \quad [\text{N}]$$

となる。このことから，図 6.29 のばねばかりによる測定値 (0.6 N) より大きく，ライントレーサを十分駆動させることができる。

実際にライントレーサの電動機を選定する場合，つぎのようなことを考えていく。

① ライントレーサの走行速度を決めて，駆動輪の直径と回転速度を求める。

② ライントレーサの荷重を考慮して，走行に必要な駆動力と駆動トルクを求める。

③ 回転速度とトルクから変速装置付き直流電動機を決定する。

例題 2.

定格回転速度が 5 000 rpm，定格トルクが 1.96 N·mm の直流電動機の速度伝達比 50 の変速装置を組み合わせたとき，回転速度とトルクを求めなさい。

解答 速度伝達比が 50 であるので，回転速度は $\frac{1}{50}$ となり，トルクが 50 倍となる。

$$\text{回転速度 } n = \frac{5\,000}{50} = 100 \quad [\text{rpm}]$$

トルク $T = 1.96 \times 50 = 98.0$ 〔N・mm〕

──────────────────────────────────────

[問] **6.** 例題2.に使用した変速装置付き直流電動機に，直径50 mmの車輪を取り付けたとき，1秒間に進む距離と駆動力を求めなさい。

(c) **駆動方式**　ライントレーサの場合，駆動輪が2輪で補助輪が2輪の4輪か，駆動輪が2輪で補助輪が1輪の3輪がある。補助輪の役目は，駆動輪の補助と車体の安定であるため，簡単な走行であれば，補助輪1輪の3輪でよい。

図6.31に示すように，補助輪として図(a)の車輪や図(b)および図(c)の形が考えられる。図(a)の場合は，補助輪に操向装置を付けることによって，きわめて細かな制御が可能となる。図(b)および図(c)は簡単な走行制御の場合に使用する[†1]。

[†1] ここでは，機構の簡単なライントレーサとして，図6.31(c)に示す補助輪1輪を製作する。

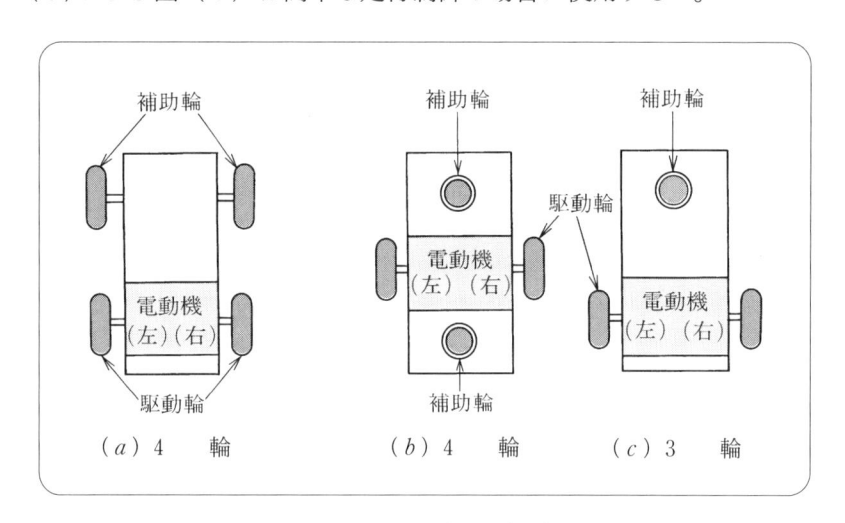

図6.31　駆動の方式

(d) **直流電動機の制御**　ライントレーサは前進が基本であるが，軌道を離脱した場合にもとの軌道に戻るため後退も必要になる。3章で学んだように，直流電動機は供給電源の極性を変えることによって回転方向を変えることができる。

直流電動機の電流容量が小さい場合には，駆動専用のICを用いると簡単な回路構成で制御が可能となる。図6.32に専用ICの端子図と動作モードの例を示す。2入力の組合せによって，図(b)に示す

6.3 ライントレーサの設計

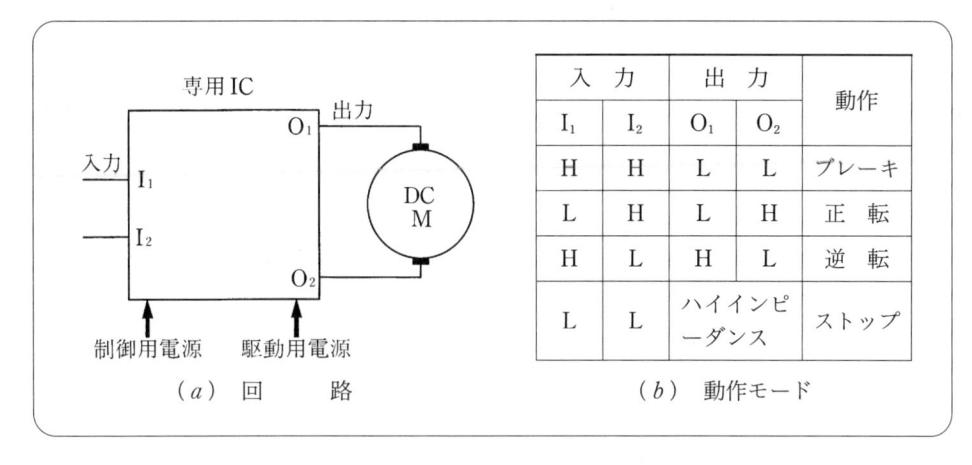

	入力		出力		動作
	I_1	I_2	O_1	O_2	
	H	H	L	L	ブレーキ
	L	H	L	H	正転
	H	L	H	L	逆転
	L	L	ハイインピーダンス		ストップ

(a) 回　路　　　　　　(b) 動作モード

図6.32　専用ICによる駆動回路

4通りの制御ができる。ライントレーサに使用する直流電動機は，電流容量の大きな電動機を必要としないため，専用のICによる駆動回路が多く用いられている。

図6.32の駆動回路では速度制御を行うことはできない。一般的な直流電動機の速度制御[†1]は，電源電圧を変化して行っている。

2 センサ部　視覚としてのセンサは，軌道を検出する光センサと障害物[†2]を検出する接触形のメカニカルセンサの利用を考えてみる。

(a) 光センサ　軌道を検出する光センサは，発光ダイオードとホトトランジスタを使用する。図6.33に示すように，軌道は光

[†1] 直流電動機の速度制御にはPWM制御法があるが，これはパルス幅を変化することによって電動機に供給する電圧値を変えて制御している。

[†2] 障害物を検出するセンサとして，非接触形の超音波距離センサがある。

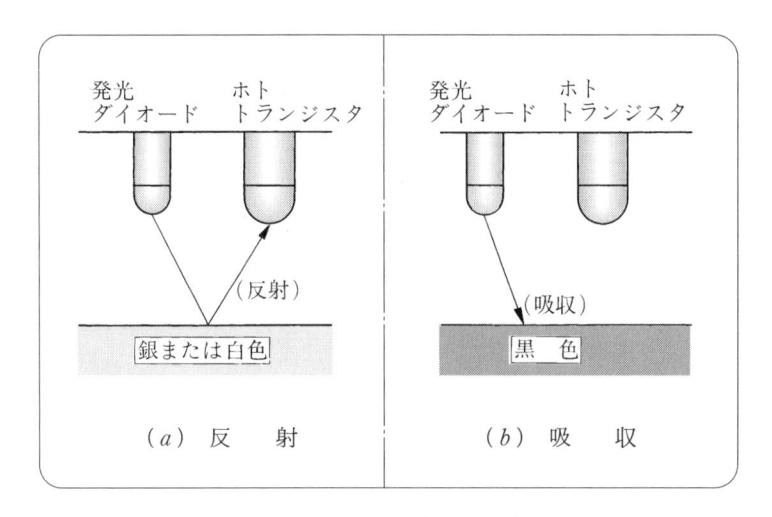

(a) 反　射　　　　　　(b) 吸　収

図6.33　光の反応

が反射するものと反射しないものに区別ができればよい。したがって，軌道には光が反射する銀テープや白テープを使用し，軌道以外は光が吸収される黒色などにする。逆に軌道を黒色とすれば，他は光を反射する色とする。

　光センサは，発光ダイオードとホトトランジスタが1対になったものを使うと工作が容易である。

　図6.34に銀テープを感知する3組の光センサ回路を示す。

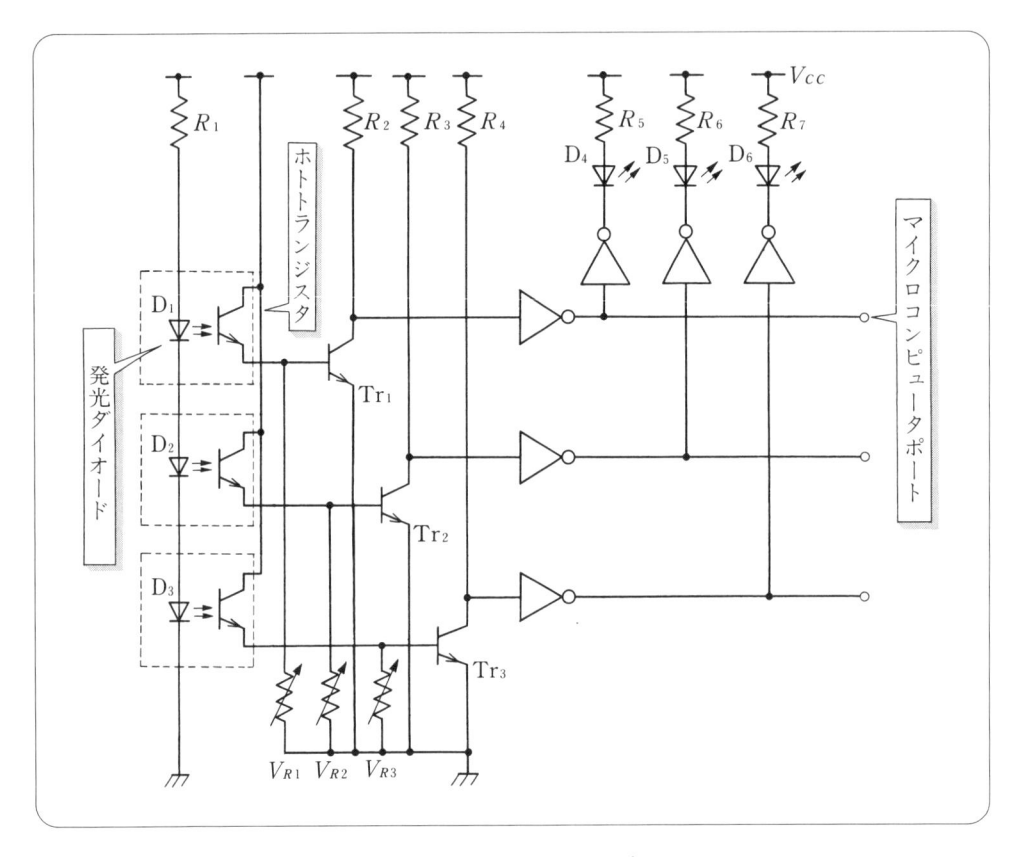

図6.34　光センサ回路

　光センサの発光ダイオード D_1，D_2，D_3 は3組直列にして，常時発光状態とする。光センサの感度調節を行えるように，ホトトランジスタのコレクタ電流を半固定抵抗で調節するようになっている。このとき，光センサが銀テープを感知しているかどうかを確認する方法として，モニタ用の発光ダイオード D_4，D_5，D_6 を取り付ける。銀テープを感知するとモニタ用発光ダイオードが発光し，マイクロコンピュー

タへの入力端子はHレベルとなる。

(**b**) **メカニカルセンサ**　図6.35に示すように，軌道上の障害物や軌道を外れたところの障害物に衝突した場合，ただちに走行を停止する必要がある。

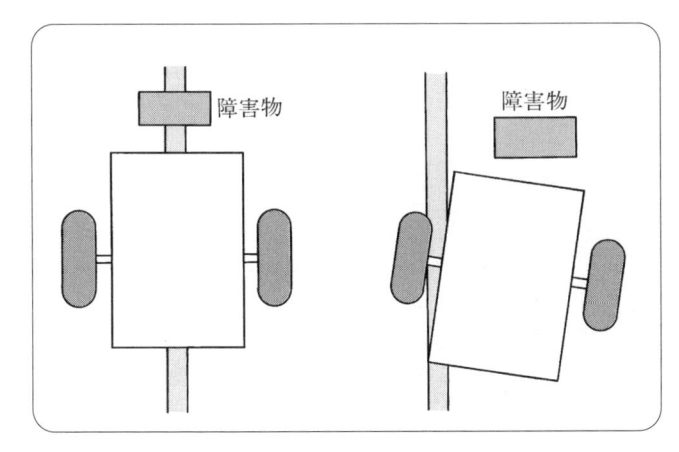

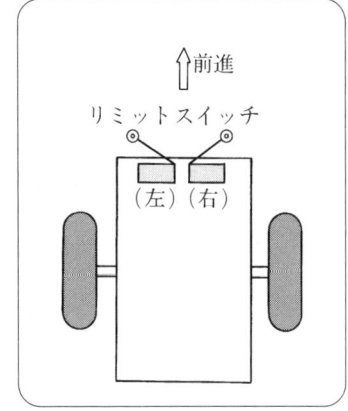

図6.35　障害物の検出

図6.36　メカニカルセンサ

図6.36に示すように，ライントレーサの前部にリミットスイッチを取り付けるだけで，簡単に障害物の検出ができる。

図6.37にリミットスイッチを用いた検出回路を示す。この回路では，リミットスイッチが押されると，出力信号がHレベルからLレベルの信号となる。この出力信号をマイクロコンピュータに入力する。センサが動作状態であるかどうかの確認用として，モニタ用発光

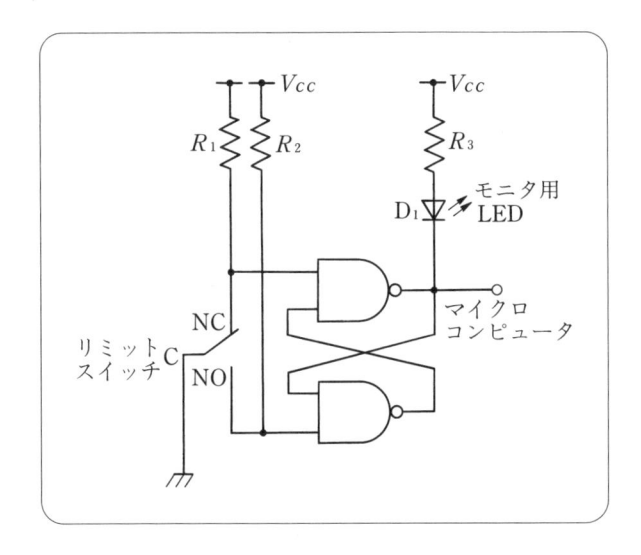

図6.37　検出回路

ダイオードを取り付ける。衝突したときにモニタ用発光ダイオードが発光する。

$\boxed{3}$ **マイクロコンピュータ部**　マイクロコンピュータ部には，組込み形のワンチップマイコンを使用する。プログラム開発が容易なように，直列転送用のポートがあるワンチップマイコンを選択するとよい。

図 6.38 にワンチップマイコンの外観図を示す。

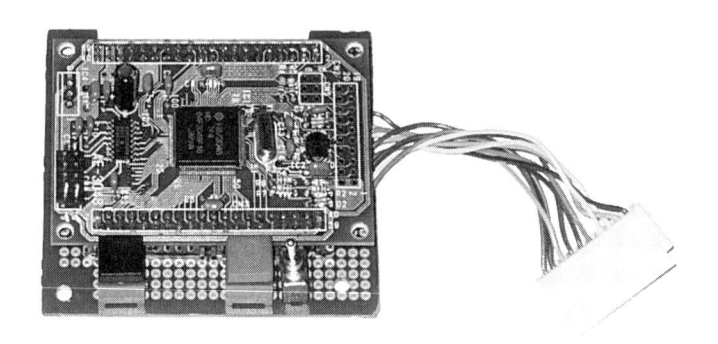

図 6.38　ライントレーサに搭載するワンチップマイコンの外観

このワンチップマイコンは，CPU[†1]，PI[†2]，SI[†3]，RAM，ROM[†4]などが内蔵されている。これによって，外付け用の部品点数はきわめて少なくすることができる。

PI はパラレル入出力ポートで，図 6.39 に示すようにスタート・ストップスイッチ，光センサ，メカニカルセンサ，電動機駆動用に使用している。

[†1] central processing unit
[†2] parallel interface
[†3] serial interface
[†4] 内蔵されている ROM は EEPROM で，5 章で学んだ電気的に消去する ROM である。

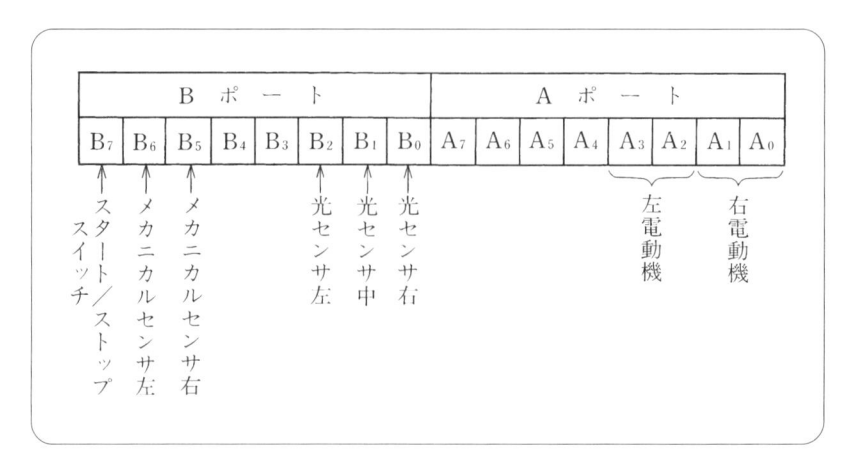

B ポート								A ポート							
B_7	B_6	B_5	B_4	B_3	B_2	B_1	B_0	A_7	A_6	A_5	A_4	A_3	A_2	A_1	A_0
スタート/ストップスイッチ	メカニカルセンサ左	メカニカルセンサ右			光センサ左	光センサ中	光センサ右					左電動機		右電動機	

図 6.39　パラレル入出力ポートの接続

SIはシリアル入出力ポートで，直列転送用[†1]のポートとしてプログラムのデバッグを行うときに使用する。

[†1] ここでいう直列転送は，5章で学んだRS-232Cのデータ転送である。

4 部品一覧 図6.40にライントレーサの部品一覧を示す。**フレーム**（frame）はアルミ板を加工して簡単に製作し，それぞれの階層をスペーサで基板などに固定する。

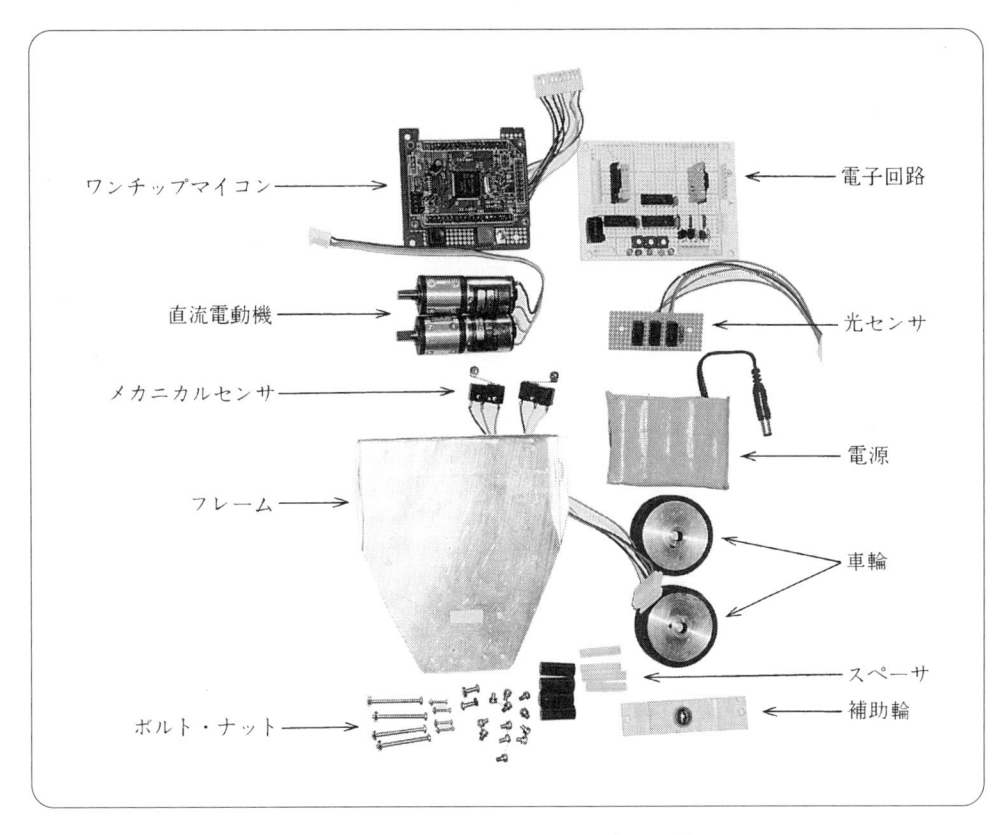

図6.40 ライントレーサの部品一覧

6.3.2 ソフトウェア

ライントレーサは，あらかじめ定められた軌道上を走行させる制御である。プログラムの考え方は，光センサによって軌道を検出して，軌道から外れた場合にもとの状態に戻して走行させていく。

1 光センサによる軌道修正 軌道を検出する方法としては，いろいろな考え方がある。最も簡単な方法が図6.41（a）に示す光

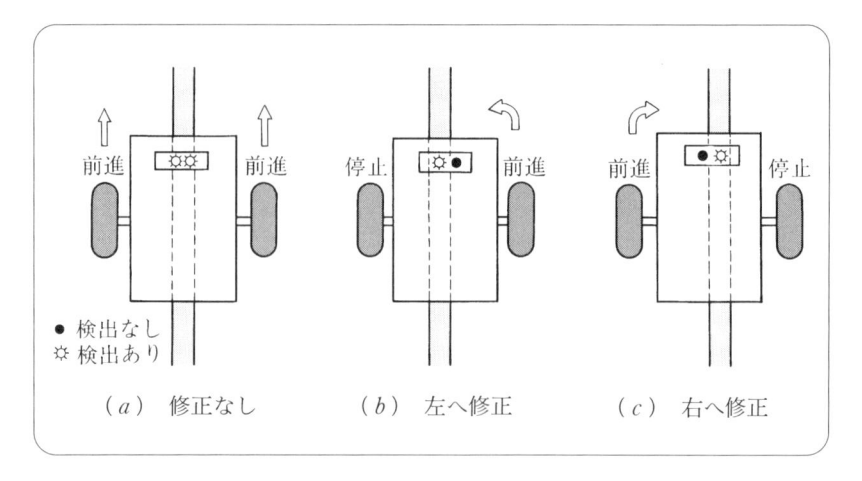

図 6.41　2組の光センサによる軌道修正

センサを2組使用する方法である。

　軌道の幅よりも少し狭くして左右の光センサを取り付ける。右のセンサが軌道を外れた場合，図(b)に示すように左の電動機を停止し，右の電動機を前進する。逆に左のセンサが軌道を外れた場合，図(c)に示すように右の電動機を停止し，左の電動機を前進させる。

　センサが2組の場合は，どの程度軌道から外れているかを検出することが難しい。きめ細かな制御を行う場合は，図6.42に示すように，左右と中央の3組の光センサで制御を行う。

　3組の場合は，中央のセンサと左右のセンサのいずれかが軌道を検出していれば，ずれが軌道幅の半分以下となる。図(a)のように，

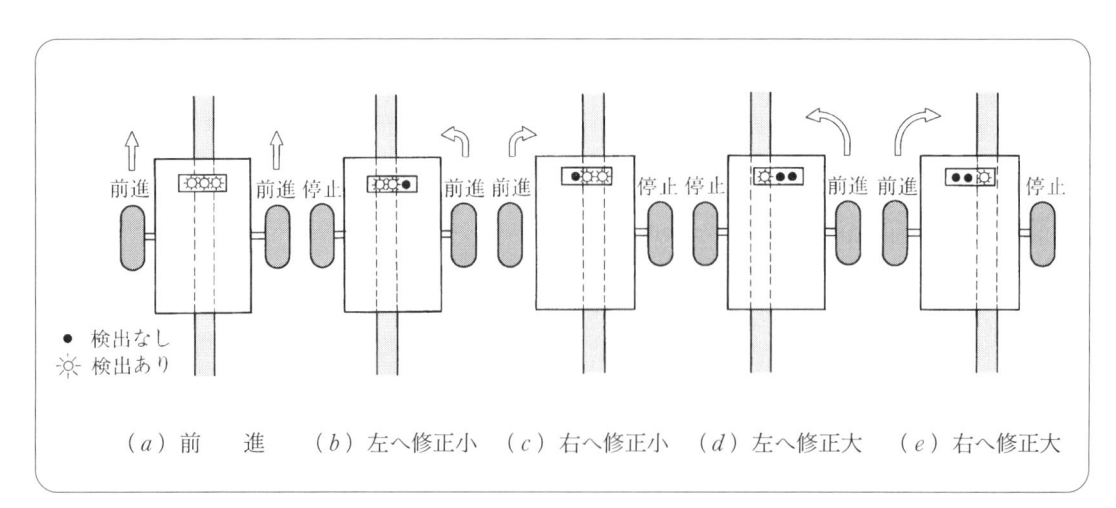

図 6.42　3組の光センサによる軌道修正

3組のセンサが軌道を検出していれば，修正の必要がなくそのまま前進する。図(b)および図(c)のように，中央と左右いずれかのセンサが検出している場合は，軌道ずれが軌道幅の半分以下で，少ない修正量で制御する。ところが，図(d)や図(e)のように，左右のセンサのいずれか一つしか検出していない場合は，軌道幅の半分以上を外れたことになる。その場合は，繰り返し修正動作を行ってもとの軌道に戻るようにする。

このことから，センサの数によって制御の方法も変わってくる。光センサのすべてが軌道を検出していない場合は，走行不能となり停止させる。

例題 3.

図6.42に示す3組の光センサによる軌道修正において，中と左センサが軌道を検出した。ライントレーサは軌道からどちら側にずれているか。また，どのように修正を行えばよいか答えなさい。

解答 この場合は，図6.42(b)の状態で，右側に寄り過ぎている。したがって，左へ修正を行う。

問 7. 図6.42に示す3組の光センサによる軌道修正において，右センサのみが検出した。ライントレーサは軌道からどちら側にずれているか。また，どのように修正を行えばよいか答えなさい。

2 プログラムの作成 プログラムを作成する場合，わかりやすく，しかも修正がしやすいことが大切である。ここでは，電動機駆動に関する部分をサブルーチン化してプログラム作成を行う。

(a) サブルーチンプログラム サブルーチンとして用意しておくプログラムは，電動機駆動用の前進，左修正，右修正，の三つである。

駆動用ICの入力端子をマイクロコンピュータのポートのどこに接続するかでコンピュータから出力する値が変わってくる。ここでは，図6.43に示すように，Aポートの下位4ビットに接続するものと

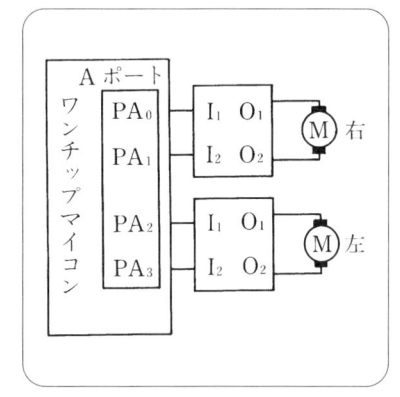

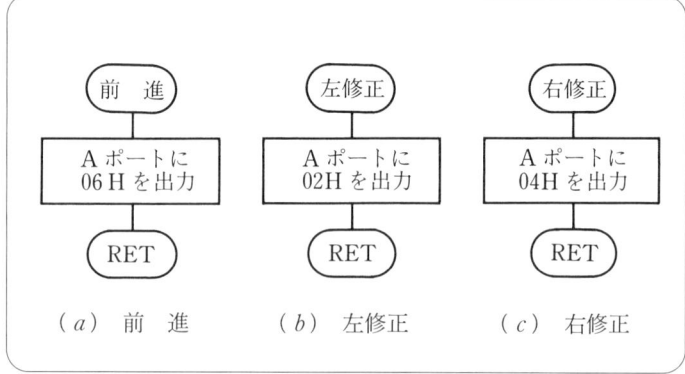

図 6.43　電動機回路のポート接続　　　　図 6.44　電動機駆動サブルーチン

する。

　前進，左修正，右修正をするとき，図 6.43 の A ポートへ出力する値は，図 6.32（b）の動作モードから，それぞれ 06H，02H，04H となる。前進，左修正，右修正のサブルーチンプログラムのフローチャートを図 6.44 に示す。

> **問** 8．図 6.32（b）の動作モードから，後退のときは図 6.43 の A ポートへどのような値を出力すればよいか答えなさい。

（b）メインプログラム　　ライントレーサのメインプログラムは，つぎに示す手順で作成する。なお，スタートスイッチとストップスイッチは 1 個のスイッチで兼用する。最初に押された場合がスタートで，つぎに押された場合がストップとする。

① ワンチップマイコンのポートの入出力指定を行う。
② スタート・ストップスイッチの状態を入力する。
③ スイッチが押されていなければ，入力待ちとする。
④ スイッチが押されれば，以下のことをする。
⑤ 光センサの状態を入力する。
⑥ すべての光センサが軌道を検出していれば前進する。
⑦ 中と左の光センサが軌道を検出していれば，左修正する。
⑧ 中と右の光センサが軌道を検出していれば，右修正する。
⑨ 左のみ光センサが軌道を検出していれば，左修正する。

6.3 ライントレーサの設計　247

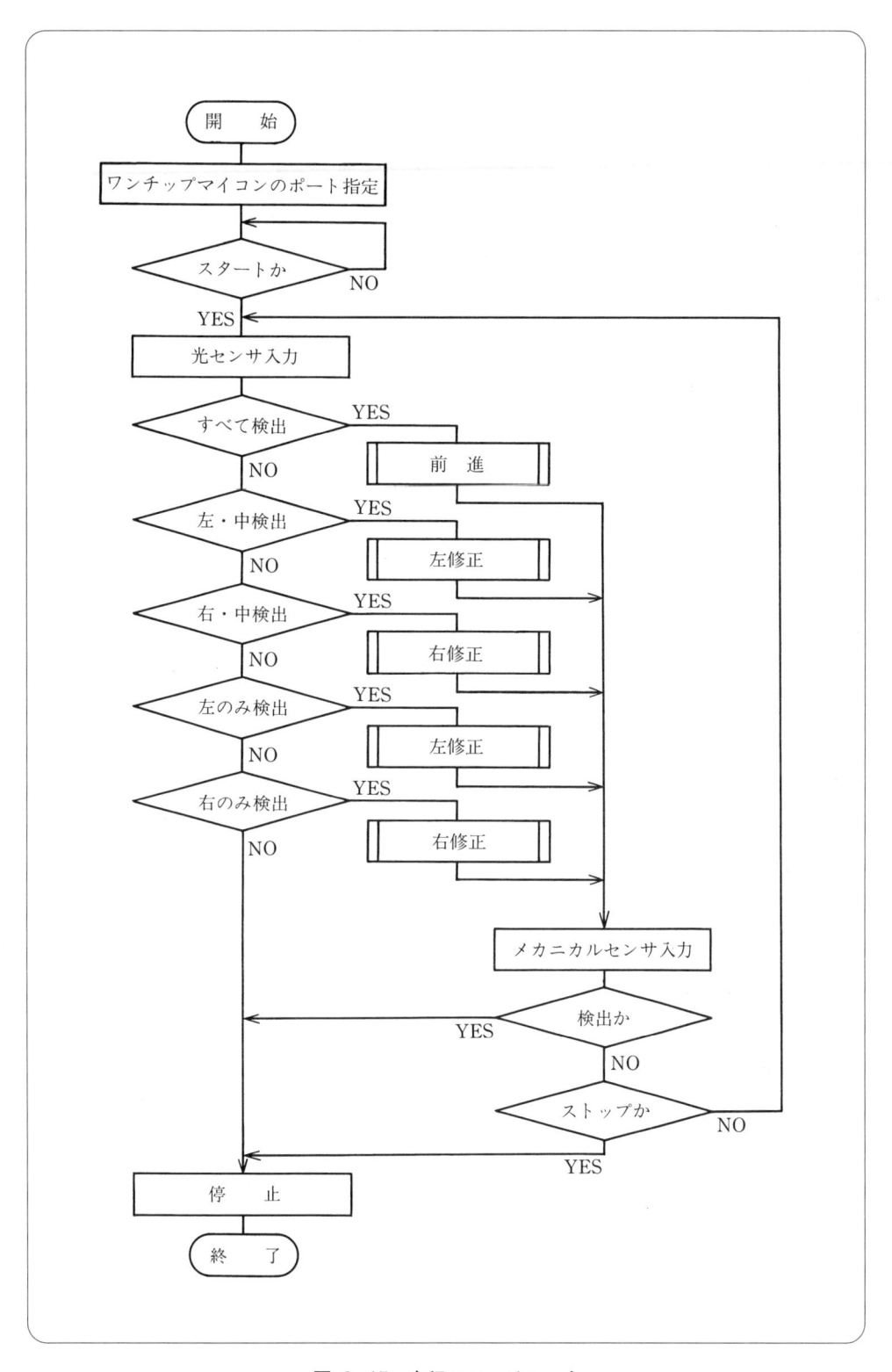

図 6.45　走行フローチャート

⑩　右のみ光センサが軌道を検出していれば，右修正する。

⑪　すべての光センサが軌道を検出していなければ，停止する。

⑫　メカニカルセンサの状態を入力する。

⑬　センサがＬレベルならば停止する。

⑭　ストップスイッチが押されれば停止する。押されなければ⑤

```c
#define senser    (PB.DR.BYTE & 0x07)    /* 光センサ（上位5ビットマスク） */
#define sw        PB.DR.BIT.B7           /* スタート・ストップスイッチ   */
#define l_sw      PB.DR.BIT.B6           /* 左リミットスイッチ           */
#define r_sw      PB.DR.BIT.B5           /* 右リミットスイッチ           */
#define moter     PA.DR.BYTE             /* 電動機出力                   */

void front(void);    /* 前進関数 front を宣言 */
void left(void);     /* 左修正関数 left を宣言 */
void right(void);    /* 右修正関数 right を宣言 */

main()
{
        int loop;
        loop=1;

        PA.DDR=0xff;           /* ポートA(電動機)出力設定              */
        PB.DDR=0x00;           /* ポートB(センサ・スイッチ)入力設定    */

        while(sw == 1) {       /* スタート入力ループ(PB7が1で停止)    */
                moter=0x00;    /* 電動機停止                           */
        }
        while(loop==1) {
                switch(senser) {              /* 光センサ入力                  */
                    case 0x07:front();break;  /* 07ならば前　進サブルーチン   */
                    case 0x06:left() ;break;  /* 06ならば左修正サブルーチン   */
                    case 0x03:right();break;  /* 03ならば右修正サブルーチン   */
                    case 0x04:left() ;break;  /* 04ならば左修正サブルーチン   */
                    case 0x01:right();break;  /* 01まらば右修正サブルーチン   */
                    default:break;            /* センサ検出がなければifを実行 */
                }
                if(r_sw==0 || l_sw==0)        /* メカニカルセンサが動作したら */
                        loop=0;               /* 電動機停止ループへ */
                else if(sw==0)                /* ストップスイッチが押されたら */
                        loop=0;               /* 電動機停止ループへ*/
        }
        moter=0x00;                           /* 電動機停止   */
}

        /* 関数（サブルーチン）*/

void front(void)              /* 前進サブルーチン   */
{
        moter=0x06;           /* ポートAに06を出力 */
}

void left(void)               /* 左修正サブルーチン   */
{
        moter=0x02;           /* ポートAに02を出力 */
}

void right(void)              /* 右修正サブルーチン   */
{
        moter=0x04;           /* ポートAに04を出力 */
}
```

図 6.46　C言語によるプログラム例

に戻る。

以上を繰り返して前進する。これをフローチャートで示すと図 6.45 となる。

これを C 言語によって作成したプログラムの一例を図 6.46 に示す。ここでは，インタフェースをメモリマップド I/O として扱っている。

[3] ROM 化の手順　図 6.47 は，コンピュータで実行プログラムを作成して，ROM ライタを使用して組込み形のワンチップマイコンの EEPROM に書き込んでいるところである。ROM 化の手順は，プログラム開発する言語によって多少異なってくる。

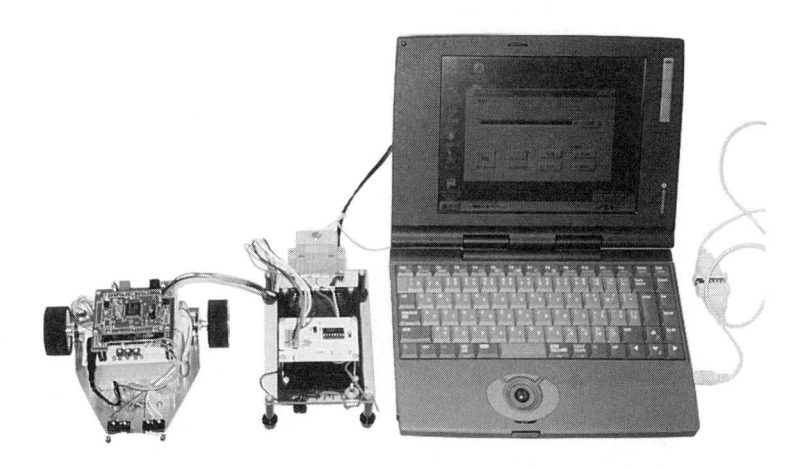

図 6.47　ROM 化の実際

C 言語で記述した場合は，図 6.48 に示すような手順となる。プログラムはエディタを使用してソースプログラムを記述し，コンパイルする。エラーがあればエディタに戻ってソースプログラムを修正し，エラーがなければ ROM か RAM かの選択をして，ROM ライタで書き込む。ワンチップマイコンの中に組み込まれた EEPROM は書き込み回数に制限があり，RAM 上でライントレーサを走行させ，プログラムのデバッグをして，最終的に ROM ライタによって ROM 化する。

[4] ライントレーサの走行　図 6.49 は，軌道を作って実際に走行をさせているところである。

直線での走行，曲線での走行，90°回転での走行など，実際に走ら

250　　6．簡単な電子機械設計

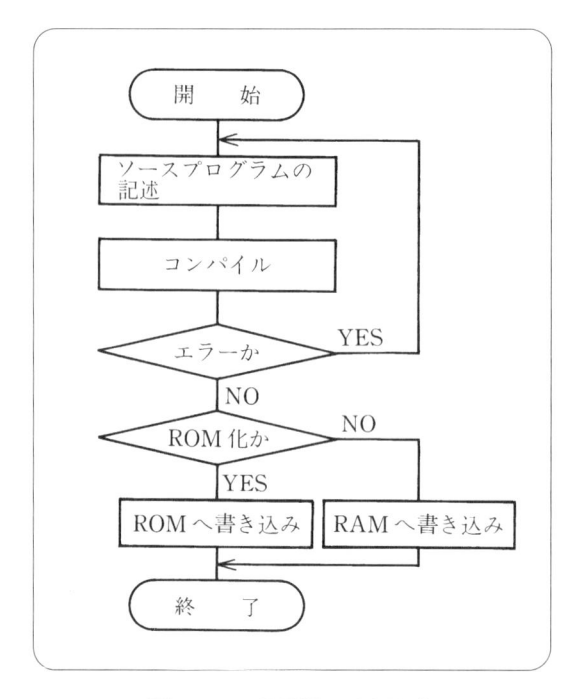

図 6.48　C 言語の ROM 化

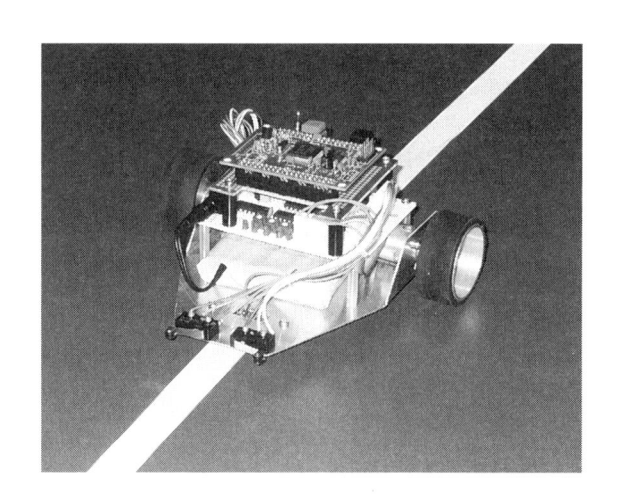

図 6.49　軌道上を走行するライントレーサ

せるといろいろな問題が発生してくる。問題を解決する手段は，ハードウェアでの解決か，ソフトウェアでの解決かの判断が求められる。メカトロニクス製品の設計や製作を行う場合は，ハードウェアとソフトウェアの役割分担を明確にして設計することが大切である。問題が発生した場合，原因追及の方向性が役割分担の明確化で，はっきりとしてくる。

簡単な電子機械設計の例としてライントレーサを取り扱ってきた。ライントレーサを設計，製作，制御するためには，マイクロコンピュータ，電子回路，機械設計，機械工作といった複合された知識と技術が求められる。ライントレーサに荷物などを搭載する部分を追加すれば，自動化工場の搬送車となる。搬送車の設計，製作，制御もライントレーサと同様に考えていくことができる。このような複合された知識と技術は，メカトロニクスを学ぶものが身に付けなければならないものである。

6 練習問題

❶ 図 6.50 の基本的なフィードバック制御系構成図の構成要素と信号について，解答群からそれぞれ適当な語を選んで完成しなさい。

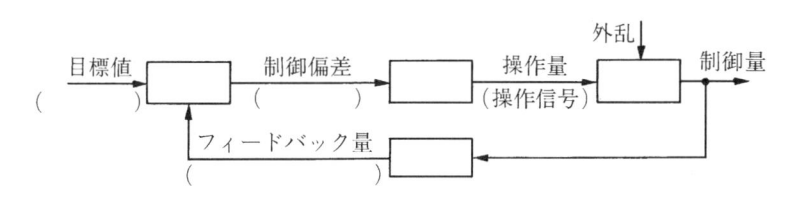

図 6.50 フィードバック制御系の構成図

```
解答群
a  検出部    b  比較部     c  制御部     d  制御対象
e  制御信号   f  主フィードバック信号    g  基準信号
```

❷ 図 6.51 は，人が自動車を目標速度で運転する場合のフィードバック制御系の構成図である。図中の a〜f に，解答群からそれぞれ適当な語

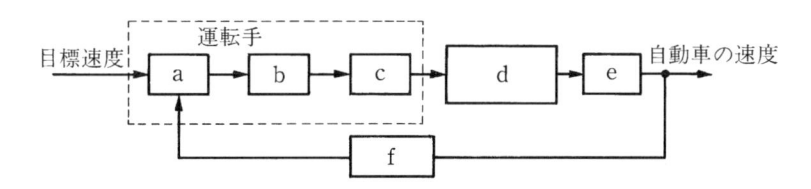

図 6.51 自動車の運転におけるフィードバック制御系の構成図

句を選んで完成しなさい。

---- 解答群 ----
① 足　② 車　③ 目　④ アクセルペダル　⑤ 脳　⑥ 速度計

❸ 人間が持つ主観的な「あいまいさ」を定量化して取り扱う制御とはなにか説明しなさい。

❹ 自動販売機の電子式硬貨選別の動作原理において，励磁コイル内を硬貨が通過すると，硬貨の内部にどのような変化が現れるか述べなさい。

❺ ライントレーサの設計において，直流電動機の定格回転速度 6 000 rpm と定格トルク 11.8 N·mm のとき，この直流電動機に速度伝達比 25 の変速装置を組み合わせ，車輪の直径を 50 mm とした。

定格回転速度で回転しているときつぎの値を求めなさい。

(a)　1 秒間に進む距離 l
(b)　駆動トルク T
(c)　駆動力 F

❻ ライントレーサの設計において，軌道を検出するための光センサの数は，2個と3個ではどのような違いがあるか説明しなさい。

❼ 図 6.52 は，ROM のみにプログラムを書き込む手順を示したフローチャートである。空白に適語を入れて完成しなさい。

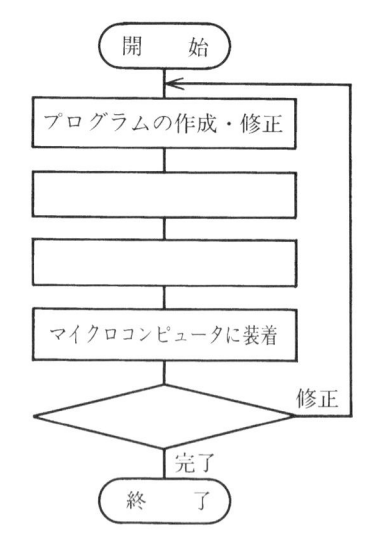

図 6.52　ROM 化の手順

❽ ライントレーサの制御プログラムのように，何回ものデバッグを必要とする場合，効率のよい ROM 化の方法について説明しなさい。

付　　　　録

付録 1　　ハイブリッドエンジン

　ハイブリッドエンジンは，**付図 1**のようにガソリンエンジン，発電機，動力分割機構，電動機（モータ）に分けられる。それぞれに求められる特徴的な特性として，エンジンには走行状況に応じて頻繁に繰り返される始動と停止に対応できる高い信頼性が，発電機には高い発電効率が，動力分割機構にはエンジンと電動機の出力を合成し，減速器をとおして車軸に効率よく伝える伝達性が，電動機には蓄電池からの電気エネルギーを機械エネルギー（回転出力）にする変換効率の高さなどがある。このように，ガソリンエンジンだけの自動車にはなかった機械的な信頼性の向上と電気的な信頼性の向上が必要となる。

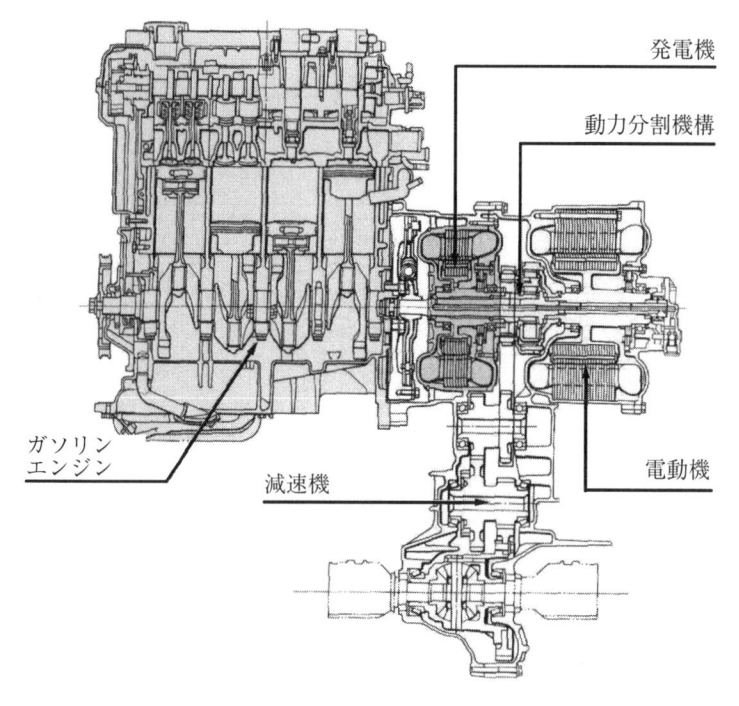

付図 1　ハイブリッドエンジン

付録2　ハイブリッド車の構造分類

ハイブリッド車の構造は大きく分けて**付図2**に示すように，パラレル方式とシリーズ方式に分かれる。

パラレル方式は，ガソリンエンジン側および電動機側どちらも直接車軸を駆動する役割を担っている。それに対してシリーズ方式はガソリンエンジンで発電機を回転させ，その発電した電気エネルギーを電動機に送り，電動機に取り付けられた車軸を駆動する方式である。

近年のハイブリッド車は，ガソリンエンジンの特性と電動機の特性それぞれの利点を生かすことのできるパラレル方式とシリーズ方式を併せ持たせた方式が多い。

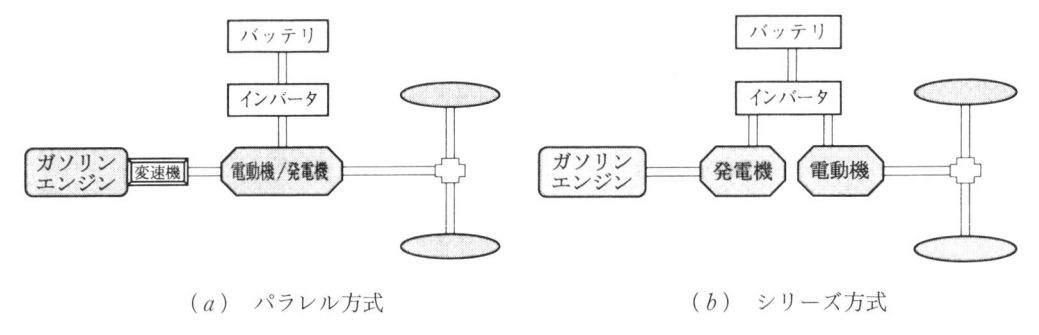

　　　　(a) パラレル方式　　　　　　　　　(b) シリーズ方式

付図2　ハイブリッド車の構造
(出典：http://www.jeba.or.jp/jpn/evm/evando/hev/syurui.html)

付録3　ハイブリッド車のメカトロニクスシステム

ハイブリッド車のメカトロニクスシステムを制御対象，センサ，入力インタフェース，コンピュータ，出力インタフェースおよびアクチュエータの六つの部分で示すと**付図3**のようになる。

付録4　メカトロニクス技術の発達の歴史

メカトロニクス技術が発達していく中で，どんな技術が融合されてきたのだろうか。

付図4はおもな技術の発達を示したものである。機械技術の発達から始まり，やがて電気・電子技術，さらに情報技術が加わり，これらが融合して新たな技術が誕生してきていることが理解できる。

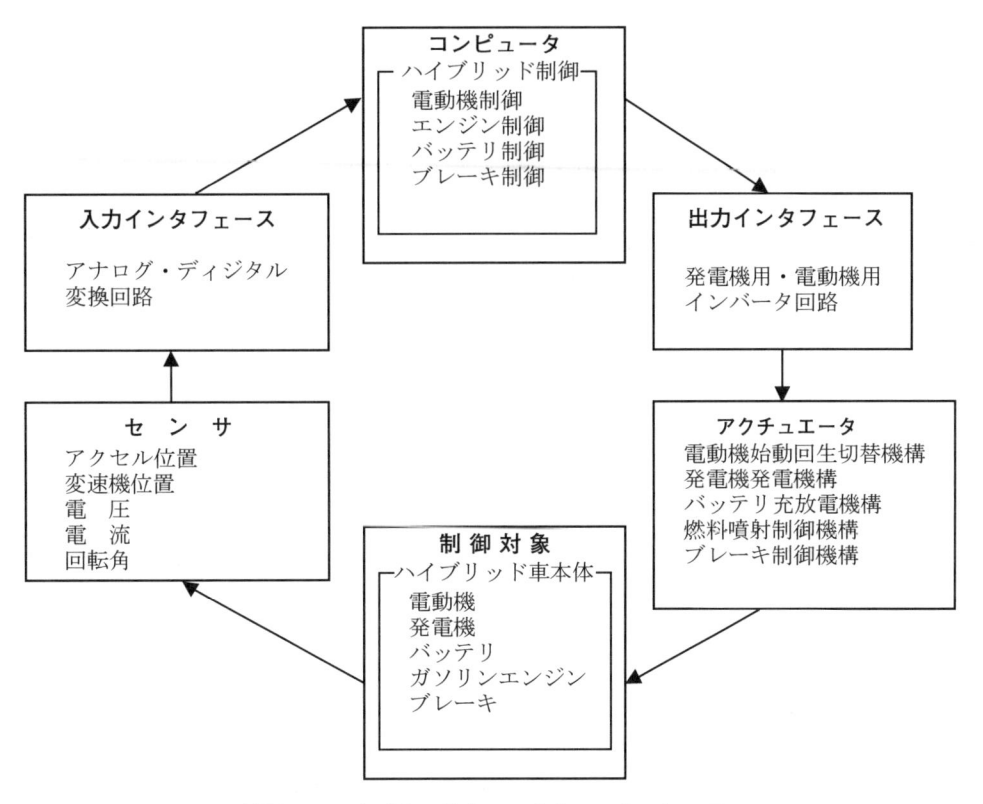

付　　　　　　録　255

```
                    ┌─────────────────┐
                    │   コンピュータ    │
                    │ ┌─────────────┐ │
                    │ │ハイブリッド制御│ │
                    │ │  電動機制御   │ │
                    │ │  エンジン制御 │ │
                    │ │  バッテリ制御 │ │
                    │ │  ブレーキ制御 │ │
                    │ └─────────────┘ │
                    └─────────────────┘
                   ↗                    ↘
┌─────────────────┐                      ┌─────────────────┐
│  入力インタフェース│                      │ 出力インタフェース │
│ アナログ・ディジタル│                      │ 発電機用・電動機用│
│    変換回路      │                      │  インバータ回路   │
└─────────────────┘                      └─────────────────┘
        ↑                                         ↓
┌─────────────────┐                      ┌─────────────────┐
│     センサ       │                      │  アクチュエータ  │
│  アクセル位置    │                      │電動機始動回生切替機構│
│  変速機位置      │                      │ 発電機発電機構    │
│  電　圧         │                      │ バッテリ充放電機構 │
│  電　流         │                      │ 燃料噴射制御機構  │
│  回転角         │                      │ ブレーキ制御機構  │
└─────────────────┘                      └─────────────────┘
        ↑           ┌─────────────────┐        ↓
        └──────────│    制御対象      │←──────┘
                    │ ハイブリッド車本体│
                    │   電動機        │
                    │   発電機        │
                    │   バッテリ       │
                    │  ガソリンエンジン │
                    │   ブレーキ      │
                    └─────────────────┘
```

付図 3　ハイブリッド車のメカトロニクスシステム

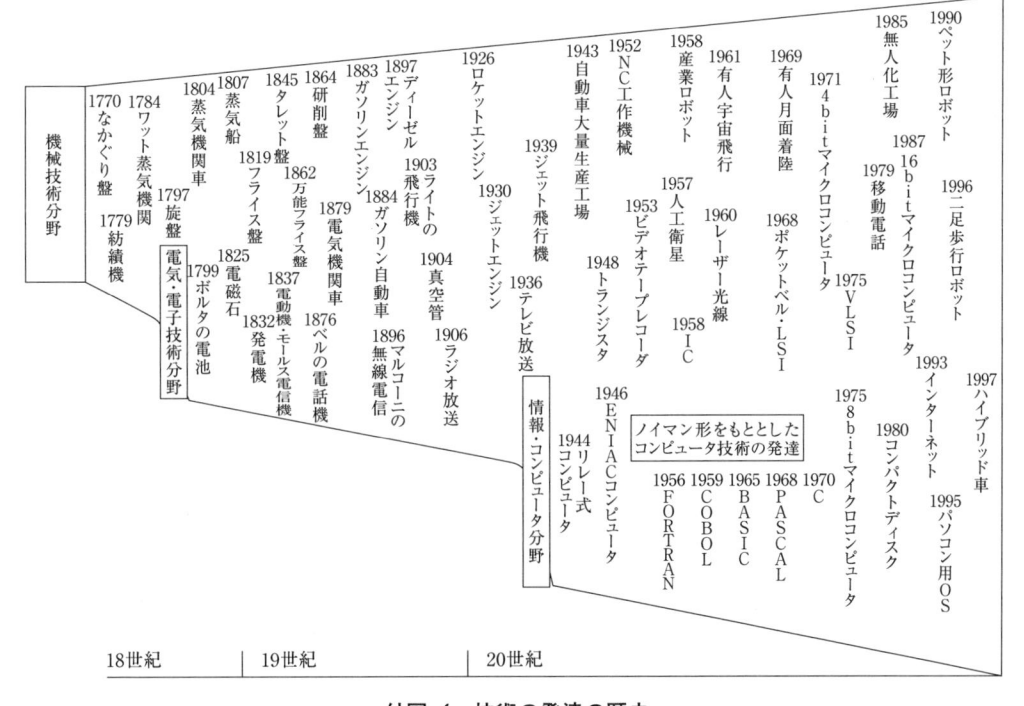

付図 4　技術の発達の歴史

機械技術分野
1770 なかぐり盤
1779 紡績機
1784 ワット蒸気機関
1797 旋盤
1804 蒸気機関車
1807 蒸気船
1819 タレット盤
1845 研削盤
1862 万能フライス盤
1864 フライス盤

電気・電子技術分野
1799 ボルタの電池
1825 電磁石
1832 発電機
1837 電動機・モールス電信機
1876 ベルの電話機
1879 電気機関車
1883 ガソリンエンジン
1884 ガソリン自動車
1896 マルコーニの無線電信
1897 ディーゼルエンジン
1903 ライトの飛行機
1904 真空管
1906 ラジオ放送
1926 ロケットエンジン
1930 ジェットエンジン
1936 テレビ放送
1939 ジェット飛行機
1943 自動車大量生産工場
1948 トランジスタ
1952 NC工作機械
1953 ビデオテープレコーダ
1957 人工衛星
1958 産業ロボット
1958 IC
1960 レーザー光線
1961 有人宇宙飛行
1968 ポケットベル・LSI
1969 有人月面着陸
1971 4bitマイクロコンピュータ
1975 VLSI
1985 無人化工場
1987 16bitマイクロコンピュータ
1990 ペット形ロボット
1996 二足歩行ロボット

情報・コンピュータ分野
1944 リレー式コンピュータ
1946 ENIACコンピュータ
ノイマン形をもととしたコンピュータ技術の発達
1956 FORTRAN
1959 COBOL
1965 BASIC
1968 PASCAL
1970 C
1975 8bitマイクロコンピュータ
1979 移動電話
1980 コンパクトディスク
1993 インターネット
1995 パソコン用OS
1997 ハイブリッド車

18世紀　19世紀　20世紀

付録5　産業用ロボットの分類

産業用ロボットは**付図5**のように，制御形式による一般的分類（**付表1**）と動作形式による機械構造式分類（**付表2**）で分類する。

近年の産業用ロボットは，1台のロボットに対し，一般的分類のすべてに対応するように設計されたものもあり，多様な使い方ができるようになっている。一方，機械構造式分類では，作業内容によって精度や動作範囲が異なるので，目的にあわせて選択する必要がある。

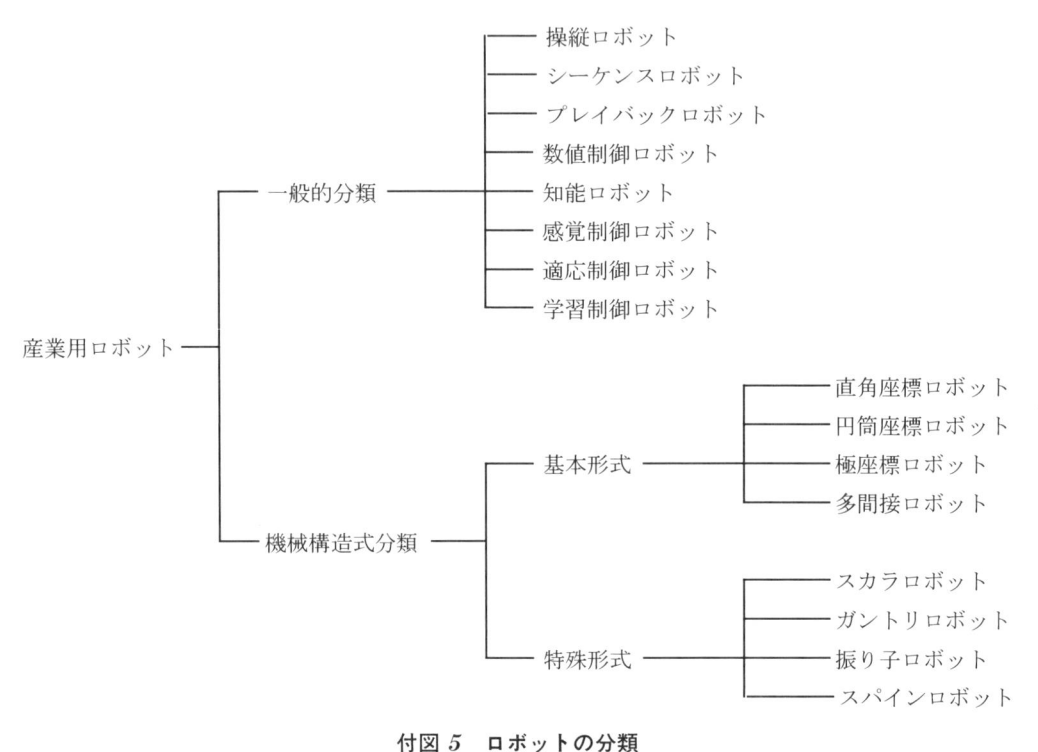

```
産業用ロボット ─┬─ 一般的分類 ─┬─ 操縦ロボット
                │              ├─ シーケンスロボット
                │              ├─ プレイバックロボット
                │              ├─ 数値制御ロボット
                │              ├─ 知能ロボット
                │              ├─ 感覚制御ロボット
                │              ├─ 適応制御ロボット
                │              └─ 学習制御ロボット
                │
                └─ 機械構造式分類 ─┬─ 基本形式 ─┬─ 直角座標ロボット
                                  │            ├─ 円筒座標ロボット
                                  │            ├─ 極座標ロボット
                                  │            └─ 多間接ロボット
                                  │
                                  └─ 特殊形式 ─┬─ スカラロボット
                                               ├─ ガントリロボット
                                               ├─ 振り子ロボット
                                               └─ スパインロボット
```

付図5　ロボットの分類

付録6　マシニングセンタ

産業用ロボットの中でも高度な加工技術と生産技術を支えているのが数値制御ロボットで，CNC (computer numerical control) 工作機械と呼ばれる，コンピュータで数値制御された工作機械である。

その代表の一つであるマシニングセンタ (machining center) は，加工用の刃具を複数持っており，自動交換ができるようにした装置である。おもに曲面などの立体形状の加工に用いられる。

マシニングセンタの加工部分の構成を**付図6**に示す。主軸ヘッドやテーブルなどのX

付表 1　産業ロボットの一般的分類

用　　語	意　　味
操縦ロボット	ロボットに行わせる作業の一部または全部を，人間が直接操作することによって作業させるロボット
シーケンスロボット	あらかじめ設定された順序や条件および位置などの情報に従って，動作の各段階を進めていくロボット
プレイバックロボット	人間があらかじめ作業順序，条件，位置およびその他の情報をロボットを動かすことによって教示し，その情報に従って作業させるロボット
数値制御ロボット	順序，条件，位置およびその他の情報を数値や専用言語でロボットに教示し，その情報に従って作業させるロボット
知能ロボット	認識能力，学習能力，抽象的思考能力，環境適応能力などのいわゆる人工知能を持たせて動作させるロボット
感覚制御ロボット	感覚情報を用いて，動作の制御をするロボット
適応制御ロボット	環境の変化などに応じて制御などの特性を，所要の条件を満たすように変化させる適応制御機能を持ったロボット
学習制御ロボット	作業経験などを反映させ，適切な作業を行う学習制御機能を持たせたロボット

付表 2　機械構造形式分類

機械構造形式	説　　明	図　　例
直角座標ロボット	位置決めの動作機構がすべて直動で構成される。X軸，Y軸，Z軸の動作がすべて，直交座標系で構成されるので，制御が比較的容易で，他の方式に比べ位置決め精度は最も高い	
円筒座標ロボット	本体を中心に円筒状に旋回動作をするので，直角座標系ロボットに比べ作業領域を広くできる	
極座標ロボット	本体を中心に球状に作動領域がある。作業領域は狭い	
多関節ロボット	人間の腕に近い動きができ，部品組付動作のように入り組んだ所へ移動する必要がある時に適する。他の方式に比べ，位置決め精度は低い	

付図6　CNC工作機械の構成

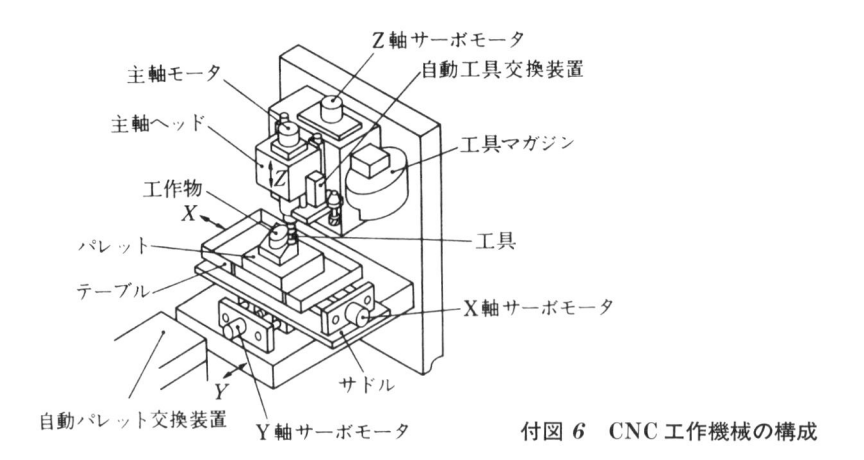

軸，Y軸，Z軸の各軸を精密に動かす送りねじ機構（図1.20参照），その送りねじ機構を正確に動かすサーボモータ（センサ部とアクチュエータ部），加工に用いる工具や刃具を蓄えておく工具マガジン，その工具を主軸ヘッドに取り付ける機構を持つ自動工具交換装置（機械要素部），これらを加工データに従って制御するための信号を作り出すコンピュータ部や電力制御部がある。

付録7　CAD/CAM装置

　設計した加工物は量産化する前段階で試作される。試作段階でその製品がむだなくかつ強度などが目的に合った仕様になるように，以前はいくつか試作品を作って破壊試験等の検査をし，不都合なところは設計変更をし，再び試作し完成品にする作業が行われていた。そのため，多くの時間と費用を要した。

　しかし近年では，付図7のようなCAD/CAM装置（computer aided design / computer aided machining）により数値化された設計データを用いて，これら試作の作業をコンピュータ上で解析するシミュレータソフトウェアが用いられるようになった。これにより，試作にかかる時間と費用を著しく低減させ，効率のよい試作ができるようになった。さらに，設計から製品化までの時間と費用を節約でき，製品の付加価値を高めることができるようになった。

付録8　ワンチップマイクロコンピュータ（H8 / 300 H）の実際

　最近の産業機械や家電製品にはワンチップマイクロコンピュータが組み込まれており，そ

付　　　　録　　259

付図 7　CAD/CAM 装置

の性能は年々向上している。例えば，工作機械の制御用あるいはプリンタの制御用など，いたるところに使われている。

　ここでは世界トップシェアを誇っており，大変使いやすい（株）ルネサステクノロジの H8/300 H シリーズの H8/3048 F-ONE について紹介する。

　ワンチップマイクロコンピュータは別名シングルチップマイクロコンピュータまたはマイクロコントローラユニット (microcontroller unit, 略して MCU) と呼ばれている。MCU は，MPU (microprocessor unit) よりも機能を絞り込んだ IC であり，MPU よりも小さく，家電などに広く使われている。製品としては（株）ルネサステクノロジの SH マイコンなどが有名である。

　1　H8/3048 F-ONE の特徴　　この MCU は，日立オリジナルアーキテクチャを採用した H8/300 H CPU を核にして，システム構成に必要な周辺機能を集積した MCU である。

　ユーザ実装機上の MCU を直接エミュレーションできるオンチップエミュレータを搭載しているので，オンボードでのプログラムデバッグが可能である。

　H8/300 H CPU は内部 32 ビット構成で，16 ビット×16 本の汎用レジスタと高速動作を指向した，簡潔で最適化された命令セットを備えており，16 M バイトのリニアなアドレス空間を扱うことができる。

　また，H8/300 CPU の命令に対してオブジェクトレベルで上位互換を保っているので，H8/300 シリーズから容易に移行することができる。

　システム構成に必要な周辺機能として，H8/3048 F-ONE は下記のものを内蔵している。

　① ROM，RAM：128 k バイト ROM と 4 k バイト ROM が内蔵されている。

② 16ビットインテグレーテッドタイマユニット（ITU）：パルスの発生とカウントをする回路。

③ プログラマブルタイミングパターンコントローラ（TPC）：インテグレーテッドタイマユニットをタイムベースとしてパルス出力を行う回路。

④ ウォッチドッグタイマ（WDT）：システムの暴走などをチェックし，異常動作を検出した場合には，異常の発生をCPUに知らせる回路。

⑤ シリアルコミュニケーションインタフェース（SCI）：直列伝送方式の入出力インタフェース。

⑥ A/D変換器，D/A変換器：アナログ信号をディジタル信号に変換する装置とディジタル信号をアナログ信号に変換する装置。

⑦ I/Oポート

⑧ DMAコントローラ（DMAC）：DMAコントローラCPUを介さずに各装置とRAMとの間で直接データ転送を行うもの。

⑨ リフレッシュコントローラ：ダイナミック形RAMのリフレッシュ動作を行うもの。

MCU動作モードには，モード1～7（シングルチップモード1種類，拡張モード6種類）があり，データバス幅とアドレス空間を選択することができる。

H8 / 3048 Bシリーズは，マスクROM版のほか，ユーザサイドで自由にプログラムの書換えができるフラッシュメモリを内蔵したF-ZTAT TM版の製品がある。仕様流動性の高い応用機器，さらに量産初期から本格的量産まで，ユーザの状況に応じて迅速かつ柔軟な対応が可能である。

付表3にH8 / 3048 F-ONEの特長を示す。

　2　**プログラム開発および実行手順**　　プログラム開発には，C言語を用いることができる。手順としては，Windows上でユーザが作成したC言語のプログラムを，クロスコンパイラを用いてターゲットのMCUに合う機械語に変換して，通信を用いてMCUのフラッシュRAMに書込めばよい。

H8 / 3048 F-ONEには，H8S, H8 / 300シリーズC/C++コンパイラが使用できる。コンパイラは，ルネサステクノロジのホームページ（http://www.renesas.com/）からマイコンカーラリー参加用に限り，ダウンロードできる。また，秋月電子通商からも販売されている。C言語のサンプルプログラムもルネサステクノロジのホームページから入手できる。

付表4に代表的なC言語の関数を示す。

付表3　H8 / 3048 F-ONE の特長

項　　目	仕　　様
CPU	汎用レジスタ：16 ビット×16 本 （8 ビット×16 本＋16 ビット×8 本， 　32 ビット×8 本としても使用可能） 最大動作周波数：25 MHz 加減算：80 ns 乗除算：560 ns アドレス空間 16 M バイト
メモリ	ROM：128 k バイト RAM：4 k バイト
割込みコントローラ	外部割り込み端子 7 本：NMI，IRQ 0～IRQ 5 3 レベルの割り込み優先順位が設定可能
16 ビットインテグレーテッド タイマユニット（ITU）	16 ビットタイマ 5 チャネルを内蔵（最大 12 端子のパルス出力，または最大 10 種類のパルスの入力処理が可能） 16 ビットタイマカウンタ×1（チャネル 0～4） アウトプットコンペア出力／インプットキャプチャ入力（兼用端子）×2（チャネル 0～4） 同期動作可能（チャネル 0～4） PWM モード設定可能（チャネル 0～4） 位相計数モード設定可能（チャネル 2） バッファ動作可能（チャネル 3, 4） リセット同期 PWM モード設定可能（チャネル 3, 4）
ウォッチドッグタイマ（WDT） ×1 チャネル	オーバフローによりリセット信号を発生可能 インターバルタイマとして使用可能
シリアルコミュニケーション インタフェース（SCI） ×2 チャネル	調歩同期／クロック同期式モードの選択可能 送受信同時動作（全二重動作）可能 専用のボーレートジェネレータ内蔵 スマートカードインタフェース拡張機能内蔵（SCI 0 のみ）
A/D 変換器	分解能：10 ビット 8 チャネル：単一モード／スキャンモード選択可能 アナログ変換電圧範囲の設定が可能 サンプル&ホールド機能付き 外部トリガによる A/D 変換開始可能
D/A 変換器	分解能：8 ビット 2 チャネル ソフトウェアスタンバイモード時 D/A 出力保持可能
I/O ポート	入出力端子 70 本 入力端子 8 本
低消費電力状態	スリープモード ソフトウェアスタンバイモード ハードウェアスタンバイモード モジュール別スタンバイ機能あり システムクロック分周比可変
その他	クロック発信機内蔵

付表 4　代表的な C 言語の関数

関　　数	説　　　　明
acos	浮動小数点数の逆余弦を計算する
asin	浮動小数点数の逆正弦を計算する
atan	浮動小数点数の逆正接を計算する
atan 2	浮動小数点数どうしを除算した結果の値の逆正接を計算する
cos	浮動小数点数のラディアン値の余弦を計算する
sin	浮動小数点数のラディアン値の正弦を計算する
tan	浮動小数点数のラディアン値の正接を計算する
cosh	浮動小数点数の双曲線余弦を計算する
sinh	浮動小数点数の双曲線正弦を計算する
tanh	浮動小数点数の双曲線正接を計算する
exp	浮動小数点数の指数関数を計算する
frexp	浮動小数点数を [0.5, 1.0] の値として 2 のべき乗の積に分解する
ldexp	浮動小数点数と 2 のべき乗の乗算を計算する
log	浮動小数点数の自然対数を計算する
log 10	浮動小数点数の 10 を底とする対数を計算する
modf	浮動小数点数を整数部分と小数部分に分解する
pow	浮動小数点数のべき乗を計算する
sqrt	浮動小数点数の正の平方根を計算する
ceil	浮動小数点数の小数点以下を切り上げた整数値を求める
fabs	浮動小数点数の絶対値を計算する
floor	浮動小数点数の小数点以下を切り捨てた整数値を求める
fmod	浮動小数点数どうしを除算した結果の余りを計算する
atof	数を表現する文字列を double 型の浮動小数点数値に変換する
atoi	10 進数を表現する文字列を int 型の整数値に変換する
atol	10 進数を表現する文字列を long 型の整数値に変換する
strtod	数を表現する文字列を double 型の浮動小数点数値に変換する
strtol	数を表現する文字列を long 型の整数値に変換する
rand	0 から RAND_MAX の間の擬似乱数整数を生成する
qsort	ソートを行う
abs	int 型整数の絶対値を計算する
div	int 型整数の除算の商と余りを計算する
labs	long 型整数の絶対値を計算する

付　　　　録　　263

付録9　SI 単 位

（ JIS Z 8203：2000 から）

基 本 単 位

量	単位の名称	記号	量	単位の名称	記号
長さ	メートル	m	熱力学温度	ケルビン	K
質量	キログラム	kg	物質量	モル	mol
時間	秒	s	光度	カンデラ	cd
電流	アンペア	A			

接 頭 語 の 例

10^{18}	エクサ	E	10^2	ヘクト	h	10^{-9}	ナノ	n
10^{15}	ペタ	P	10^1	デカ	da	10^{-12}	ピコ	p
10^{12}	テラ	T	10^{-1}	デシ	d	10^{-15}	フェムト	f
10^9	ギガ	G	10^{-2}	センチ	c	10^{-18}	アト	a
10^6	メガ	M	10^{-3}	ミリ	m			
10^3	キロ	k	10^{-6}	マイクロ	μ			

よ く 使 わ れ る 単 位

量	単位の名称	記号	量	単位の名称	記号
平面角	ラジアン	rad	粘度，粘性係数	パスカル秒	Pa·s
立体角	ステラジアン	sr	動粘度，動粘性係数	平方メートル毎秒	m^2/s
長さ	メートル	m	温度，温度差	ケルビン	K
面積	平方メートル	m^2	電流，起磁力	アンペア	A
体積	立方メートル	m^3	電荷，電気量	クーロン	C
時間	秒	s	電圧，起電力	ボルト	V
振動数，周波数	ヘルツ	Hz	電界の強さ	ボルト毎メートル	V/m
回転速度	回毎秒	rps(s^{-1})	静電容量	ファラド	F
	回毎分	rpm(min^{-1})	磁界の強さ	アンペア毎メートル	A/m
角速度	ラジアン毎秒	rad/s	磁束密度	テスラ	T
角加速度	ラジアン毎秒毎秒	rad/s^2	磁束	ウェーバ	Wb
速度	メートル毎秒	m/s	電気抵抗	オーム	Ω
加速度	メートル毎秒毎秒	m/s^2	コンダクタンス	ジーメンス	S
質量	キログラム	kg	インダクタンス	ヘンリー	H
力	ニュートン	N	光束	ルーメン	lm
トルク，力のモーメント	ニュートンメートル	N·m	輝度	カンデラ毎平方メートル	cd/m^2
応力，圧力	パスカル（ニュートン毎平方メートル）	Pa (N/m^2)	照度	ルクス	lx
			放射能	ベクレル	Bq
エネルギー，熱量，仕事，エンタルピー	ジュール（ニュートンメートル）	J (N·m)	照射線量	クーロン毎キログラム	C/kg
動力，仕事率，電力，放射束	ワット（ジュール毎秒）	W (J/s)	吸収線量	グレイ	Gy
			線量当量	シーベルト	Sv

付録10　産業用ロボット図記号

(JIS B 0138 : 1996 から)

図記号表示の基本

名称	図記号	名称	図記号
直進の方向	一方向 / 両方向	リンクの固定結合	
回転の方向	一方向 / 両方向	設置基準面	
ジョイント軸, バー(リンク)		メカニカルインタフェース	

機構を表す図記号

名称〈自由度〉	図記号	運動の方向(参考)	備考
直進ジョイント(1)〈1〉			
直進ジョイント(2)〈1〉			
回転ジョイント(1)〈1〉			
回転ジョイント(2)〈1〉			平面 / 立体
円筒ジョイント〈2〉			
球ジョイント〈3〉			
エンドエフェクタ	一般形		用途別表示例 溶接 / 真空吸引

記号の使用例

水平多関節ロボットの平面的表現

円筒座標ロボットの平面的表現

付録11　電気用図記号

(JIS C 0617：1999 から)

共通図記号	
名称	図記号
接地	外箱に接続
抵抗	可変
インダクタンスコイル	磁心入り
変圧器	
静電容量コンデンサ	有極性　可変
圧電結晶	電極2個　電極3個
電源	電池 直流電源　交流電源
回転機	Ⓖ発電機　Ⓜ電動機
熱電対	
ヒューズ	
ランプ	

接点・スイッチ図記号	
名称	図記号
接点スイッチ	メーク接点(a接点)　ブレーク接点(b接点)　様式1　様式2
非オーバラップ切換え接点（c接点）	
中間オフ位置付き切換え接点	
オーバラップ切換え接点	
瞬時動作限時復帰接点	メーク接点(a接点)　ブレーク接点(b接点)
限時動作瞬時復帰接点	メーク接点(a接点)　ブレーク接点(b接点)
自動復帰するメーク接点	
自動復帰しないメーク接点	
自動復帰するブレーク接点	

(JIS C 0617：1999 から)

名称	図記号	名称	図記号
押しボタンスイッチ	メーク接点 (a接点)	接合形 FET	nチャネル　pチャネル
リミットスイッチ	メーク接点 (a接点)　ブレーク接点 (b接点)	絶縁ゲート形電界効果トランジスタ(IGFET) エンハンスメント形	nチャネル　pチャネル
温度感知スイッチ	メーク接点 (a接点)	デプレション形	nチャネル　pチャネル

半導体素子 図記号

名称	図記号	名称	図記号
ダイオード		ホトトランジスタ	pnp形
発光ダイオード ホトダイオード	発光ダイオード　ホトダイオード	ホトカプラ	
定電圧ダイオード		ホール素子	

増幅器・音響機器 図記号

名称	図記号
サイリスタ（nゲート　pゲート）	増幅器
トライアック	マイクロホン（コンデンサマイクロホン）
トランジスタ（npn形　pnp形）	スピーカ

問題の解答

✚ 1. 電子機械の概要と役割 ✚

練習問題

❶ 改善率 = $\dfrac{28 \text{ km}/l}{15 \text{ km}/l}$ = 1.87 倍

❷

	ガソリンエンジン	電動機	発電機	蓄電部
発進	停止	動作	停止	放電
加速	動作	動作	発電または停止	放電
定常	動作	停止	発電	充電
制動	停止	発電動作・回生状態	停止	充電

❸ 制御対象　制御中枢（コンピュータ）　入力インタフェース　出力インタフェース　センサ　アクチュエータ

❹ 電動ベッド　電動昇降機　点字プリンタ　など

❺ 車輪駆動用電動機　操舵制御用電動機

❻ ビデオテープレコーダ　CDプレーヤ　洗濯機　電子レンジ　など

❼ 位置や状態の検出や演算処理，制御データの出力。

❽ コンピュータ　サーボモータ　送りねじ機構　ロータリーエンコーダ

❾ 早く正確な動作ができ，柔軟で効率のよい生産ができる。また，人間を単純で危険を伴う作業や重量物を持つ作業から解放した。

✚ 2. 機械の機構と運動の伝達 ✚

[問] 1. ノギス，万能製図機，電気ドリルなどは，作業のための補助具とみなされるので，「器具」，「工具」などと呼ばれる。電気ドリルには，工作物を一定の位置に保持し，加工を行うための送り機構がないので，機械とはいわない。

[問] 2. すべり対偶……工作機械の往復台，スプライン軸と歯車
回り対偶………回転軸受，ドアノブ
ねじ対偶………ボルトとナット，送りねじ，など

[問] 3.
(a) 内燃機関のピストンとクランク
　　ボール盤のテーブル昇降装置
(b) 内燃機関の吸排気バルブの開閉機構
(c) 旋盤など工作機械の動力伝達機構

[問] 4. 2.93 kW

[問] 5. $\dfrac{F}{2} = P'\sin\theta$ より $P' = \dfrac{F}{2\sin\theta}$

また $P = P'\cos\theta$ であるから

$P = \dfrac{F\cos\theta}{2\sin\theta} = \dfrac{F}{2\tan\theta}$ となる。

練習問題

❶ すべり対偶……旋盤の往復台とベッド，心押軸と心押台
回り対偶………工作機械の主軸と軸受，ハンドルの握りと軸
ねじ対偶………刃物台・往復台の送りねじ，バイス・万力の締付けねじ　など

❷ チェーン，スプロケット，軸受，ボルトとナット，ばね，クランク，ブレーキ，パイプ，鉄棒，ワイヤロープ　など

❸ 式 (2.1) より 22 mm

❹ 式 (2.2) より 12.5 mm

❺ 式 (2.3) より 18 mm

❻ 式 (2.5) より 1.59×10^3 N·mm

❼ 3 mm

❽ 100 mm/min

❾ 式 (2.9) より 146 N·mm

❿ 式 (2.10) より 300 mm

⓫ 式 (2.12) より $i = 6$, $n_3 = 250$ rpm

⓬ 解図 1 を参照。

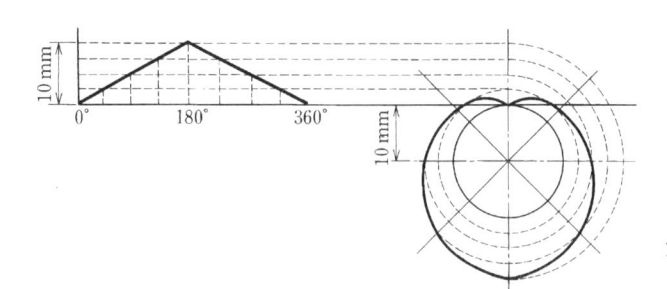

解図 1

3. センサとアクチュエータの基礎

問 1. $V_{CC1} = V_R + V_D + V_o$
　　　　$5 = V_R + V_D + 5$ が成立するには
　　　　$V_R + V_D = 0$
抵抗 R，発光ダイオードはともに起電力を発生させない素子なので
$V_R = V_D = 0$
また，I_D は
$I_D = \dfrac{V_R}{R}$，$V_R = 0$ V なので
$I_D = 0$ A，$V_D = 0$ V，$V_R = 0$ V

問 2. 1パルスの回転角は
$\dfrac{360°}{120} = 3°$
50パルスでは
$3° \times 50 = 150°$

問 3. $(10\,0001\,0000)_2 = 2^9 + 2^4 = (528)_{10}$
回転角 θ は
$\theta = 0.352° \times 528 = 186°$

問 4. 式 (3.6) より
$B = \dfrac{V_H}{KI} = \dfrac{80 \times 10^{-3}}{160 \times 5 \times 10^{-3}}$
　　$= 0.1$ T

問 5. 1パルスで1.8°であるから，2 000パルスでは $2\,000 \times 1.8°$，したがって $\dfrac{2\,000 \times 1.8°}{360} = 10$〔回転〕

練習問題

❶ (a) ③　(b) ②　(c) ⑤
　(d) ④　(e) ⑥　(f) ①
　(g) ⑦

❷ 図3.4 (a) の式 (3) より
$V_O = V_I \times \left(1 + \dfrac{R_2}{R_1}\right)$
$1 + \dfrac{R_2}{R_1} = \dfrac{V_O}{V_I} = \dfrac{5}{200 \times 10^{-3}} = 25$
$R_2 = (25-1) \times R_1$
　　$= 24 \times 10 \times 10^3 = 240$ kΩ

❸ "H" ($V_O = 0.5$ V) のとき，$I_D = 10$ mA
"L" ($V_O = 5$ V) のとき，$I_D = 0$ A

❹ 1回転のパルス数 $= \dfrac{360°}{6°} = 60$ パルス
$60 \times 10 = 600$ パルス

❺ $(160)_{10} = 2^7 + 2^5 = (1010\,0000)_2$

❻ 式 (3.3) より
$v = 331.5 + 0.6 \times t$
　$= 331.5 + 0.6 \times 25 = 346.5$ m/s
式 (3.2) より
$L = v\dfrac{T}{2} = 346.5 \times \dfrac{12 \times 10^{-3}}{2} = 2.079$ m
式 (3.2) より
$v = \dfrac{2L}{T} = \dfrac{2 \times 2.079}{12.2 \times 10^{-3}} = 340.82$ m/s
式 (3.3) より
$t = \dfrac{v - 331.5}{0.6} = 15.5$ °C

❼ 式 (3.5) より
$\varepsilon = \dfrac{\dfrac{\Delta R}{R}}{K} = \dfrac{\dfrac{0.1}{120}}{12} = 6.94 \times 10^{-5}$

❽ 式 (3.6) より
$K = \dfrac{V_H}{BI} = \dfrac{200 \times 10^{-3}}{0.2 \times I} = \dfrac{1}{I}$
$B = \dfrac{V_H}{KI} = \dfrac{500 \times 10^{-3}}{\dfrac{1}{I} \times I} = 0.5$ T

❾ 高周波形：検出物が金属
静電容量形：検出物が絶縁物および金属
磁気形：磁気を帯びた検出物

❿ (a), (c), (e), (f)
(a) 透過形光電スイッチ，反射形光電スイッチを用いる。
(c) 静電容量形近接スイッチを用いる。
(e) 透過形光電スイッチ，反射形光電スイッチを用いる。
(f) 静電容量形近接スイッチを用いる。

⓫ 空気圧は，以前から空気ドリルなどの機械工具用に使用されてきたが，現在では，工作物の取り付け，搬送作業の自動化，省力化に広く使われている。最近では，正確な中間停止も可能になってきたこともあり，簡易産業用ロボットの腕のアクチュエータなどにも使用されている。

⓬

コンピュータの出力	電磁弁の状態	シリンダの動作
1	OFF	後退したまま
0	ON	前進する

上表より，シリンダは後退した状態から前進動作をする。

⓭ 直流サーボモータに加える電源電圧の極性を切り換えればよい。

⓮ コンピュータから入力端子A，Bともに"1"の制御信号を出力すると，すべてのトランジスタがON状態となり，$Tr_1 \to Tr_2 \to GND$，$Tr_3 \to Tr_4 \to GND$ へと短絡電流が流れ，トランジスタを破壊してしまうため。

⓯ 図3.73に示す2組の単相巻き線の一方にコンデンサを直列に接続することにより，各巻き線の電流に位相差を生じさせ，回転磁界を作るため。

⓰ 図3.73(a)，(b)のように，コンデンサをどちらの巻き線に接続するかで，回転方向を切り換えることができる。

⓱ 式(3.8)から
$n = 60 \times \dfrac{f\theta}{360} = 60 \times \dfrac{1\,000 \times 1.8}{360}$
$= 300$ 〔rpm〕

⓲ 1パルスで1.8°であるから，6 000パルスでは $6\,000 \times 1.8°$ となる。したがって
$\dfrac{6\,000 \times 1.8}{360} = 30$ 〔回転〕

⓳ 一般の電動機に比べて，慣性モーメントを小さくするために，回転子の直径を小さくして軸方向に長くした構造にする。

⓴ ステッピングモータ
(a) 総回転角度は総入力パルス数に比例し，累積誤差は生じない。

(b) 開ループ制御ができるので，システムが簡単になる。
(c) 直接パルス信号を制御できるので，マイクロコンピュータなどのディジタル機器との組合せが容易である。

㉑ 電磁力を利用した従来のモータより，大幅に小形・軽量化できる。コイルが不要で，構造が簡単になると同時に，磁界を生じないので，磁束漏れによるノイズがない。

✢ 4. シーケンス制御の基礎 ✢

〔問〕 1. 解図2を参照。

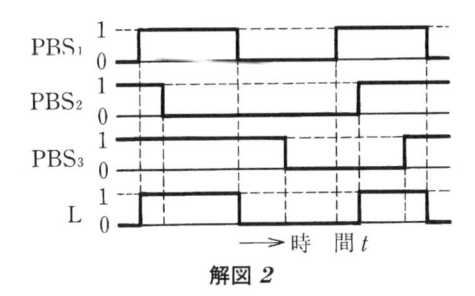

解図2

〔問〕 2. PBS_1 と PBS_2 を同時に押した場合，(a)はリレーRが励磁されないため，ランプLは点灯しない。しかし(b)はリレーRが励磁されて，ランプLは点灯する。(a)のように始動スイッチと停止スイッチを同時に押したとき，停止が優先する回路を停止優先回路といい，(b)のように始動が優先する回路を始動優先回路という。

〔問〕 3. 解図3を参照。

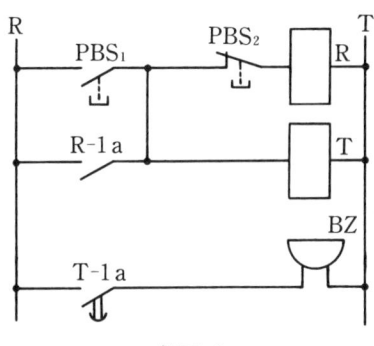

解図3

〔問〕4. 解図4を参照。

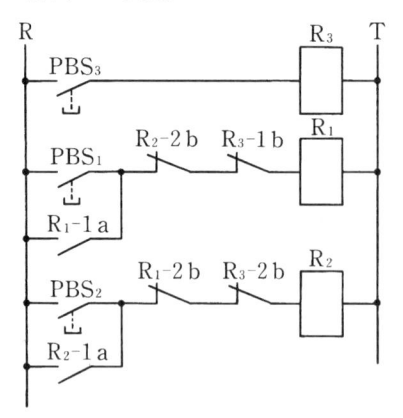

解図4

〔問〕5. 解図5を参照。

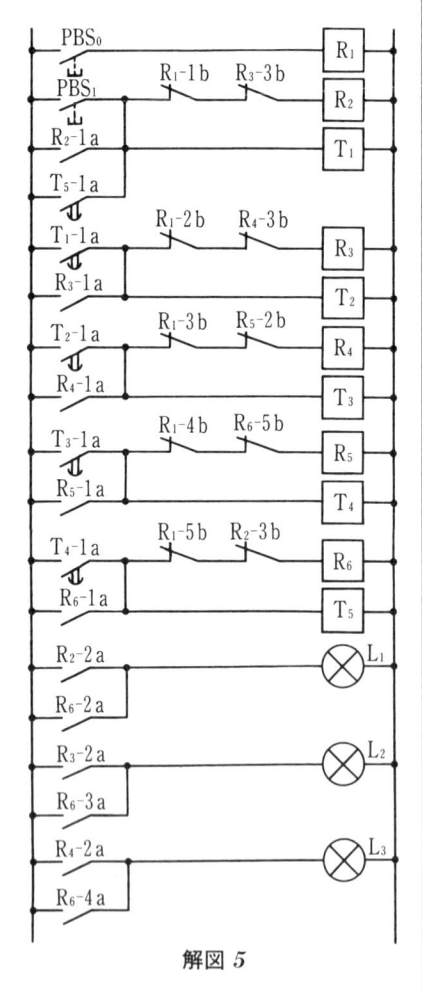

解図5

解図5となるが，R_1 および R_6 に5

番目の接点が使用されている。一般的にリレーは2接点または4接点を持つものが使用されるため，接点が不足する。このような場合は，リレー R_1 およびリレー R_6 に並列にリレー R_7 およびリレー R_8 を追加し，その接点を利用すればよい。

〔問〕6. 図4.50では，LS_2 と LS_3 のa接点とb接点が使用されており，これをこのまま配線すると，リミットスイッチのCOM端子から2本の線が出ることになる。言い換えれば，異なる場所にあるLSのa接点とb接点のCOM端子が共通に使用されることになり，正常な動作ができない。このように，リミットスイッチを有接点シーケンスで使用する場合は，それぞれを多点の接点を持つ電磁リレーに置き換えて使用するとよい。

〔問〕7. 解図6を参照。

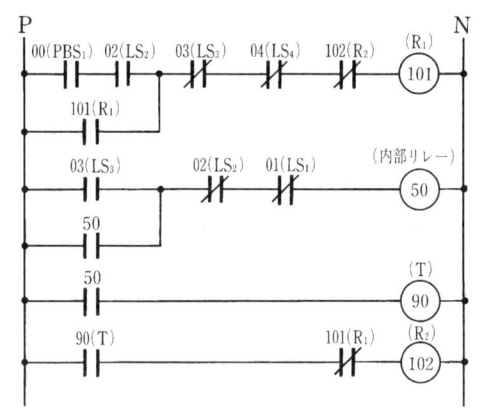

解図6

行番号	命　　令
1	LD　　　　　0 0
2	AND　　　　0 2
3	OR　　　　1 0 1
4	AND　NOT　0 3
5	AND　NOT　0 4
6	AND　NOT　1 0 2
7	OUT　　　1 0 1
8	LD　　　　　0 3
9	OR　　　　　5 0

10	AND NOT	0 2
11	AND NOT	0 1
12	OUT	5 0
13	LD	5 0
14	TIM 9 0	3 0
15	LD TIM	9 0
16	AND NOT	1 0 1
17	OUT	1 0 2
18	END	

練習問題

❶ 例1　全自動電気洗濯機

　　　給水→洗濯→排水→脱水→給水→す
　　　すぎ→排水→脱水

　　　検出…水位（給排水），時間（洗濯，
　　　すすぎ，脱水）

　例2　電気こたつ

→ヒータON→温度上昇→ヒータOFF→温度下降→

　　　検出…こたつ内部の温度

　例3　電気冷蔵庫

→コンプレッサ駆動→温度下降→コンプレッサ停止→温度上昇→

　　　検出…庫内温度

❷ a接点…通常開いている接点で，スイッチ
　　　　を押したり電磁コイルに電流を流
　　　　すと閉じる接点。

　b接点…通常閉じている接点で，スイッチ
　　　　を押したり電磁コイルに電流を流
　　　　すと開く接点。

❸ 解図7を参照。

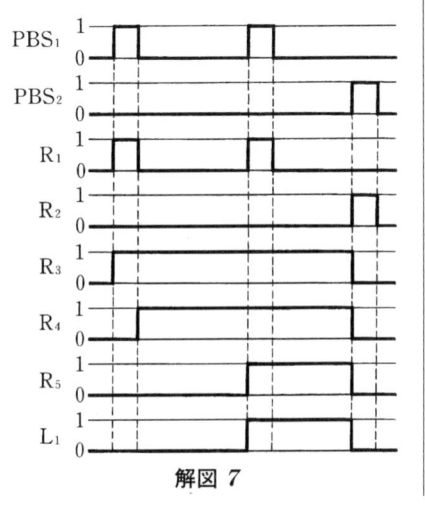

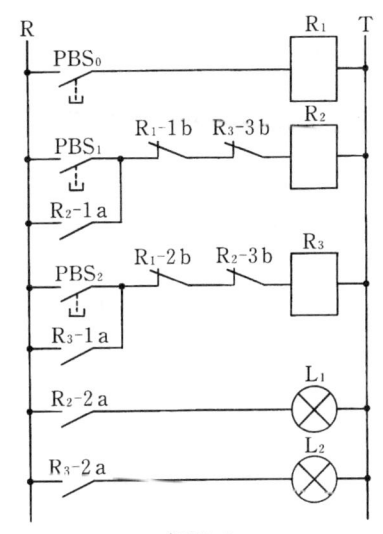

解図 7

❹ 解図8を参照。

解図 8

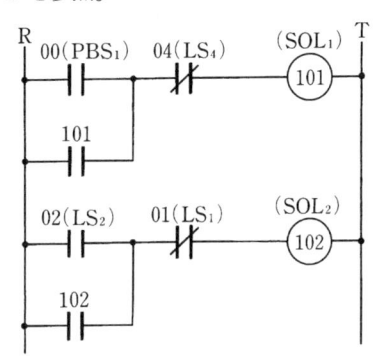

❺ 解図9を参照。

解図 9

（注）この問の場合はLS_3を使用せずに動作
　　　させることができる。

行番号	命　　　令	
1	LD	0 0
2	OR	1 0 1
3	AND NOT	0 4
4	OUT	1 0 1
5	LD	0 2
6	OR	1 0 2
7	AND NOT	0 1
8	OUT	1 0 2
9	END	

❻ 解図 10 を参照。

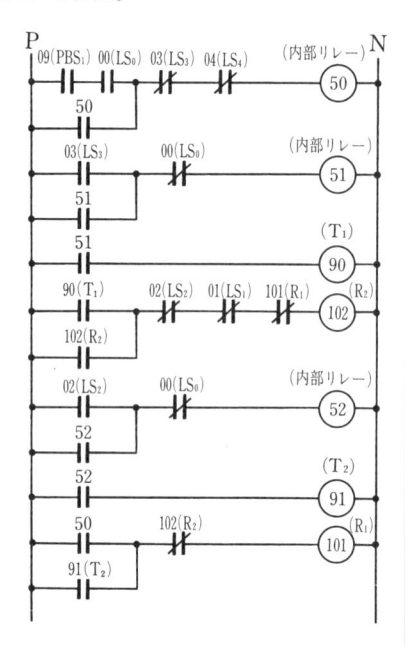

解図 10

行番号	命　　令	
1	LD	0 9
2	AND	0 0
3	OR	5 0
4	AND NOT	0 3
5	AND NOT	0 4
6	OUT	5 0
7	LD	0 3
8	OR	5 1
9	AND NOT	0 0
10	OUT	5 1
11	LD	5 1
12	TIM 9 0	5 0
13	LD TIM	9 0
14	OR	1 0 2
15	AND NOT	0 2
16	AND NOT	0 1
17	AND NOT	1 0 1
18	OUT	1 0 2
19	LD	0 2
20	OR	5 2
21	AND NOT	0 0
22	OUT	5 2
23	LD	5 2
24	TIM 9 1	5 0
25	LD	5 0
26	OR TIM	9 1
27	AND NOT	1 0 2
28	OUT	1 0 1
29	END	

✣ 5. コンピュータ制御の基礎 ✣

練 習 問 題

❶ 図 5.4 のような種類があり、特徴については本文を参照のこと。

❷ 図 5.12 の図にあてはめると解図 11 に示すように $(98)_{16}$ となる。

D_7	D_6	D_5	D_4	D_3	D_2	D_1	D_0
1	0	0	1	1	0	0	0
			ポートA	ポートC上位		ポートB	ポートC下位
			0　1	0　1		0　1	0　1
			出力　入力	出力　入力		出力　入力	出力　入力

解図 11　制御語レジスタ

❸ オープンループ例
　　プリンタの紙送り機構
　クローズドループ例
　　エアコンの温度調節に関する制御

❹ パーソナルコンピュータに接続されている多くの機器はシリアル通信が多く、キーボード、マウス、プリンタなどの多くに利用されている。

❺ 工業高校などでは校内 LAN が構築されているところも多く、インターネットなどを利用することができる。また、データの共有化も進んでいる。

❻ CPUは(レジスタ)，(演算)装置，(制御)装置などによって構成され，単独では動作せず，(主記憶装置)，(入力装置)，(出力装置)が必要である(178ページ)。

❼ データの演算や周辺装置とのデータのやりとりをする(180ページ)。

❽ 表5.1のような特徴がある。
(a) 直列伝送方式
(b) 並列伝送方式

❾ 処理速度の速い機器と遅い機器との間に入り，速度差により起こる問題を解決する。プリンタなどのデータ伝送に使われる。

❿ 小形化の必要なところで使われる。例えば，炊飯器，冷蔵庫，電子レンジなどの家庭用電化製品に多く使われている。

⓫ (a) 解図12，解図13を参照。

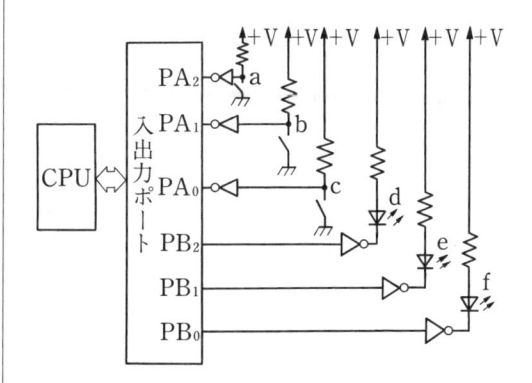

解図 12 3入力3出力の回路

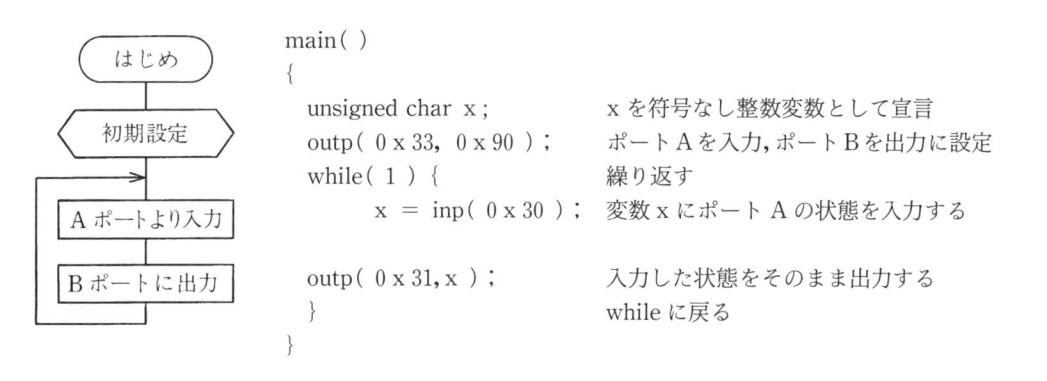

```
main( )
{
    unsigned char x ;              x を符号なし整数変数として宣言
    outp( 0 x 33, 0 x 90 );        ポートAを入力，ポートBを出力に設定
    while( 1 ) {                   繰り返す
        x = inp( 0 x 30 );         変数xにポートAの状態を入力する

        outp( 0 x 31, x );         入力した状態をそのまま出力する
    }                              whileに戻る
}
```

解図 13 フローチャートとプログラム

スイッチaに対してはランプd，スイッチbに対してはランプe，スイッチcに対してはランプfが点灯するものとする。

(b) 解図14，解図15を参照。

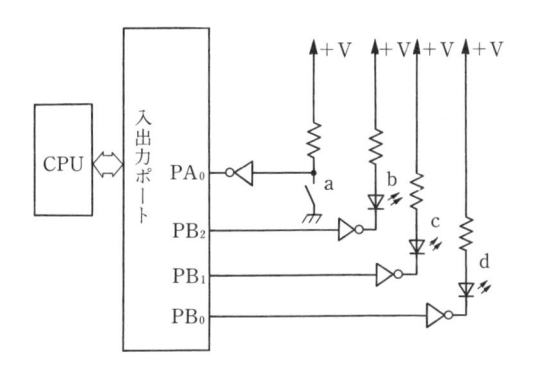

解図 14 スイッチにより順に点灯する回路

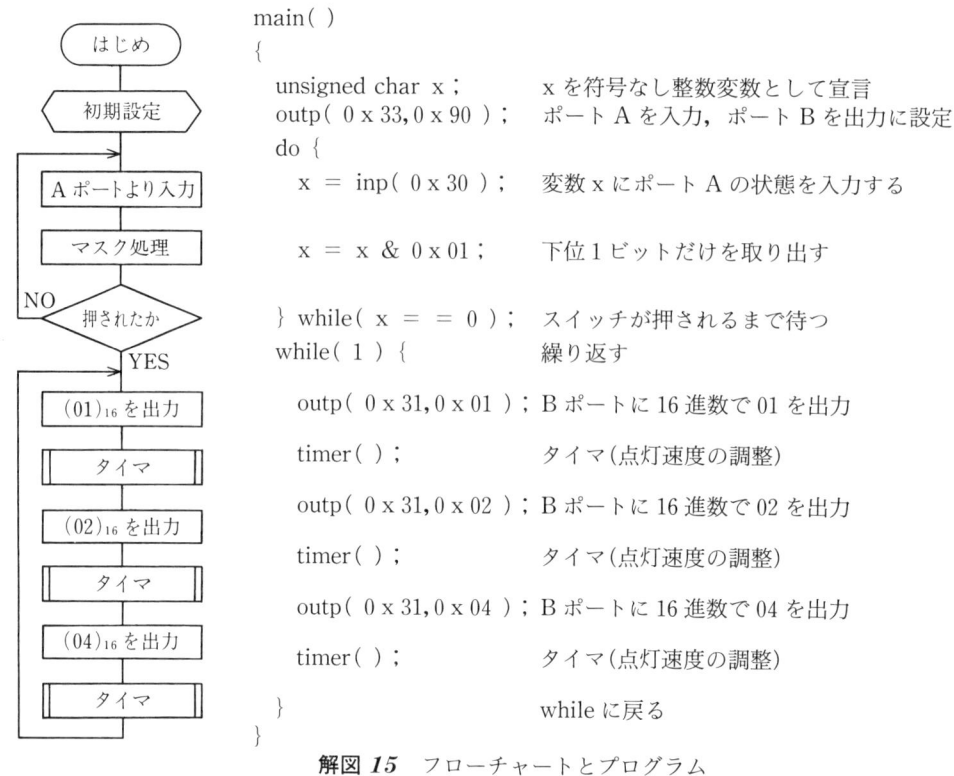

```
main( )
{
  unsigned char x ;           x を符号なし整数変数として宣言
  outp( 0x33, 0x90 );         ポート A を入力, ポート B を出力に設定
  do {
    x = inp( 0x30 );          変数 x にポート A の状態を入力する

    x = x & 0x01;             下位 1 ビットだけを取り出す

  } while( x == 0 );          スイッチが押されるまで待つ
  while( 1 ) {                繰り返す

    outp( 0x31, 0x01 );       B ポートに 16 進数で 01 を出力

    timer( );                 タイマ(点灯速度の調整)

    outp( 0x31, 0x02 );       B ポートに 16 進数で 02 を出力

    timer( );                 タイマ(点灯速度の調整)

    outp( 0x31, 0x04 );       B ポートに 16 進数で 04 を出力

    timer( );                 タイマ(点灯速度の調整)

  }                           while に戻る
}
```

解図 15 フローチャートとプログラム

✴ 6. 簡単な電子機械設計 ✴

問 1. 図 6.9 に示す冷蔵庫, 電子レンジ, ふとん乾燥機, 空気調和装置, 洗濯機, ビデオカメラ, 掃除機などである。

問 2. ファジー制御は, 人間の主観的なあいまいさを量で表現する必要や表現したい分野で用いられる。

(a) 熟練した人間が経験や勘で判断を行うシステム。

(b) 従来のフィードバック制御を用いても, 適切な制御ができないシステム。

(c) 制御対象の数式モデルが確定しにくいシステム。

問 3. 固定セグメントと可動セグメントによって, 缶がゆっくりと降下して傷付けるのを防いでいる。

問 4. 書き込むことを ROM 化という。消去する装置名を ROM イレイサといい, ROM の上面の窓に紫外線を照射する。

問 5. RAM に書き込んで動作確認を行い, 完成した段階で ROM に書き込むと効率よく ROM 化ができる。

問 6.

(a) 1 秒間に進む距離
$$l = \frac{n}{60}\pi d = \frac{100}{60} \times \pi \times 50$$
$$= 261.8 \,[\text{mm}] = 26.1 \,[\text{cm}]$$

(b) 駆動力
$$F = \frac{T}{r} = \frac{97.5}{25} = 3.9 \,[\text{N}]$$

問 7. 図 6.42 (e) より, 左側にずれている。左側の車輪を駆動して, 右側に大きく修正する。

問 8. 右側の電動機を逆転, 左側を正転すればライントレーサは後退する。したがって

$PA_0 = H$, $PA_1 = L$, $PA_2 = L$, $PA_3 = H$ となり, 09 H を出力する。

練習問題

❶ 基本的なフィードバックの構成図は解図16のようになる。

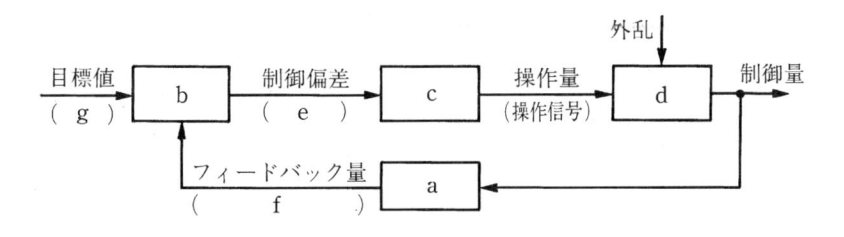

解図16

❷ 自動車を目標速度で運転する場合のフィードバック制御系の構成図は下記のようになる。
（a）—③，（b）—⑤，（c）—①，（d）—④，（e）—②，（f）—⑥

❸ ファジー制御という。

❹ 励磁コイル内を硬貨が通過すると，硬貨の内部にうず電流が発生する。

❺
(a) 1秒間に進む距離 l
$$l = \frac{n}{i \times 60} \pi d = \frac{6\,000}{25 \times 60} \times \pi \times 50$$
$$= 628.3 \text{ [mm]} = 62.83 \text{ [cm]}$$

(b) 駆動トルク T
$$T = 11.8 \times 25 = 295 \text{ [N·mm]}$$

(c) 駆動力 F
$$F = \frac{T}{r} = \frac{295}{25} = 11.8 \text{ [N]}$$

❻ センサが2個の場合は，どちらかのセンサが検出していても，どの程度軌道から外れているかわかりにくい。3個の場合は，中央と左右いずれかのセンサが検出していれば，軌道ずれが軌道幅の半分以下になり，細かい制御が可能である。

❼ ROM化のフローチャートは，解図17のようになる。

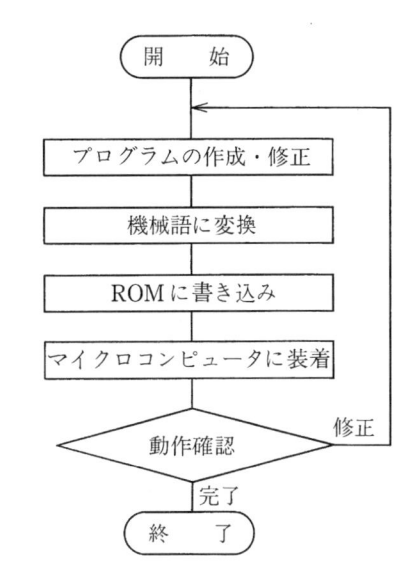

解図17

❽ 図6.48に示すように，プログラムはエラーがなくなるまでエディタに戻ってソースプログラムを作成し，その後，RAM上で走行プログラムの動作確認を行い，完成したらROMに書き込むと効率よくROM化ができる。

索　引

あ

アイソレーション ……………66
あいまいさ ………………215
アキュムレータ …………180
アクチュエータ …………94
アクティブ ………………56
アセンブラ ………………229
アセンブリ言語 …………229
アセンブルする …………229
圧電効果 …………………79
アドレスバス ……………178
アナログ量 ………………59
アブソリュート …………72
ISO ………………………24
IM形サーボモータ ………108
I/Oアドレス ……………184
I/Oマップ ………………184
ICメモリ …………………181

い

位置センサ ………………78
イメージセンサ …………74
色センサ …………………76
インクリメンタル ………72
インダクタンス …………90
インタロック ……………143
インバータ ………………3
インピーダンス …………62
EEPROM …………………183
EMI ………………………8
EPROM ……………………183

え

演算装置 …………………178
a接点 ……………………129
HI …………………………227
A-D変換 …………………214
SSR ………………………111
SM形サーボモータ ………108

お

NTCサーミスタ …………77
FA …………………18, 152
FMS ………………………18

お

送りねじ …………………35
音センサ …………………80
オープンコレクタ ………63
音声合成装置 ……………92
音声認識技術 ……………91
温度センサ ………………76
OS …………………………196

か

回生エネルギー …………5
回転磁界 …………………109
ガスセンサ ………………86
画素 ………………………93
画像処理技術 ……………92
可変リラクタンス形
　ステッピングモータ …113
カム ………………………9, 48

き

記憶セル …………………182
機械語 ……………………229
機械要素 …………………24
機構 ………………………24
機構装置 …………………9
近接スイッチ ……………87
CAD ………………………16
CAM ………………………16

く

空気圧シリンダ …………95
空気圧モータ ……………95
クランク …………………46
グレード …………………215
減圧弁 ……………………97
原動節 ……………………45, 48

こ

高周波発振形近接スイッチ 90
光電スイッチ ……………69
交流サーボモータ ………108
国際標準化機構 …………24
語長 ………………………180
コマンド …………………154
娯楽 ………………………8
コンデンサモータ ………109
コンパレータ ……………63

さ

撮像管 ……………………74
差動増幅器 ………………61
サーボ機構 ………………101
サーボモータ ……………101
サーミスタ ………………77
産業用ロボット …………14

し

磁気センサ ………………88
磁気抵抗 …………………90
自動制御 …………………126
従動節 ……………………46, 48
主記憶装置 ………………178
出力装置 …………………178
シュミットトリガ回路 …63
振動センサ ………………80
真理値表 …………………55
C言語 ……………………229
CTRサーミスタ …………77
CNC ………………………14
CCD ………………………74
CCDイメージセンサ ……74
JIS …………………………24

す

数値制御工作機械 ………14
図記号 ……………………55

索　引

す
- スケーリング …………………60
- ステッピングモータ ……101
- ステップ角 ……………113
- スプロケット …………………43
- スライダクランク機構 …46

せ
- 制御語レジスタ ………187
- 制御装置 ………………178
- 制御バス ………………178
- 制御量 …………………213
- 静電容量形近接スイッチ …90
- 節 ………………………23
- 絶対形 …………………72
- ゼーベック効果 ………78
- センサ …………………8, 53

そ
- 操作量 …………………213
- 増幅度 …………………61
- 増分形 …………………72
- 速度制御弁 ……………98
- ソリッドステートリレー 111
- ソレノイド ……………119

た
- 対偶 ……………………23
- 単動シリンダ …………95

ち
- チャタリング …………65
- チャタリング防止回路 …63
- 中央処理装置 …………178
- 超音波センサ …………81
- 超音波モータ …………121
- 直流サーボモータ ……102
- 直列インタフェース素子 192
- 直列伝送 ………………184

つ
- つる巻線 ………………30

て
- ディジタル制御 ………214
- ディジタル量 …………59
- てこクランク機構 ……46
- データバス ……………178
- デバッギング …………229
- デバッグ ………………229
- 電荷結合素子 …………74
- 電磁障害 ………………8
- 電磁弁 …………………98
- D-A 変換 ………………214
- TTL ……………………188

と
- 同期形サーボモータ ……108
- トグル機構 ……………47
- トランスミッション …3
- トルクセンサ …………86

に
- 2次元イメージセンサ ……75
- 2進化10進符号 …………72
- 日本工業規格 …………24
- 入出力インタフェース …178
- 入力装置 ………………178

ね
- 熱電対 …………………78

の
- ノンマスカブル割込み …205

は
- ハイブリッド …………2
- 発光ダイオード ………66

ひ
- 光センサ ………………67
- ヒステリシス特性 ……64
- ひずみゲージ …………83
- 左ねじ …………………31
- ピッチ …………………31
- 否定回路 ………………55
- 火花消し ………………156
- ヒューマンインタフェース ……227
- PC ………………………152
- b 接点 …………………129
- PROM …………………183
- BCD ……………………72
- PTC ……………………77
- PROM …………………163

ふ
- ファジー制御 …………215
- フィードバック制御 …213
- フィルタ ………………97
- フィルタリング ………61
- 複動シリンダ …………95
- フラグレジスタ ………180
- フリップフロップ ……182
- ブレーク接点 …………129
- フレーム ………………243
- プログラマブルコントローラ ……152
- プログラムカウンタ ……180
- 平滑化処理 ……………93
- 並列インタフェース素子 186
- 並列伝送 ………………184
- 偏差 ……………………213
- VR 形ステッピングモータ 113
- V リブドベルト ………43

ほ
- ホトカプラ ……………66
- ホトトランジスタ ……66, 68
- ホール効果 ……………88
- ホール素子 ……………88
- ホール電圧 ……………89

ま
- マイクロプロセッサ ……178
- 巻掛け伝動機構 ………42
- マシニングセンタ ……14
- マスカブル割込み ……205
- マスク ROM …………183
- マニピュレーション …14
- マンマシンシステム ……226

み
- 右ねじ …………………31

め

命令サイクル ……………181
命令実行段階 ……………181
命令取出し段階 …………181
メカトロニクス……………2
メーク接点 ………………129
メンバーシップ関数 ……216

ゆ

誘導形サーボモータ ……108

ら

ラインイメージセンサ ……75
ラダー図 …………………158

り

リード ……………………31
リードスイッチ ……………87
リニアイメージセンサ ……75
リニアエンコーダ …………71
リブ ………………………43
リミットスイッチ …………78
両クランク機構 ……………46
両てこ機構 …………………46
リンク ………………9, 23, 45

る

ルブリケータ ………………97

れ

レジスタ ……………178, 180
連　鎖 ………………………45

ろ

ロータリエンコーダ
　……………………15, 68, 70
ロボット ……………………14
論理回路 ……………………64
論理式 ………………………55
論理積回路 …………………55
論理和回路 …………………55

入門電子機械

© Yasuda, Tanaka, Tsuzuku, Ichikawa, Hirai, Ando
Kitamura, Kurita, Sakuma, Tsuzuki, Nakajima 2004

2004年4月28日 初版第1刷発行
2020年12月10日 初版第8刷発行

| 検印省略 | 著作者 | 安田 都市 平安 北栗 佐久 都中 | 田中 筑川 井藤 村田 間築 島 | 仁泰 順繁 重 知淳 正正 弘 | 彦孝一 富臣 亮 明一彦 孝信 |

発行者　株式会社　コロナ社
　　　　代表者　牛来真也
印刷所　新日本印刷株式会社
製本所　有限会社　愛千製本所

112-0011　東京都文京区千石 4-46-10
発行所　株式会社　コロナ社
CORONA PUBLISHING CO., LTD.
Tokyo Japan
振替00140-8-14844・電話(03)3941-3131(代)
ホームページ　https://www.coronasha.co.jp

ISBN 978-4-339-04574-1　C3053　Printed in Japan　（柏原）

〈出版者著作権管理機構 委託出版物〉
本書の無断複製は著作権法上での例外を除き禁じられています。複製される場合は、そのつど事前に、出版者著作権管理機構（電話 03-5244-5088, FAX 03-5244-5089, e-mail: info@jcopy.or.jp）の許諾を得てください。

本書のコピー、スキャン、デジタル化等の無断複製・転載は著作権法上での例外を除き禁じられています。購入者以外の第三者による本書の電子データ化及び電子書籍化は、いかなる場合も認めていません。
落丁・乱丁はお取替えいたします。

メカトロニクス教科書シリーズ

（各巻A5判，欠番は品切です）

■編集委員長　安田仁彦
■編集委員　末松良一・妹尾允史・高木章二
　　　　　　藤本英雄・武藤高義

配本順		著者	頁	本体
1.（18回）	新版 メカトロニクスのための 電子回路基礎	西堀賢司 著	220	3000円
2.（3回）	メカトロニクスのための 制御工学	高木章二 著	252	3000円
3.（13回）	アクチュエータの駆動と制御（増補）	武藤高義 著	200	2400円
4.（2回）	センシング工学	新美智秀 著	180	2200円
6.（5回）	コンピュータ統合生産システム	藤本英雄 著	228	2800円
7.（16回）	材料デバイス工学	妹尾允史・伊藤智徳 共著	196	2800円
8.（6回）	ロボット工学	遠山茂樹 著	168	2400円
9.（17回）	画像処理工学（改訂版）	末松良一・山田宏尚 共著	238	3000円
10.（9回）	超精密加工学	丸井悦男 著	230	3000円
11.（8回）	計測と信号処理	鳥居孝夫 著	186	2300円
13.（14回）	光工学	羽根一博 著	218	2900円
14.（10回）	動的システム論	鈴木正之 他著	208	2700円
15.（15回）	メカトロニクスのための トライボロジー入門	田中勝之・川久保洋二 共著	240	3000円

定価は本体価格＋税です。
定価は変更されることがありますのでご了承下さい。

図書目録進呈◆